電腦輔助電路設計－
活用 PSpice A/D－基礎與應用

陳淳杰　編著

全華圖書股份有限公司

授 權 同 意 書

映陽科技股份有限公司代理 Cadence® 公司之 OrCAD® 軟體產品，並接受該公司委託負責台灣地區其軟體產品中文參考書之授權作業。

茲同意　全華圖書股份有限公司　出版之 Cadence® 公司系列產品中文參考書，書名：電腦輔助電路設計－活用 PSpice A/D－基礎與應用(第四版)(附試用版與範例光碟)　作者：陳淳杰，得引用 OrCAD® V17.2 中的螢幕畫面、專有名詞、指令功能、使用方法及程式敘述。

有關 Cadence® 公司所規定之註冊商標及專有名詞之聲明，必須敘述於所出版之書名：電腦輔助電路設計－活用 PSpice A/D－基礎與應用(第四版)(附試用版與範例光碟)。為保障消費者權益，Cadence® 公司產品若有重大版本更新，本公司得通知　全華圖書股份有限公司或作者更新中文書版本。

本授權同意書依規定須裝訂於上述中文參考書內，授權才得以生效。

此致
　　　全華圖書股份有限公司

授權人：映陽科技股份有限公司

代表人：湯秀珍

中華民國 107 年 5 月 31 日

cādence®
CHANNEL PARTNER

Your EDA Pa

自 序

　　自 1990 年開始使用 4.00 DOS 版 **PSpice**，之後更在 **PSpice** 台灣總代理映陽科技股份有限公司擔任多年的教育訓練講師，親身經歷 **PSpice** 從 4.00 版一路到今年 V17.2 版的多次改版；當然，這當中也見證了 **PSpice** 從 MicroSim 發跡，到併入 OrCAD，最後情定 Cadence Design Systems, Inc 這間國際級的 EDA（**E**lectronic **D**esign **A**utomation）公司，算一算也即將屆滿 20 年……。20 年後的今天，筆者也已在中原大學電子工程學系任教多年，深深體會在當今的電子電機科技教育中，結合「電腦輔助分析與設計」已經成為「電路設計」相關領域課程極重要的趨勢。最新的研究文獻也顯示：藉由電腦輔助分析與實作實驗的互相結合與並進，已證實可大幅增進學生之學習興趣，進而提升未來設計電路之能力。

　　因此，以目前最新的 **PSpice A/D** V17.2 版為基礎，配合循序漸進的章節編排，由淺入深地引導讀者認識 **PSpice A/D** 這套功能強大的類比／數位電路模擬系統。本書的另一項特色是完全以實際的電路為例解說 **PSpice A/D** 所有重要功能的操作步驟，讓讀者得以經由實例的操作即可了解各功能的意義及應用範圍。全書依軟體使用階段分成「基礎篇」、「進階篇」與「實例篇」，每一篇中再以細部功能分為若干章節，全書總計九章，茲將各章概要分述如下：

第一章　　概論

　　簡介 **PSpice A/D** 及其前身 **SPICE** 的發展歷史、系統安裝步驟及注意事項。

第二章　　基本分析與操作

　　介紹 **OrCAD Capture** 中 **Schematic Page Editor** 視窗的基本操作法及 **PSpice A/D** 直流、交流、暫態分析的意義及設定步驟。本章為踏入 **PSpice A/D** 之門的基礎，為了您日後能更順心的使用 **PSpice A/D**，給您一個良心的建議——熟讀它。

第三章　基本分析之應用

介紹如何利用直流分析來取代傳統的 Curve Tracer 量測電晶體的特性曲線，並介紹靈敏度、轉換函數、雜訊及傅立葉分析的意義及設定步驟。

第四章　進階分析法

介紹各種不同的進階分析法的意義及設定步驟，您可以利用這些進階分析法對所設計的電路做更進一步（如溫度、元件誤差……等效應）的分析與驗證，以確保電路的可靠度。

第五章　數位電路分析法

本章除了介紹 **PSpice A/D** 在傳統數位電路中的組合式邏輯（Combinational Logic）與序向式邏輯（Sequential Logic）電路模擬功能以外，更進一步介紹「數位電路最壞情況時序」（Worst-Case Timing）及「數位電路自動偵錯」兩項強大的模擬功能。面對現今在電子科技中占絕大多數的數位電路系統，本章您千萬不能錯過。

第六章　系統分析法

介紹如何利用「階層式電路圖」及「類比行為模型」幫助您完成較大電路系統的設計與模擬，同時也介紹未來電路設計趨勢——類比／數位混合電路的模擬方法。

第七章　建立自己的元件庫

經由本章所介紹的步驟，您可以建立完全屬於自己的元件庫，進而提升電路設計的效率及能力。

第八、九章　電子學與電路學應用範例

本書的最後兩章，分別以十二個電子學及六個電路學教科書中常見的電路為例，介紹如何以 **PSpice A/D** 完成該電路的模擬，以供修習這些課程的學生可以藉助這些例子反覆地練習前幾章介紹的各項功能，更可藉由 **PSpice A/D** 的協助，將其與在課堂上所學的互相驗證，相信必能大大提高學習興趣。除此之外，對修習電子實驗及電路實驗課程的學生而言，這些範例也可成為撰寫實驗預習報告非常好的參考資料。

　　本書得以在短時間內順利完成，要再次感謝映陽科技股份有限公司業務副總湯秀珍小姐多年來在軟體上的全力支援以及技術支援工程師欣婷小姐在軟體安裝過程諸多的協助；全華圖書股份有限公司編輯部的同仁及我的博士班學生呂南谷同學在本書編輯與校對的過程中，提供了許多寶貴的意見，讓本書的內容更臻完善，在此一併致謝。雖然在寫作過程，均以最嚴謹的態度檢視所有內容與範例，但限於作者的才疏學淺，不完善之處在所難免，在此再次懇切盼望各界前輩、有識之士不吝指正，也唯有您的批評與指教，本書的內容才得以更加充實。

　　最後，我要再一次感謝我的愛妻——文娟，過去 6357 個日子的陪伴及對家庭無怨無悔的付出。在這個外食盛行的時代，她仍然堅持在繁瑣的工作及家事之餘，為家人準備各式美味又健康的餐點。看著餐桌前小朋友用餐時滿足的表情，不時還會冒出一句：「媽媽煮的菜比餐廳還好吃耶！」我相信那種似乎只會在漫畫或卡通中出現的「吃到幸福的感覺」是真的存在的……

　　另外，家裡那位總是讓人頭痛又疼惜的小可愛，讓我在忙碌的教學與研究生活中，總能找到心靈歇息的角落與更新的動力。今年過生日時，四歲半的小可愛在幫我唱完生日快樂歌，搶著在吹蠟燭前許願希望「把拔身體健康」，隨後小臉貼在我耳邊再輕聲補上一句「也要快快樂樂喲～～」，讓我一時竟接不上話，淚水在眼眶打轉，久久不能自己……天下還有什麼比從自己的小寶貝的口中聽到如此貼心祝福還要快樂感動的事嗎？常言道：「為母則強」，我想若在這句話後面再補上一句「為父則柔」，真是再貼切不過了……

　　感謝上帝，因祂賜下這一切……

陳淳杰　謹識

於 中壢 普仁崗

（作者現職為中原大學電子工程學系副教授）

編輯部序

「系統編輯」是我們的編輯方針,我們所提供給您的,絕不只是一本書,而是關於這門學問的所有知識,它們由淺入深,循序漸進。

本書以目前最新的 **PSpice A/D** V17.2 版為基礎,配合循序漸進的章節編排,由淺入深地引導讀者認識 **PSpice A/D** 這套功能強大的類比/數位電路模擬系統。本書的另一項特色是以電子學與電路學應用範例,介紹如何以 **PSpice A/D** 完成該電路的模擬,讓讀者得以經由實例的操作與所學的互相驗證。本書適合大學、科大電子、電機系「電子電路設計與模擬」課程之學生及有興趣之讀者使用。

同時,為了使您能有系統且循序漸進研習相關方面的叢書,我們以流程圖方式,列出各有關圖書的閱讀順序,以減少您研習此門學問的摸索時間,並能對這門學問有完整的知識。若您在這方面有任何問題,歡迎來函連繫,我們將竭誠為您服務。

相關叢書介紹

書號：02320
書名：電路學(第四版)
英譯：湯君浩
20K/808 頁/480 元

書號：10433
書名：電路學原理與應用
編著：陳永平
18K/600 頁/620 元

書號：06217
書名：電子學
編著：范盛祺
16K/320 頁/350 元

書號：0542007
書名：電子學實驗(上)(第八版)
編著：陳瓊興
16K/360 頁/380 元

書號：0542106
書名：電子學實驗(下)(第七版)
編著：陳瓊興
16K/312 頁/400 元

書號：05129037
書名：電腦輔助電子電路設計－
使用 Spice 與 OrCAD PSpice
(第四版)(附軟體光碟)
編著：鄭群星
16K/608 頁/600 元

書號：06191017
書名：Allegro PCB Layout 16.X 實
務(第二版)(附試用版、教
學影片光碟)
編著：王舒萱、申明智、普 羅
16K/416 頁/480 元

◎上列書價若有變動，請以
最新定價為準。

流程圖

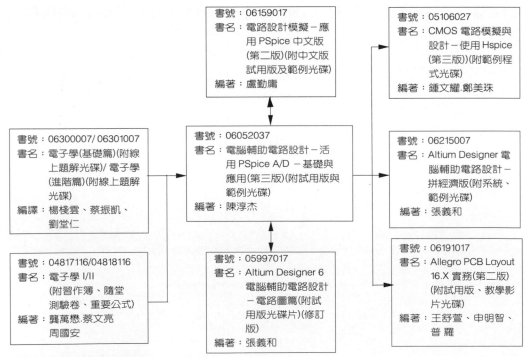

書號：06159017
書名：電路設計模擬－應
用 PSpice 中文版
(第二版)(附中文版
試用版及範例光碟)
編著：盧勤庸

書號：05106027
書名：CMOS 電路模擬與
設計－使用 Hspice
(第三版))(附範例程
式光碟)
編著：鍾文耀.鄭美珠

書號：06300007/ 06301007
書名：電子學(基礎篇)(附線
上題解光碟)/ 電子學
(進階篇)(附線上題解
光碟)
編譯：楊棧雲、蔡振凱、
劉堂仁

書號：06052037
書名：電腦輔助電路設計－活
用 PSpice A/D －基礎與
應用(第三版)(附試用版與
範例光碟)
編著：陳淳杰

書號：06215007
書名：Altium Designer 電
腦輔助電路設計－
拼經濟版(附系統、
範例光碟)
編著：張義和

書號：04817116/04818116
書名：電子學 I/II
(附習作簿、隨堂
測驗卷、重要公式)
編著：龔萬懋.蔡文亮
周國安

書號：05997017
書名：Altium Designer 6
電腦輔助電路設計
－電路圖篇(附試
用版光碟片)(修訂
版)
編著：張義和

書號：06191017
書名：Allegro PCB Layout
16.X 實務(第二版)
(附試用版、教學影
片光碟)
編著：王舒萱、申明智、
普 羅

目　錄

基礎篇

第 1 章　概論

第 2 章　基本分析與操作

第 3 章　基本分析之應用

進階篇

實例篇

第 8 章　電子學應用範例

第 9 章　電路學應用範例

附錄

基礎篇

概論

1-1 認識 PSpice A/D

目標

學習——
■ 簡介 PSpice A/D 的發展過程及系統架構

　　PSpice A/D 為全球最大的 EDA Tools 公司 Cadence Design System, Inc. 在購併 OrCAD 公司之後，將其眾所皆知的 **PSpice** 整合原先 **OrCAD** 系統（包含「電路圖輸入」的 **OrCAD Capture** 及「印刷電路板佈局」的 **OrCAD PCB Editor**）內的一套電腦輔助電路分析軟體。所以在介紹 **PSpice A/D** 之前，勢必得先介紹其「身世」，如此才能對其有更完整的認識。

SPICE 的源起

　　SPICE 的全名為「特別為積體電路模擬的程式」（**S**imulation **P**rogram with **I**ntegrated **C**ircuit **E**mphasis），由此全名我們便可以清楚地了解到：**SPICE** 這套程式原先發展的目的是為了模擬電子系統中日益重要的積體電路。由於積體電路不如傳統電路一般，可以在麵包板（breadboard）或印刷電路板（printed circuit board）上做實驗來驗證設計結果。為了提高積體電路正式生產時的良率（yield）及降低成本，勢必要在進入實際製程階段前，對其電路特性做「檢查」，確保性能在規格範圍之內。為因應此需要，在 1970 年代初，美國加州大學柏克萊分校（University of California, Berkeley）以一名為"CANCER"的電路模擬程式為藍本，發展出今日幾乎被全世界公認為電路模擬標準的 **SPICE** 原始雛型程式。同時在往後幾年內，陸續推出改進版本，而在這眾多的改進版本中，最重要的要算是 **SPICE2** 及 **SPICE3** 系列了。今日在市面上所能看到的許多 **SPICE** 同類軟體：如 **PSpice A/D** (Cadence Design System, Inc.)、**HSpice** (Synopsys)、**IsSpice** (Intusoft)、**TINA** (DesignSoft)…，均是以 **SPICE2** 或 **SPICE3** 系列為基礎再加改進而成的商業化產品。其中最廣為各級學校電子電機相關科系所使用的，就非 **PSpice A/D** 莫屬了。

PSpice A/D 的發展簡史

　　PSpice 原先是 MicroSim 公司在 1984 年依 **SPICE2** 系列中的 **SPICE2G.6** 為藍本，將其改為可在 IBM-PC 及其相容機型電腦上執行的電路模擬軟體。由於近年來

PC 的迅速普及、再加上 **PSpice** 提供了專爲學生學習之用的免費試用版 **PSpice**，使得 **PSpice** 在短短幾年間，便深入各個學校的每一個角落，而成爲使用率最高的電路模擬軟體。發展至此，**PSpice** 也同時突破了原先發展 **SPICE** 的原始目標－－積體電路模擬，而跨入印刷電路板電路的領域，使 **PSpice** 的應用範圍更爲擴大。

　　PSpice 承襲 **SPICE2G.6**，原先以 FORTRAN 語言編寫，直到 3.00 版（1986 年 12 月）改以 C 語言重新編寫，4.00 版（1988 年 11 月）以後更加入類比行爲模型（Analog Behavioral Model）及數位電路（Digital Circuit）的模擬功能，不但使 **PSpice** 得以更方便地模擬較大的電路系統；同時也讓原先一向被認爲只能模擬類比電路（Analog Circuit）的 **PSpice** 正式跨進「類比－數位混合式模擬」（Mixed-Mode Simulation）的新時代。

　　1991 年，MicroSim 公司爲克服傳統 SPICE 程式只能接受文字檔輸入的障礙，開發了新的電路輸入工具－－ **Schematics**。從此 **PSpice** 的使用者已不需再辛苦地用鍵盤「鍵」入所要模擬的電路，而可在電腦螢幕上畫完電路圖後便可直接呼叫程式進行模擬。1992 年，MicroSim 將原有的 **PSpice** 與 **Schematics** 加以整合，成爲一套功能更加完美的整合性電路模擬軟體，並正式更名爲 **Design Center**。1998 年，OrCAD 和 MicroSim 這兩間在「電子設計自動化」（**E**lectronic **D**esign **A**utomation）業界具有舉足輕重地位的公司宣告合併，軟體並再度更名爲 **OrCAD PSpice**。1999 年，目前全球 EDA Tools 界執牛耳地位的 Cadence Design System, Inc. 宣佈購併 OrCAD 公司，並整合其下 **OrCAD** 家族系列產品至其產品線。至此，**PSpice A/D** 便以其高度整合功能，提供使用者一個完整的電子電路「**設計實驗室**」。到今年（2018 年）爲止，**PSpice A/D** 已推出其最新版本－－ Release 17.2 版，以下我們便針對這最新版本的各項強大功能做一個簡介。

PSpice A/D 的家族成員

OrCAD Capture CIS：

　　相當於一個軟體的「麵包板」，使用者可在此編繪電路圖後再呼叫 **PSpice A/D** 進行電路模擬與顯示分析結果。

PSpice A/D：

　　負責執行類比、數位或混合式（Mixed-Mode）電路的模擬，藉由其模擬計算結果提供進一步的觀察與分析。並於模擬結束之後，提供一個相當於軟體「示波器」、「網

路分析儀」、「頻譜分析儀」「Curve Tracer」及「邏輯分析儀」（數位電路專用）的波形顯示介面 **Probe** 視窗，使用者不但可以在此顯示電路中的各個電壓、電流、功率及雜訊等重要電氣特性值，更可以利用其強大的數據處理功能顯示許多重要的輸出統計資料。

■ PSpice Stimulus Editor：

相當於一個軟體的「訊號產生器」，可編輯多種類比與數位訊號，若經進一步後級處理，還可以產生許多一般訊號產生器無法產生的特殊波形。

■ PSpice Model Editor：

利用此功能，使用者得以自行建立 **PSpice A/D** 未提供的元件模擬參數，包括 Diode、BJT、JFET、MOSFET、GaAsFET、IGBT、Operational Amplifier、Voltage Comparator、Voltage Regulator、Voltage Reference、Magnetic Core 及 Darlington Transistor 等十一種元件。（試用版僅限於二極體元件）

■ PSpice Advanced Analysis：（**選購**）

這是 **PSpice A/D** 整合原有的進階分析（參數調變、蒙地卡羅、最壞情況 (Worst-Case) ...），再新增 **Smoke Analysis** 及 **Optimizer**...等功能而成的新模組成員。

■ PSpice Advanced Analysis Optimizer：（**選購**）

電路設計最佳化軟體。使用者可在既有的電路架構下執行此軟體，系統便會自動計算出可使電路特性達到各項規格要求的各個元件值！大幅縮短設計過程中常見的「嘗試錯誤」（Trial and Error）時間。（試用版僅限兩個元件值對一項規格做最佳化）

另外，**OrCAD** 家族還包含了 **OrCAD PCB Editor**（印刷電路板佈局軟體）選購軟體，提供使用者在「電子設計自動化」過程中更高的整合性。

▦ PSpice A/D 的特色

1. 為目前各同級電路模擬軟體中功能整合性最高者。從以 **OrCAD Capture** 畫電路圖（取代過去繁雜的文字檔案）輸入，呼叫 **PSpice A/D** 模擬（在此過程中並可搭配使用 **PSpice Advanced Analysis Optimizer** 來「最佳化」所設計的電路特性），利用高整合度的互動式介面，直接由電路圖呼叫 Marker 選取所要顯示的各式波形，甚至到利用 **OrCAD PCB Editor** 繪製佈局圖，避免自行繪製的麻煩。所有步驟一氣呵成，讓您以最低成本坐擁一間設備完善的個人專屬電

子實驗室（包含麵包板、電源供應器、訊號產生器、Curve Tracer、示波器、網路分析儀、頻譜分析儀及邏輯分析儀…等昂貴儀器）協助您以最快的速度完成所有的計畫。

2. 除包含 **SPICE** 原有的類比模擬功能，再加入數位與類比－數位混合電路的模擬，讓您也得以緊隨最新的電子技術潮流，設計出更好的電路系統。

3. 結合 digital worst-case timing 及自動偵錯的數位電路模擬功能，使您在設計數位電路時更加得心應手。

4. 階層式電路圖及模擬方式，提供您 **Top-Down** 及 **Bottom-Up** 兩大設計方向。讓您設計較大系統的電路時，有如虎添翼之勢。

5. 完善的元件庫管理系統：開放式的類比、數位元件庫，讓您得以自由地修改（配合 **PSpice Model Editor** 功能）現存的任何元件模型以符合自己的需要；階層式的電路元件更使您可以完整地保留過去所設計的電路，建立個人有系統的「模組化」電路資料庫。

6. 類比行為模型（Analog Behavioral Model），提供您一個簡便的方式模擬某一元件或子電路。再配合上述的階層式電路圖，模擬系統層級的電路將更方便；除此之外，也可以推廣到非電子電路系統的模擬與分析。

7. 交談式的「軟體訊號產生器」**PSpice Stimulus Editor**，方便您做訊號的產生與編輯。

8. 功能強大的 **Probe** 視窗，可在同一螢幕上同時顯示相當於 Curve Tracer、示波器、網路分析儀、頻譜分析儀及邏輯分析儀個別所能顯示的波形（此五種波形型態各異），再加上能夠顯示分析結果的統計資料，足以堪稱「一機六用」。

9. 高整合性的統計分析：如「蒙地卡羅分析」（Monte-Carlo Analysis）及「最壞情況分析」（Worst-Case Analysis），方便您驗證所設計電路的可靠度（Reliability）。

10. 電路設計最佳化（**PSpice Advanced Analysis Optimizer**）功能，讓您在最短時間、最省人力的情形下完成您的設計。（選購）

11. 整合印刷電路板佈局軟體 **OrCAD PCB Editor**，大大提高 **PSpice A/D** 在相關軟體上的整合程度。（選購）

　　正因 **PSpice A/D** 具有上述高整合環境的強大功能，相信「她」必定可以成為您電路設計過程中最佳的伴侶。

1-2 安裝 PSpice A/D

目標

學習——

■ 了解 **PSpice A/D** 的安裝步驟及其使用流程

在介紹 **PSpice A/D** 安裝步驟前，您必須了解：若要順利地使用 **PSpice A/D**，所需要的基本配備如下：

1. Windows 7 以上之中文或英文視窗環境（僅限 64 位元版本）
2. 4 GB 以上的動態記憶體（愈多當然愈好）
3. 10 GB 以上的硬碟空間
4. 一台光碟機

PSpice A/D 試用版的限制

1. 可執行模擬分析的電路不可超過 75 個節點或 20 個電晶體或兩個子電路或 65 個數位元件或 10 個傳輸線元件（包括理想與非理想傳輸線），以上的限制值均是粗估值，實際的限制需再視元件模型的複雜程度而定。
2. 隨系統所附的符號元件庫檔案（Eval.olb）僅包含 39 個類比及 134 個數位元件。
3. **PSpice Model Editor** 僅可編輯二極體元件模型。
4. **OrCAD Capture** 不可儲存超過 60 個元件的電路圖檔（*.dsn）及超過 15 個元件的符號元件庫檔案（*.olb）；同時也不能編輯超過 14 支接腳的元件符號。
5. **PSpice Advanced Analysis** 中的 Smoke Analysis 僅限二極體、電晶體、電阻及電容；**Optimizer** 僅限兩個元件值對一項規格做最佳化。

PSpice A/D 的安裝步驟

當您拿到 **PSpice A/D** 的光碟，即可依照下列步驟進行安裝。*附註說明*：以下所述之安裝步驟，是針對本書所附之光碟而言，若您是專業版的使用者，安裝步驟會有些許的不同，請您自行參考安裝過程中的附加說明，若有需要進一步諮詢之處，請直接與「映陽科技」（http://www.graser.com.tw）連絡即可。

1. 開機並啓動視窗環境。

2. 將光碟放入光碟機中。

3. 光碟將會自動執行，若光碟並未自動執行，您可以直接執行光碟裡的 setup.exe 檔，便會出現如圖 1-2.1 的畫面，請您稍候，等待安裝精靈 (InstallShield Wizard) 準備就緒。

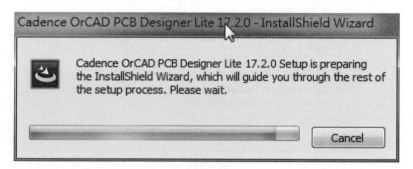

圖 1-2.1

4. 系統會建議您關閉目前正在執行的防毒或防火牆軟體，以利安裝步驟的進行（如圖 1-2.2 所示）。

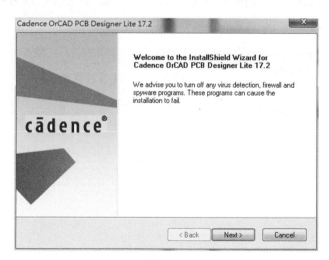

圖 1-2.2

5. 點選圖 1-2.3 授權同意書中的 I accept the terms of the license agreement，以便進行後續安裝；如不同意則無法繼續進行安裝。

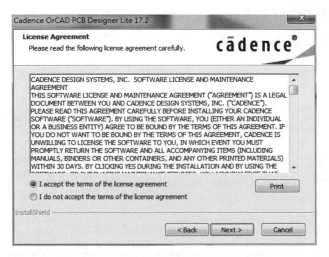

圖 1-2.3

6. 點選圖 1-2.4 中的 Only for me (Recommended) 選項，表示此次所安裝的 **PSpice A/D** 軟體僅限目前所登入的使用者使用；如果您希望登入此台電腦的任何一位使用者都要能使用 **PSpice A/D** 的話，就必須點選 Anyone who uses this computer (all users) 選項。

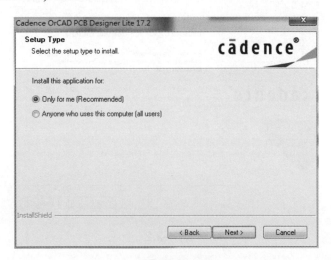

圖 1-2.4

7. 系統內定的安裝路徑為 C:\Cadence\SPB_17.2，您可依自己的喜好點選
   Change... 鍵加以修正，確認無誤後即可點選 **Next >** 鍵，隨後出現如圖 1-2.6
   的對話盒顯示此次安裝的相關資訊，您可直接點選 **Next >** 鍵進入圖 1-2.7 的對
   話盒，以繼續安裝程序；您也可以隨時點選 **Cancel** 鍵跳離安裝步驟。

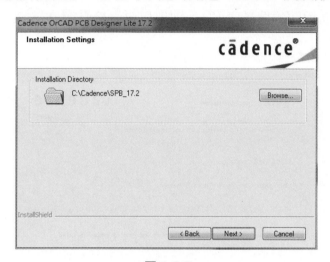

圖 1-2.5

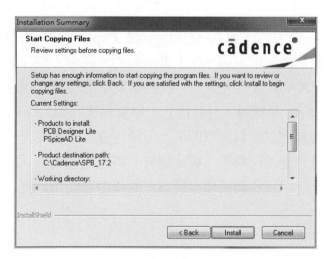

圖 1-2.6

8. 點選圖 1-2.6 對話盒中的 **Install** 鍵，系統便會開始進行軟體的安裝，安裝完成後便會出現如圖 1-2.7 的對話盒。若有需要的話，您亦可勾選 Open Cadence web page、View Product Notes 或 Generate doc index to enable search in Cadence Help 選項後再點選 **Finish** 鍵，即可看到 **OrCAD** 系列產品的相關資訊或是建立 Cadence 輔助說明的搜尋索引，否則您只要直接點選 **Finish** 鍵即可完成全部的安裝程序。

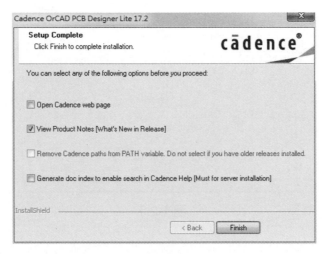

圖 1-2.7

自第二章起，本書將以實際的電路為例解說 **PSpice A/D** 所有重要功能的操作步驟，為使讀者能更順利地使用本書，在本書所附的光碟中，儲存有全書所有範例的相關檔案（在 BOOKEXAM 資料夾中），這些檔案都是經筆者親自執行驗證過的。您可在安裝完 **PSpice A/D** 系統後，另外建立一個資料夾（如 .\OrCAD Examples），再將所有的範例檔案複製到該資料夾中即可，但請注意：由於從光碟直接複製出來的檔案都是唯讀檔，所以您必須再利用「檔案總管」將這些檔案的「唯讀」屬性取消，才得以順利進行模擬。深盼這些範例檔案能為您的學習及使用過程帶來更多的幫助。

PSpice A/D 的使用流程

　　爲了讓您在正式使用 **PSpice A/D** 之前對這套高整合度的電路模擬分析軟體中各個子系統間的關係有初步的了解，我們以圖1-2.8來說明 **PSpice A/D** 的一般使用流程。

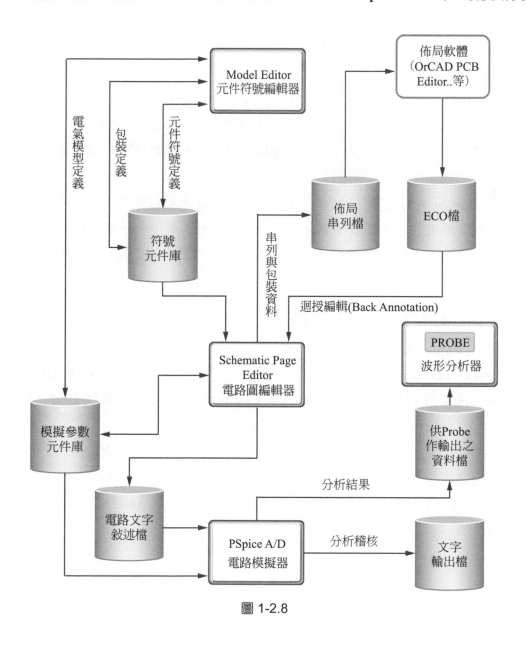

圖 1-2.8

1-3 使用 PSpice A/D 前的說明事項

目標

> **學習──**
> ■ 了解 **PSpice A/D** 作業環境的基本概念

完成上節所述的安裝步驟後，您就等於買了一張 **PSpice A/D** 的「車票」，準備開始一趟「電腦輔助電路分析」之旅。正如同我們平常出外旅行要事先有所準備一樣，筆者也將藉著本節的介紹，讓您先對 **PSpice A/D** 的「相關設施」有個初步的了解，使往後的「旅程」得以更加順利。

由於 **PSpice A/D** 是屬於視窗（Windows）環境之下的套裝軟體，故我們均假定您已經對視窗環境的一些基本操作方法（如視窗捲軸的使用、改變視窗大小、對話盒的概念及視窗的最大、最小化…等）有所了解。如果您對上述的操作方法有所疑問時，請自行參考視窗環境的相關書籍。

PSpice A/D 的基本觀念

在使用 **PSpice A/D** 的整個流程（圖 1-2.8）中，使用者可能會不斷地編修電路圖、呼叫 **PSpice A/D** 進行模擬及觀察分析結果，而這些指令均包含在 **OrCAD Capture CIS** 之中，所以我們有必要先就 **OrCAD Capture CIS** 的基本觀念做一些簡單的介紹。

當您完成安裝並啓動 **OrCAD Capture CIS** 後，首先會看到如圖 1-3.1 的畫面，您可以點選 **File/New/Project...** 或是點選 **Getting Started** 下的 **New Project** 圖示新增一個專案 (詳細步驟請參閱 2-1 節)，接下來便會正式進入 **OrCAD Capture CIS** 的操作環境(如圖 1-3.2 所示)。

圖 1-3.1

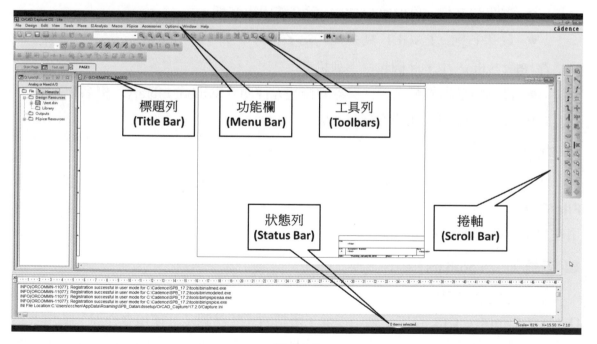

圖 1-3.2

　　OrCAD Capture CIS 包含幾個主要子視窗：首先是位於正下方的 **Session Log** 子視窗，其作用是記錄自開啓 **OrCAD Capture CIS** 視窗以來所發生的事件(Event)及其對應的狀態或系統回應訊息；位於中間的 **Project Manager**，其作用在於有系統地列出使用者未來在整個專案進行的過程中，所需要的各種檔案資源(包括電路圖、元件庫、電路串接檔及模擬設定檔……等)，其中包含下列幾個頁籤：最左邊的 **Start Page** 頁籤即是您在圖 1-3.1 所看到的畫面。其次則是您所開啓的專案頁籤(圖 1-3.2 所示的專案名稱是 Test)。此專案頁籤之下又有兩個子頁籤：**File** 子頁籤是以樹狀結構搭配資料夾的方式將前述的各類檔案資源加以整理分類，方便使用者找到對應的檔案，**Hierarchy** 子頁籤則用以顯示各電路圖之間的階層結構。最右邊的 PAGE1 頁籤則是一個 **Schematic Page Editor** 子視窗，其作用在於編輯電路圖，也是使用者在整個使用過程中最常停留的子視窗，其詳細功能將分別在第二～六章中介紹。

　　以下將簡單說明圖 1-3.2 各部分的意義及功能。

■ 標題列（Title Bar）

　　在 Schematic Page Editor 中，此欄包含下列訊息：

- 電路圖名稱。SCHEMATIC1 爲系統內定名稱。
- 頁次名稱。PAGE1 爲系統內定名稱。

　　在 Part Editor 中，此欄包含下列訊息：

- 儲存目前所編輯之元件符號的符號元件庫（Symbol Library）檔名。
- 目前所編輯之元件的符號名稱。

■ 功能欄（Menu Bar）

　　所有執行指令均由此呼叫，您只要以滑鼠點選（Click）即可。舉例來說，點選 **File/Open...**表示執行「檔案」功能欄中「開啓舊檔」的指令，各個指令的意義及其應用在以下章節有詳細介紹。

■ 工具列（Toolbars）

　　爲了方便使用者更快捷、順利地使用 **OrCAD Capture CIS** 中幾個常用的功能，**OrCAD Capture CIS** 在工具列中提供了所謂的「智慧圖示」使用者介面。使用者不須再到功能欄中尋找所要執行的指令，只要一次點選對應的智慧圖示即可。至於各圖示所代表的功能，請參考附錄 E 的說明。

📁 狀態列（Status Bar）

包含下列訊息：

- 游標（Cursor）所在位置的X及Y坐標。
- 目前所檢視之電路圖的縮放比例。
- 目前被選定之物件（包含元件符號及線段）的數量。

📁 線上查詢系統（On-Line Help）

提供您在任何對所執行功能有疑問的時候一個即時的文字說明，省去一再翻查書本的麻煩。一旦有需要時，只要點選 **Help** 功能欄或按＜F1＞鍵即可。

📁 滑鼠（Mouse）

「滑鼠」可說是您在使用 **OrCAD Capture CIS** 時最常用的工具，是故有必要熟悉其操作法，才得以更「愉快地」使用 **OrCAD Capture CIS**。我們用下列的表格來說明：

按鍵	動作	結果
左鍵	一次點選	選擇該物件
左鍵	在選定的物件上兩次點選	編輯所選定之物件的屬性
左鍵	＜Ctrl＞ ＋ 一次點選	選擇／取消選擇一個以上物件
右鍵	一次點選	跳出功能選項以供進一步的編輯

【注意】往後的所有章節中，除非有特別說明，只要提到「點選」兩字即表示「點選滑鼠左鍵」。

📁 元件符號（Part）的屬性（Property）

「元件符號」是構成電路圖的基本要素。由於不同的元件各有其特殊的性質，而用來描述這些個別特性的，便是所謂的「元件屬性」。以下我們舉出幾個較重要的「元件屬性」並加以說明：

Reference

此為「元件編號」，如 C1。此處所指的「元件編號」，不但可供您辨認所呼叫的為何種元件（如 C 代表電容），更包含了各元件的數字編號，這些編號是 **OrCAD Capture CIS** 自動編排的，當然也可以由您自行修改，詳細步驟將在 2-1 節中介紹。

Designator

此屬性用以區別同一顆 IC 中有兩個以上相同元件的情形。舉例來說：7402 裡有四個 NOR GATE，我們便分別以 Designator＝A、B、C、D 來代表。

Part Reference

此為「元件稱號」。需特別注意的是：上述的 **Designator** 屬性若不存在時，**Part Reference** 與 **Reference** 的屬性內容就會相同；當 **Designator** 屬性存在時，將 **Reference** 與 **Designator** 的屬性內容組合起來即為 **Part Reference** 的屬性內容。

PSpiceTemplate

此屬性定義該元件符號在電路圖轉換成電路串接檔（Netlist File）時所依據的格式。這是所有屬性中最重要，同時也最複雜的一項，我們將在 7-2 節中再詳細說明。

Implementation

此屬性用來設定該元件符號所對應的元件模型（此件模型中包含該元件所需的模擬參數）名稱。舉例來說，若是您呼叫電晶體 Q2N2222 的元件符號，即可看到該元件符號裡的 **Implementation** 屬性為 Q2N2222。

Implementation Type

此屬性用來設定該元件符號所對應的內容格式。對於一般 **PSpice A/D** 模擬分析時所用的元件，系統均已內定為 PSpice Model 選項；但對於階層式（Hierarchy）元件而言，就必須點選 Schematic View 選項，關於此部份的細節，我們將在 6-1 和 6-3 節中詳細說明。

PCB Footprint

此為「元件包裝型式名稱」，用於電路板佈局（Layout）。

瞭解了 **OrCAD Capture CIS** 視窗中的幾個重要基本概念後，我們便可以開始這一趟 **PSpice A/D** 之旅了。

本書在編輯上採循序漸進的方式，為了避免不必要的重覆，許多相同的步驟（如電路圖的繪製、分析參數的設定…等）除了第一次出現時做詳細的操作步驟介紹外，往後便加以省略。如讀者對某特定功能的意義有所疑問，可以經由附錄 E 中的「**Schematic Page Editor** 功能檢索表」查閱其詳細介紹的對應章節即可得知。

最後，祝您使用愉快！

基本分析與操作

從本章開始，我們將要逐步地介紹 **PSpice A/D** 的幾個重要分析方法，並配合實例演練讓讀者得以迅速而直接的了解各功能的意義及其在電路上的應用。

正如 1-3 節所提到的：**OrCAD Capture CIS** 視窗中包含了所有編修電路圖及呼叫 **PSpice A/D** 的指令，而其中一部份的指令（包括元件符號、連線的編繪、移動與刪除，**PSpice A/D** 的呼叫，**Probe** 視窗中游標功能的啟動……等）將在往後的所有範例中不斷地重覆。**為了避免不必要的篇幅浪費，我們將這些基本的操作指令集中在 2-1 節做詳細的介紹，2-2 節以後則只介紹尚未提及的功能，而不再重覆這些指令。**

本章介紹的重點集中在 **PSpice A/D** 的三種基本的分析：直流分析、交流分析及暫態分析。之所以稱其為「基本分析」的理由在於其他所謂的「進階分析」（如溫度分析、參數分析……等）均是以「基本分析」為基礎，再佐以不同的條件或型式而得。以下我們將在 2-1 到 2-3 節中分別說明 **PSpice A/D** 中各基本分析的個別意義及其設定步驟。

2-1 基本直流分析

　　所謂「直流分析」。即是**針對電路中各直流偏壓值因某一參數（此參數可以是電源值、元件參數…等）變動而改變**所作的分析。經由直流分析的模擬計算後，我們可以利用 **Probe** 功能繪出一般所熟知的 Vout - Vin 或任一輸出變數對任一元件參數（自行指定）的轉換特性曲線。

　　圖 2-1.1 所示為一簡單的直流分壓電路，其輸出入之間的關係可用（式 2-1.1）來描述。以下我們將利用這個簡單的實例說明如何利用 **OrCAD Capture CIS**、**PSpice A/D** 及 **Probe** 來完成電路的繪製、基本直流分析參數的設定與模擬結果的顯示。

$$V(OUT) = V(IN)\frac{R2}{R1+R2}$$
（式 2-1.1）

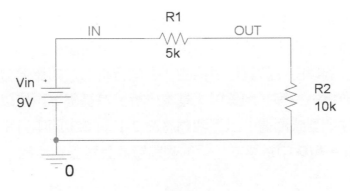

圖 2-1.1

利用 OrCAD Capture CIS 做電路圖的編繪

從現在開始，我們將正式進入 **PSpice A/D** 的世界，而其「入門之鑰」就是 **OrCAD Capture CIS** 視窗。當您開啓視窗環境後，在「開始/所有程式/**Cadence/OrCAD 17.2 Lite Products**」中點選 **OrCAD Capture CIS Lite**，隨後螢幕便會出現如圖 1-3.1 的 **OrCAD Capture CIS** 主視窗，以便您進行後續的動作。接下來我們將以圖 2-1.1 爲例介紹繪製電路圖的詳細步驟，再一次提醒您：部份基本操作指令，往後將不再重述。

新專案（Project）的建立

1. 點選 **File/New/Project**，畫面上出現如圖 2-1.2 的對話盒。
2. 在 **Name:** 空格中填入 **EX2-1**，此爲我們所即將建立之專案的名稱（當然您可以自行訂定其他名稱）。
3. 接下來的四個選項分別說明如下：

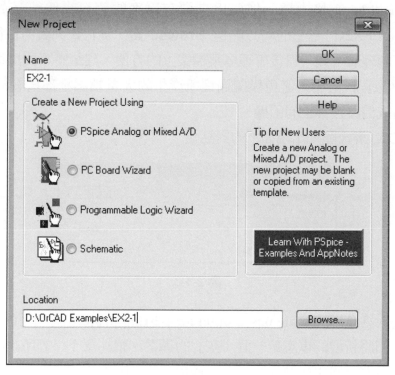

圖 2-1.2

PSpice Analog or Mixed A/D

選擇此項表示所將新增的專案可以在 **OrCAD Capture CIS** 視窗中直接呼叫 **PSpice A/D** 進行電路的模擬，本書所討論的範例均為此類的專案，所以在此當然是要請您選擇此項了。

PC Board Wizard

選擇此項表示可利用所新增的專案進行系統層級的印刷電路板設計。

Programmable Logic Wizard

選擇此項表示可利用所新增的專案進行可程式數位邏輯電路 (CPLD 或 FPGA) 的設計。

Schematic

選擇此項表示所要新增的專案將只單純地用來編繪電路圖。

4. 在 **Location** 空格中填入您要用來儲存專案的資料夾路徑（如 D:\OrCAD Examples\EX2-1），您也可以點選 **Browse** 鍵，從目錄列表中自行選定。依筆者自身的經驗，為了日後管理專案檔案上的方便，建議將不同用途的專案儲存在不同的資料夾中，避免模擬過程所產生的大量檔案全部擠在同一個資料夾下，造成檔案搜尋上的困擾。

5. 點選 **OK** 鍵後隨即出現如下的對話盒。

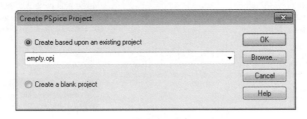

圖 2-1.3

6. 點選此對話盒中 **Create based upon an existing project** 選項下的 **empty.opj**，表示我們將新增的專案是一個「空」的專案。請注意！這裡所謂的「空」，並不是指這個專案中什麼都沒有！而是指在隨後開啟的電路圖中，系統給您的是一張「空白」的電路圖。事實上，系統在建立專案的同時，仍會將一些基本符號元件庫（如 analog.olb、source.olb...等）自動連結到專案中，以便使用者能夠順利呼叫所需的元件符號。

7. 點選 **OK** 鍵後即可看到如圖 2-1.4 的 **Project Manager** 視窗。

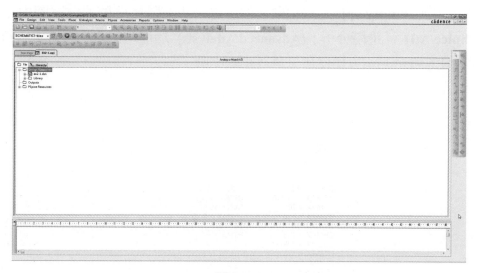

圖 2-1.4

　　另外，您還可以在 **Create based upon an existing project** 下看到其他幾個選項，分別說明如下：

AnalogGNDSymbol.opj：
　　此選項與前述的 **empty.opj** 大致相同，只是系統會在電路圖中加入一個接地符號，如圖 2-1.5 所示。

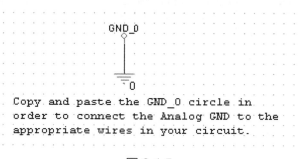

圖 2-1.5

empty_aa.opj：

此選項與 **empty.opj** 大致相同。但會進一步在隨後開啓的電路圖中自動加上 **PSpice A/D** 「進階分析」(**A**dvanced **A**nalysis) 功能中所需的參數宣告符號（如圖 2-1.6 所示），方便使用者修改相關參數。

Advanced Analysis Properties

Tolerances:
RTOL = 0
CTOL = 0
LTOL = 0
VTOL = 0
ITOL = 0

Smoke Limits:

RMAX = 0.25	ESR = 0.001
RSMAX = 0.0125	CPMAX = 0.1
RTMAX = 200	CVN = 10
RVMAX = 100	LPMAX = 0.25
CMAX = 50	DC = 0.1
CBMAX = 125	RTH = 1
CSMAX = 0.005	
CTMAX = 125	
CIMAX = 1	
LMAX = 5	
DSMAX = 300	
IMAX = 1	
VMAX = 12	

User Variables:

圖 2-1.6

simple.opj：

點選此項，表示我們將新增的專案仍會將一些基本符號元件庫自動連結到專案中，除此之外，也會在隨後開啓的電路圖中自動加上直流電壓源及訊號源符號（如圖 2-1.7 所示），方便使用者直接應用。

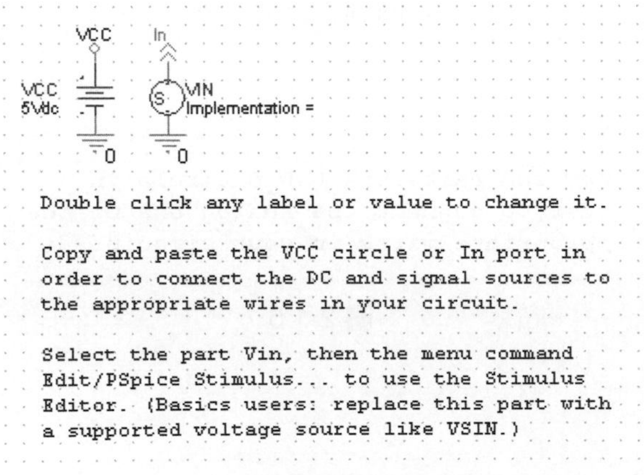
VCC
In
VCC
5Vdc
VIN
Implementation =
0
0
Double click any label or value to change it.
Copy and paste the VCC circle or In port in order to connect the DC and signal sources to the appropriate wires in your circuit.
Select the part Vin, then the menu command Edit/PSpice Stimulus... to use the Stimulus Editor. (Basics users: replace this part with a supported voltage source like VSIN.)

圖 2-1.7

simple_aa.opj：

此選項與 simple.opj 大致相同。與 empty.opj 和 empty_aa.opj 之間的關係類似，simple_aa.opj 也會在隨後開啟的電路圖中加上 **PSpice A/D** 「進階分析」功能中所需的參數宣告符號。

hierarchical_aa.opj：

此選項與 **simple.opj** 大致相同，只是系統會在電路圖中再加入一個三支接腳的「階層式方塊」（如圖 2-1.8 所示）及其對應的「子電路圖」SCHEMATIC2，至於「階層式方塊」的相關說明請參考 6-1 節。除此之外，也再加上 **PSpice A/D**「進階分析」功能中所需的參數宣告符號。

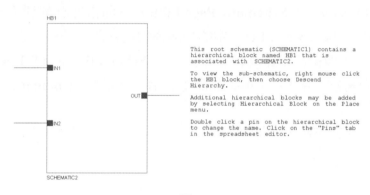

圖 2-1.8

當然，您也可以點選此對話盒中的 **Create a blank project** 選項，代表所要建立的是一個「完全空白」的專案，意即系統並不會自動將符號元件庫（*.OLB）連結到專案內，使用者必須自行將所需的符號元件庫檔案加進來。您可能會覺得奇怪：怎麼會有人想要建立一個「完全空白」的專案呢？筆者舉個例子：如果有某位使用者，他所設計的電路都只會用到被動元件（如 LC-Ladder Filter），這樣他通常只需要 analog.olb 及 source.olb 這兩個符號元件庫即可進行模擬，此時他就不需要將所有元件符號（**PSpice A/D** 專業版中有數以萬計的元件符號）全都連結到專案中，可以節省些許呼叫元件過程的時間。至於「如何自行將所需的符號元件庫檔案加進來」？其詳細的操作步驟，我們將在隨後的「**符號元件庫的新增**」中說明。

最後，細心的讀者會注意到，除了上述介紹的六種選項以外，尚有 **demo_all_libs.opj**、**empty_aa_all_libs.opj**、**hierarchical_aa_all_ libs.opj** 及 **simple_aa_all_libs.opj** 四種選項。此時相信您也注意到了：這些選項的名稱都

多加了 "all_libs" (如 empty_aa.opj 與 empty_aa_all_libs.opt)。表示這四個選項
與前述對應選項的內容大致相同，只是系統會在隨後新增的專案中將所有的符
號元件庫全部連結進來！一般來說，除非您是專業版的使用者，否則並不需要
點選這些選項。

8. 將 **Project Manager** 子視窗中的 ex2-1.dsn 展開（點選其左邊的 ⊞ 方框即可）
如圖 2-1.9 所示，接著兩次點選 PAGE1 即可出現如圖 2-1.10 的 **Schematic Page
Editor** 子視窗。以下我們先就 **Schematic Page Editor** 做說明，至於 **Project
Manager** 則留待以後再加說明。此處特別值得注意的是：由於截至目前為止，
我們已在 **OrCAD Capture CIS** 視窗中開啟了三個子視窗（**Session Log**、
Project Manager 及 **Schematic Page Editor**），而當您點選到不同的子視窗時，
您所看到功能欄（Menu Bar）中的功能選項就會跟著改變。但相信您一定很容
易的聯想到，與編繪電路圖最有關係的是 **Schematic Page Editor**。為了避免混
淆，除非有特別說明，以下所提到點選的指令均是指 **Schematic Page Editor** 的
功能選項。

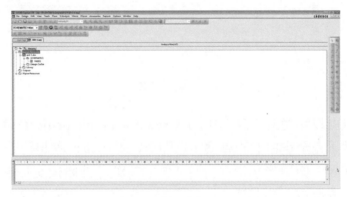

圖 2-1.9

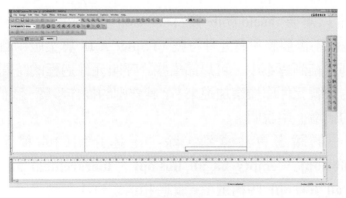

圖 2-1.10

符號元件庫的新增

承上段所述，如果您在建立新專案的過程中點選了 **Create a blank project** 選項，系統就不會自動將符號元件庫（*.OLB）連結到專案內，使用者必須自行將所需的符號元件庫檔案加進來。以下介紹其詳細的操作步驟：

1. 點選 **Place/Part** 或其對應的智慧圖示 [圖示] 或按＜ P ＞，此時在 **Schematic Page Editor** 子視窗的右側會出現如圖 2-1.11 的畫面。

圖 2-1.11

2. 點選圖 2-1.11 中間 **Libraries:** 列表右側的 **Add Library** 鍵 [圖示]，得如圖 2-1.12 的對話盒。

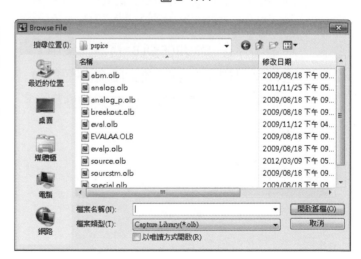

圖 2-1.12

3. 選定所要的符號元件庫檔案，或者您也
   可以點選所有的符號元件庫檔案後，再
   點選 **開啟舊檔(O)** 鍵即可加入新的符
   號元件庫，此時您會發現原本如圖 2-1.11
   的畫面變成圖 2-1.13。

   在圖 2-1.13 中間的 **Libraries:** 列表中您
   可看到 10 個 **PSpice A/D** 試用版符號
   元件庫，其中 Design Cache 這個暫存符
   號元件庫主要的作用是將曾被使用者呼
   叫使用的所有元件暫存在這裡，如此一
   來，使用者對那些較常被使用之元件的
   擷取就更為方便了。

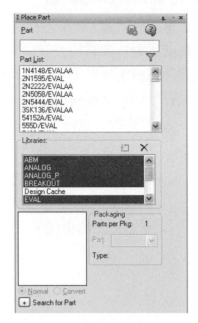

圖 2-1.13

4. 在 **Part** 空格鍵入 VDC，此為直流電壓
   源的符號名稱。隨後您會發現 **Part List:**
   列表中出現對應的元件名稱
   VDC/SOURCE（/ 後的 SOURCE 表示此元
   件是儲存在 SOURCE.OLB 這個檔案中）
   也被反白標示，同時在對話盒右下角的
   方框中也看到所呼叫元件符號的外觀，
   如圖 2-1.14 所示。

圖 2-1.14

此處值得一提的是：在鍵入的過程中，您會發現每當您鍵入一個字母，圖 2-1.14
上方的元件列表便會「**自動**」跳到以您所鍵入字母爲首的元件符號名稱處。此
爲 **OrCAD Capture CIS** 的「**自動搜尋元件**」功能。除了上述的方式以外，您
更可以<u>利用萬用字元「＊」及「？」直接進行元件名稱的搜尋</u>。例如，當您在 **Part:**
空格中鍵入 "＊4148＊" 再按＜Enter＞鍵，元件列表中便會列出符號名稱中有
"4148" 的所有元件，如圖 2-1.15 所示。

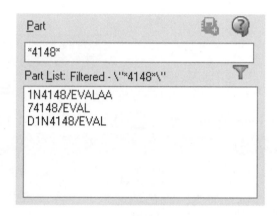

圖 2-1.15

但筆者在此要特別提醒使用者注意：當您使用了上述萬用字元的元件搜尋功
能，若想要再呼叫其他元件，必須先將 **Part:** 空格清空後再按＜Enter＞鍵，將
圖 2-1.15 的畫面重新設定爲圖 2-1.13 的狀態後才能順利地繼續呼叫其他元件。

5. 在確定 **Part** 空格中所列之符號名稱即爲所要呼叫的元件後，您就可以按
＜Enter＞鍵，此時螢幕會出現一個浮動的直流電壓源符號。

6. 如有需要，您可點選滑鼠右鍵並從功能選項中點選 **Rotate** （或直接按＜Ctrl R
＞）將該元件符號逆時針旋轉 90 度，或是從上述的功能選項中點選 **Mirror
Horizontally**（或直接按＜H＞）將該元件符號左右顛倒；也可點選 **Mirror
Vertically**（或直接按＜V＞）將該元件符號上下顛倒。

7. 點選滑鼠左鍵放置此元件於圖上。

8. 點選滑鼠右鍵並從功能選項中點選 **End Mode**（或直接按＜Esc＞）結束 **Place
Part** 指令。

其他元件放置的過程類同以上步驟，只是在 **Part** 空格中填入的元件符號名稱不
同而已（電阻爲 R）。

另外，針對前述文字所提到的「元件搜尋」功能，您也可以選擇「對其他資料夾所儲存的符號元件庫檔案進行搜尋」的方式來尋找您所需用的元件符號。以下特別說明其操作步驟：

1. 點選圖 2-1.11 最下方 **Search for Part** 右邊的 ⊞ 鍵，即可得如圖 2-1.16 所示的畫面。

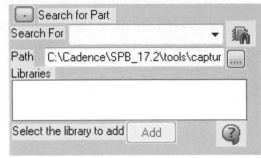

圖 2-1.16

2. 點選圖 2-1.16 中 Path 空格右邊的 ⋯ 鍵，得如圖 2-1.17 所示的畫面。

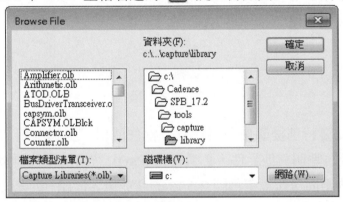

圖 2-1.17

圖 2-1.17 所示的資料夾路徑（\Cadence\SPB_17.2\ tools\capture\library）是專門儲存 **OrCAD Capture CIS** 所需的元件符號庫，不過這些元件符號僅僅提供使用者繪製電路圖，並不具備模擬電氣特性所需的模型參數（Model Parameters）。如果您希望所搜尋到的元件是可以執行模擬的話，您應該進入 \Cadence\SPB_17.2\tools\capture\library\pspice 這個資料夾。

3. 確認您在圖 2-1.17 中的資料夾路徑確實是您所要搜尋的目錄後，點選 **確定** 鍵結束此對話盒。

4. 在 Search for 空格中填入您所要搜尋的元件名稱，例如 "*uA741*" 再點選空格右邊的 鍵，接著您便會在 **Libraries** 列表中看到一列 "uA741/eval.olb"。這表示在您所搜尋的目錄中，只有 "eval.olb" 這個符號元件庫檔案中有元件名稱中包含 "uA741" 的元件。

有了這項強大的「**自動搜尋元件**」功能，即使您使用的是專業版，也能在最短的時間內從數萬個元件中找出您所需要的元件，對使用者而言，可說是一項相當有價值的功能。

最後，**OrCAD Capture CIS** 針對元件呼叫提供了一個如圖 2-1.18 的快捷工具列（在 **Schematic Page Editor** 子視窗工具列的中央偏左處），使用者可以直接在此空格中填入所要呼叫的元件名稱並按＜Enter＞鍵，即可立刻呼叫出該元件，這對熟練的使用者而言是非常好用的功能。

圖 2-1.18

■ 接地符號的呼叫與放置

1. 點選 **Place/Ground** 或其對應的智慧圖示 或按
   ＜G＞鍵，出現如圖 2-1.19 的對話盒。**OrCAD Capture CIS** 提供使用者六種不同的接地符號（分別是儲存在 CAPSYM.OLB 的 0、GND、GND_EARTH、GND_FIELD SIGNAL、GND_POWER 及 GND_SIGNAL），您可自行選擇偏好的符號，但必須注意：一定要將圖 2-1.19 右下方 **Name:** 空格中

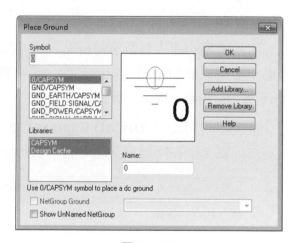

圖 2-1.19

的值改成 0，原因是 0 在 **PSpice** 中被內定為「接地點」的關鍵字，如果整張電路圖中沒有任何一個節點名稱被命名為 0，則這整個電路在模擬過程中便會被視為沒有接地點而產生錯誤訊息，使用者不可不慎。為了避免日後不必要的困擾，筆者建議直接點選 0 這個接地符號即可。

2. 點選 0/CAPSYM 後再點選 **OK** 鍵或按＜Enter＞，同樣地，螢幕會出現一個浮動的接地符號。

3. 點選滑鼠左鍵放置此接地符號於圖上的適當位置。

4. 點選滑鼠右鍵並從功能選項中點選 **End Mode**（或直接按＜Esc＞）結束 **Place Ground** 指令。

📁 連線

1. 點選 **Place/Wire** 或其對應的智慧圖示 [📷] 或按＜W＞鍵，此時游標會變成十字型。

2. 以十字型游標的中心點選定連線起點後點選滑鼠左鍵，再移動游標至連線終點，最後點選滑鼠左鍵即完成一條連線。此時十字型游標仍然存在，您可以繼續用相同的方式完成其他的連線。

3. 點選滑鼠右鍵並從功能選項中點選 **End Wire**（或直接按＜Esc＞）結束 **Place Wire** 指令。

　　如果所畫的連線有數個轉折點，則可在轉折點處點選滑鼠左鍵，此時游標仍會維持為十字型以繼續繪製連線的動作，最後再點選滑鼠右鍵並從功能選項中點選 **End Wire** 結束 **Place Wire** 指令。

　　畫連線的過程中 **OrCAD Capture CIS** 會自動判別連線交叉點是否為一節點，若判定為節點，則在兩線交叉處會有一個粉紅色的圓點。判別標準如下表所示：

物件 A	物件 B	有否節點
兩支相連的接腳	接腳	是
兩支相連的接腳	連線／匯流排終點	是
接腳	連線／匯流排中點	是
連線（Wire）終點	匯流排終點	否
匯流排（Bus）終點	連線終點	否
連線終點	連線終點	否（視為相同連線）
匯流排終點	匯流排終點	否（視為相同匯流排）
連線／匯流排中點	連線／匯流排中點	否（視為跳線）
連線終點	匯流排中點	是
匯流排終點	連線中點	是

(續)

物件 A	物件 B	有否節點
連線終點	連線中點	是
匯流排終點	匯流排中點	是
連線／匯流排中點	接腳	是

📁 改變元件符號屬性（Property）

1. 兩次點選直流電壓源符號旁的元件
   編號 V1，出現圖 2-1.20 的畫面。注
   意！一定要在元件編號 V1 上兩次
   點選滑鼠左鍵。

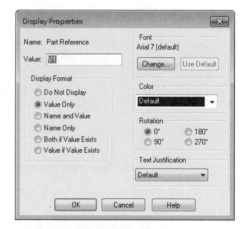

圖 2-1.20

2. 將 **Value:** 空格中的 V1 改為 Vin 後點選 **OK** 鍵結束此對話盒，此時您會
   看到直流電壓源的元件編號已被改成 Vin。

3. 兩次點選直流電壓源符號旁的直流
   電壓值 0Vdc，出現如圖 2-1.21 的對
   話盒，將 **Value:** 空格中的 0Vdc 改
   為 9V（亦可直接鍵入 9，不需附加
   電壓單位縮寫 V），表示我們將此直
   流電壓源設定為 9 伏特的直流電
   壓。確認無誤後即可點選 **OK** 鍵結
   束此對話盒。

圖 2-1.21

4. 重覆步驟 3，分別將電阻 R1、R2 的 **Value** 改為 5k 及 10k。

以同樣的方法可以改變電路圖中的任何元件編號及其元件值。當然，完整的元件符號屬性並不只有上述兩種，您也可以直接在元件符號上兩次點選滑鼠左鍵，即可看到如圖 2-1.22 的 **Property Editor** 頁籤，利用頁籤的方式，您就可以很方便地在 **Project Manager**、**Schematic Page Editor** 及 **Property Editor** 這幾個常用的子視窗之間做切換。

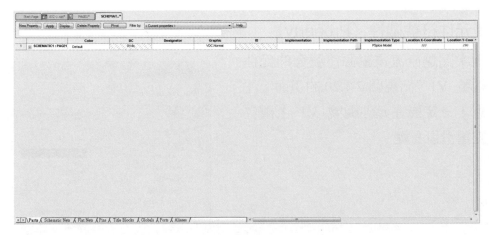

圖 2-1.22

圖 2-1.22 中幾個常用欄位的意義，在 1-3 節均已介紹過，讀者可以自行參考。由於有些元件的符號屬性很多，此時您必須捲動圖 2-1.22 右下方的捲軸才能看到所有的屬性。若您覺得這樣拉捲軸很不方便，可以點選圖 2-1.22 上方的 **Pivot** 鍵，所有的屬性欄便會改為垂直表列（如圖 2-1.23 所示），讓您在瀏覽時更為方便。

圖 2-1.23

若要結束 **Property Editor** 頁籤，只要在此頁籤(即圖 2-1.22 上方 **SCHEMATI..*** 這個文字的位置）點選滑鼠右鍵，並從功能選項中點選 **Close**，即可關閉此 **Property Editor** 頁籤。若是您在關閉 **Property Editor** 之前曾對該元件符號屬性做過任何修改，則此時系統會出現如下的對話盒。

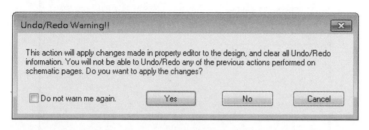

圖 2-1.24

此對話盒主要是提醒您：剛才所做的元件符號屬性修改是否確定無誤？如果確認的話，就直接點選 **Yes** 鍵即可，反之則點選 **No** 鍵，接著系統便會回到 **Schematic Page Editor** 子視窗畫面。

元件、元件編號及元件值的移動與刪除

有時您可能會不滿意圖上各元件符號或文字所放置的位置，甚至您發現畫錯了！此時您可以利用下列步驟執行移動或刪除指令。

1. 在您想移動的元件（或想刪除的元件）、元件編號或元件值上點選滑鼠左鍵（按著<Ctrl>鍵再點選滑鼠左鍵則可連續選定多個元件），此時元件、元件編號及元件值會變為粉紅色，同時被一虛線框圍住。

2. 按住滑鼠左鍵將其移至希望位置完成移動指令。點選 **Edit/Delete** 或按<Delete>完成刪除指令。

設定連線（節點）名稱

一般來說，由於 **OrCAD Capture CIS** 有自動為節點編號（編號結果為數字）的功能。除非您希望以特殊節點名稱（如 input、output …等）方便往後的辨識，否則此步驟可以略過。操作方法如下：

1. 點選 **Place/Net Alias** 或其對應的智慧圖示 ⌨ 或按<N>鍵，出現如下的對話盒

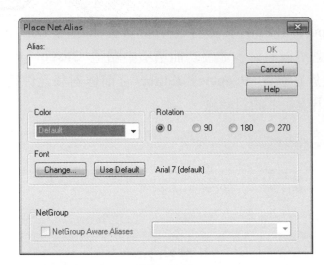

圖 2-1.25

2. 在 **Alias:** 空格中填入 OUT，此表示您設定此節點的名稱爲 OUT，如圖 2-1.25 中的其他選項所示，您可自行選擇此文字的字型、顏色及旋轉方式（其所標示的角度是以水平基準線做逆時針旋轉），此時原本 Disable 的 **OK** 鍵會被 Enable 起來。

3. 點選 **OK** 或按＜Enter＞，此時畫面上會出現一個浮動的方框，接下來的動作請您要特別注意了！您必須將此**方框的下緣對準您所要設定名稱的連線上**（以本例的電路圖而言，您要對準 R1、R2 之間的連線），再點選滑鼠左鍵即完成連線（節點）名稱的設定。

4. 重覆步驟 1～3 將 Vin、R1 之間的連線名稱設定爲 IN。

📁 調整電路圖的顯示比例

　　爲了使編繪電路圖的過程更加順利，**Schematic Page Editor** 提供了一種 **Zoom** 的功能（在 **View/Zoom** 中），供使用者在螢幕上放大、縮小電路，方便觀察。以下便是其功能的介紹：

In：放大圖形。其對應的智慧圖示爲 🔍

Out：縮小圖形。其對應的智慧圖示爲 🔍

Scale：由使用者直接指定縮放比例。

Area：放大所選定區域的圖形。其對應的智慧圖示爲 🔍

All：鳥瞰全頁電路圖。其對應的智慧圖示爲 🔍

Selection：將所選定區域的圖形移至畫面中央。請注意！點選此項之前必須先在
　　　　　　電路圖上選定區欲

Redraw：更新（Refresh）顯示畫面

　　由以上的說明，您可自行選擇適當方式調整電路圖的顯示比例。

📂 圖形檔案的儲存

　　點選 **File/Save** 或其對應的智慧圖示 💾，**OrCAD Capture CIS** 便會將檔案存
入圖 2-1.2 所指定的資料夾中。

🔲 直流分析參數的設定及執行 PSpice 模擬

📂 直流分析參數的設定

1. 點選 **PSpice/New Simulation Profile** 或其對應的智慧圖示 🔲，出現如圖
   2-1.26 的對話盒。

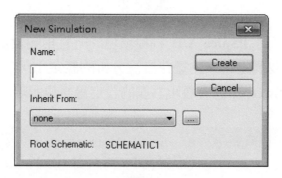

圖 2-1.26

　　在 **Name:** 空格中填入 DC，如此一來，**OrCAD Capture CIS** 在儲存這個模擬設
定檔（*.SIM）時，會將 DC 納入檔案名稱之中，方便日後的辨識。至於 **Inherit From:**
選項則表示您可以填入其他現有的模擬設定檔之檔名，讓 **OrCAD Capture CIS** 自動
繼承其分析參數的設定值。

2. 點選 **Create** 鍵，出現如下的分析參數設定對話盒。

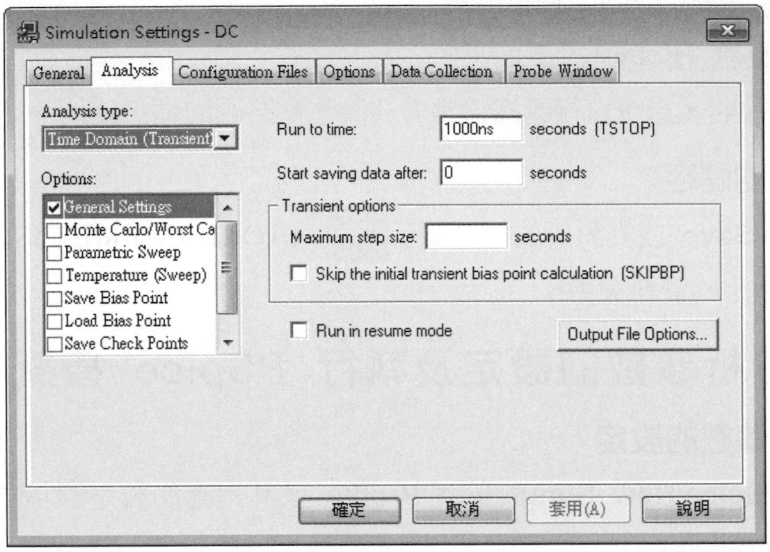

圖 2-1.27

　　此對話盒中包含了與 **PSpice A/D** 模擬環境的所有相關設定，我們將在往後的章節中一一介紹。目前我們先將焦點擺在直流分析的設定上，所以請您先將 **Analysis Type:** 選項改為 DC Sweep，您會發現右側的設定畫面也跟著改變了，如圖 2-1.28 所示。

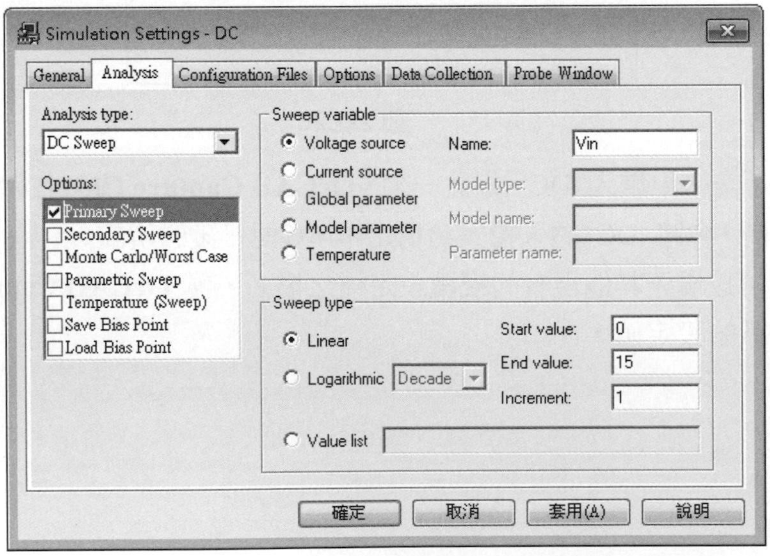

圖 2-1.28

2. 在 **Name:** 空格中填入 Vin，表示設定電壓源 Vin 為掃瞄變數。

3. 在 **Start Value:** 空格中填入 0，表示從 0V 開始計算。

4. 在 **End Value:** 空格中填入 15，表示計算至 15V 結束。

5. 在 **Increment:** 空格中填入 1，表示以 1V 為增量。

6. 點選 **確定** 鍵或按＜Enter＞結束編輯此對話盒。

在圖 2-1.28 的對話盒中，內定選項為針對電壓源 **Voltage Source** 做線性掃瞄 **Linear** 分析。使用者可視自己的需要選擇其他的掃瞄變數（**Sweep Variable**）或掃瞄方式（**Sweep Type**）。分別說明如下：

📁 掃瞄變數 (Sweep variable)

Voltage Source：電壓源。

Current Source：電流源。

Global Parameter：

通用參數，如設定某一電阻值為可變參數 Rvar。此部份在 4-2 節中有更進一步的說明。

Model Parameter：

元件模型中的參數，如 BJT 電晶體中的 Bf (此參數就是一般熟知 BJT 電晶體的 β 值，又稱「共射極電流增益」(common-emitter current gain)。至於其他常用的半導體元件模型參數，請參考附錄 C)，如選定此項為掃瞄變數時，則需再填入一些相關資訊，說明如下：

Model Type:

元件模型型態選單。以 NPN BJT 為例，此項需點選 NPN。各元件模型與其對應的型態名稱可參考附錄 C。

Model Name: 元件模型名稱。如 Qinput。

Parameter Name: 元件模型內的參數名稱。如 Bf，各參數名稱亦請參考附錄 C。

Temperature：溫度。

📁 掃瞄方式 (Sweep type)

Linear：以「線性方式」進行掃瞄。

Logarithmic：

又分爲 **Octave** 和 **Decade** 兩種，分別代表設定掃瞄變數值以兩倍、十倍增加來計算，但此時需注意的是：因其增值時乃以對數運算(Logarithmic Operation）爲原則，故 **Start Value:** 便不得爲零或負數。另外，**Increment:** 空格中的數字此時乃表示每兩倍（十倍）增量間所計算的點數。

Value List：

選擇此種掃瞄方式，則只需在 **Value:** 空格中填入所欲分析的數值即可。

▬ 執行 PSpice 程式

畫好電路圖、設定完分析參數後，您即可點選 **PSpice/Run** 或其對應的智慧圖示 ⏵ 或直接＜F11＞鍵呼叫 **PSpice** 執行模擬功能。隨後您即可在畫面上看到如圖 2-1.29 的 **PSpice A/D** 視窗在執行模擬功能。（由於本範例非常簡單，所需的模擬時間很短，所以大概在視窗開啓完成的同時，模擬就結束了……）

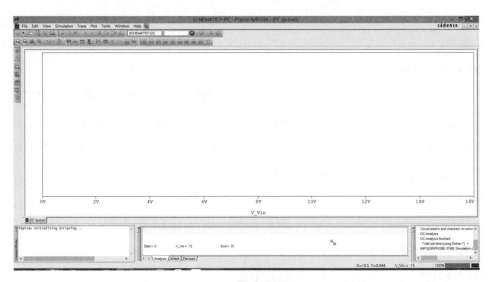

圖 2-1.29

圖 2-1.29 包含了四個不同的子視窗，分別說明如下：

Main Window

用以顯示模擬結果的波形檔（＊.DAT，熟悉早期 **PSpice** 的使用者很快就可以認出：這就是 **Probe** 視窗）及文字輸出檔（＊.OUT）……等重要檔案。

Command Window

這是 V16.6 版新增的功能，主要是提供一個開放的環境，讓進階使用者可以利用 TCL 程式語言開發客製功能程式，掛載在 **PSpice A/D** 的環境中使用，對一般入門的使用者來說，使用機會並不大。

Simulation Status Window

包含三個頁籤：**Analysis** 頁籤用以顯示所設定的分析參數，**Watch** 頁籤則是搭配執行模擬前所設定的「監看功能」（Watch Function）顯示「監看變數」（Watch Variable）及其對應值，**Devices** 頁籤則是將所模擬的電路圖中用到的元件及其數量做個簡單的統計。

Output Window

用以顯示模擬過程的相關過程、警告及錯誤訊息。

Cursor Window

用以顯示游標的相關數值。

這四個子視窗的系統內定排法如圖 2-1.29 所示，您可分別利用 **View** 功能欄中的 **Command Window**、**Simulation Status Window** 及 **Output Window**……等切換指令自行決定要不要顯示該子視窗。

如果您想要快速地切換到僅僅顯示一個 Main Window，只需點選 **View/Alternate Display** 即可完成切換。

由圖 2-1.29 中的 **Probe** 視窗可清楚地看出橫軸的變數為 V_Vin，這是對應剛才所設定的掃瞄變數。接下來便可呼叫波形了，步驟如下所述：

利用 Probe 觀察模擬結果

PSpice A/D 允許您經由兩個途徑呼叫輸出波形：一是直接從電路圖上點選所希望看到的波形，這是比較方便的方式；另一種方式是從 **PSpice A/D** 視窗中呼叫。我們將這兩種方式的操作步驟分別說明如下：

由 **OrCAD Capture CIS** 中的 **Markers** 呼叫波形

1. 點選 **Schematic Page Editor** 視窗中的 **PSpice/Markers/ Voltage Level** 或其對應的智慧圖示 ，出現一浮動的探針符號。
2. 在節點 IN、OUT 上分別點選滑鼠左鍵。

3. 點選滑鼠右鍵並從功能選項中點選 **End Mode**（或直接按＜Esc＞）結束 **Markers** 指令，可以看到如圖 2-1.30 的 **Probe** 視窗。

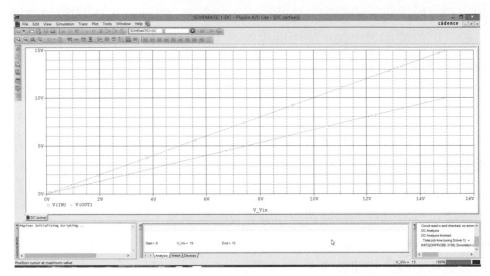

圖 2-1.30

PSpice A/D 為了方便使用者辨識，不同的曲線會採用不同的顏色，而曲線的顏色則是對應您剛才所呼叫的 Marker 顏色，如綠色曲線即是對應電路圖上綠色 Marker 所點選的波形。

若您對上圖中的格線不太習慣。沒關係！**PSpice A/D** 提供您自行訂定格線的功能，步驟如下：

1. 點選 **PSpice A/D** 視窗中的 **Plot/Axis Settings**，(您也可以直接在圖 2-1.30 中 X 軸的刻度值上「兩次點選」滑鼠左鍵)，再點選隨後出現之對話盒的 **X Grid** 頁籤，得如圖 2-1.31 的畫面。

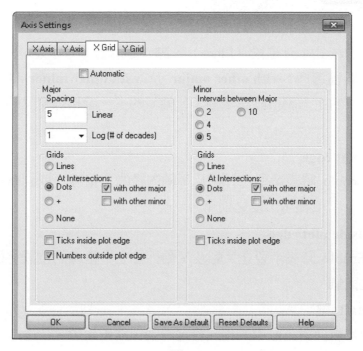

圖 2-1.31

此對話盒中各個選項的意義如下：

Automatic

此選項 Enable 時表示 **Probe** 子視窗的主格線（Major）及副格線（Minor）的間距大小是由系統決定。反之，如果 Disable 時則由使用者自行訂定之。

Spacing

此選項只能在 **Automatic** 選項 Disable 時才能設定，表示主格線的間距大小，其中又分兩種方式：

Linear：當 X 軸設定為以線性方式顯示時，此空格中的數字即表示主格線的間距量，以本例來說，5 即表示每 5V 便顯示一條主格線。

Log (# of decades)：當 X 軸（或 Y 軸）設定為以對數方式顯示時，此空格中的數字 N 表示「每 N 個十倍」顯示一條主格線，也就是說：N 愈小，所顯示的主格線數量就愈多。

Intervals between Major

此選項也只能在 **Automatic** 選項 Disable 時才能設定，表示在兩條相鄰的主格線間所劃分的區段數量。

Grids

此為格線的樣式，有線段（Lines）、點（Dots）、十字型（＋）及不顯示格線（None）四種選擇。**with other major** 及 **with other minor** 則分別用來切換X軸（Y軸）的主、副格線與Y軸（X軸）的主、副格線交叉的位置是否要顯示格線。

Ticks inside plot edge

此選項 Enable 時表示要在X軸及Y軸內緣的主格線（或副格線）上特別做一個小小的「｜」標示，反之則無。

Numbers outside plot edge

此選項 Enable 時表示要在X軸及Y軸外緣之主格線的位置上標示該點的對應值，反之則無。

Save As Default 鍵

點選此鍵可將此對話盒中的相關設定均儲存為預設值。

Reset Defaults 鍵

點選此鍵可將此對話盒中原先所儲存的預設值均重設為系統內定值。

經由以上的說明，如果您依圖 2-1.31 的方式來設定 **X Grid** 頁籤及 **Y Grid** 頁籤，**Probe** 子視窗的格線顯示方式便會如圖 2-1.32 所示。

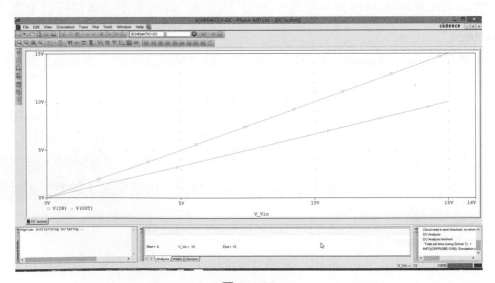

圖 2-1.32

■ 由 PSpice A/D 視窗中直接呼叫波形

1. 點選 **PSpice A/D** 視窗中的 **Trace/Add Trace** 或其對應的智慧圖示 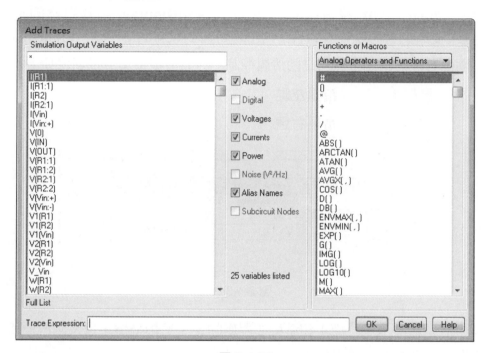，出現如圖 2-1.33 的對話盒。

圖 2-1.33

2. 在左側列表中依序點選 V(IN) 和 V(OUT)，此時 **Trace Expression:** 空格中也會出現 V(IN) V(OUT)，表示我們將呼叫這兩個波形。

3. 點選 **OK** 或按＜Enter＞亦可得圖 2-1.30 的畫面。

你亦可呼叫任兩節點間電壓差的波形，步驟如下：

1. 點選 **Schematic Page Editor** 視窗中的 **PSpice/Markers/ Voltage Differential** 或其對應的智慧圖示 🔍。

2. 在任兩節點上分別點選滑鼠左鍵。

3. 點選滑鼠右鍵並從功能選項中點選 **End Mode** 或按＜Esc＞結束指令。此時 **Probe** 子視窗出現的波形，即是所點選的第一個節點電壓減去第二節點電壓的電壓差波形。

啓動游標（Cursors）功能

圖 2-1.30 雖然提供我們 V(OUT) 與 V_Vin 之間的關係曲線，卻無法得知兩者間的精確數值關係，此時便需借助下面要介紹的游標功能。操作步驟如下：

1. 點選 **PSpice A/D** 視窗中的 **Trace/Cursor/Display** 或其對應的智慧圖示 ，此時您會發現視窗的右下角出現如圖 2-1.34 的子視窗，**PSpice A/D** 提供了兩個游標，兩個游標均是由滑鼠控制，其與滑鼠按鍵分別對應如下：

   游標 **1**　　　　滑鼠左鍵

   游標 **2**　　　　滑鼠右鍵

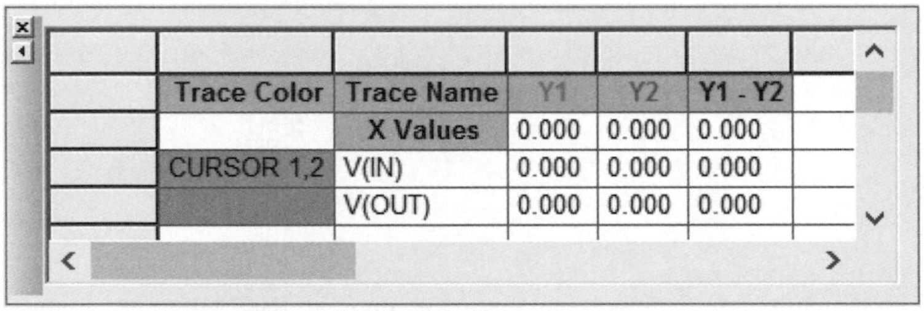

Trace Color	Trace Name	Y1	Y2	Y1 - Y2	
	X Values	0.000	0.000	0.000	
CURSOR 1,2	V(IN)	0.000	0.000	0.000	
	V(OUT)	0.000	0.000	0.000	

圖 2-1.34

其中清楚地標示了游標 1 和游標 2 對應的X、Y軸坐標，以及兩游標所在位置之間的X、Y軸坐標差值。

2. 按住滑鼠左鍵將游標 1 拉到 V_Vin=9V 處，表示我們將觀察游標 1 所對應的變數在輸入電壓為 9V 時的數值。

3. 在 V(OUT) 左邊的代表符號上點選滑鼠右鍵（表示將以游標 2 來標示 V(OUT) 之值），再按住滑鼠右鍵將游標 2 同樣拉到 V_Vin=9V 處，即可得到圖 2-1.35 的畫面。

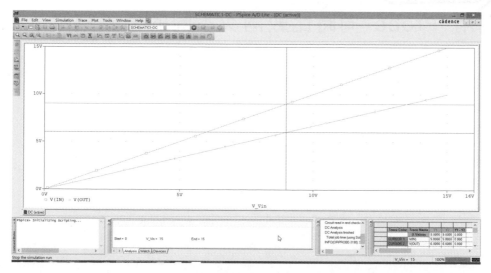

圖 2-1.35

由圖 2-1.35 右下角的數據可以分別得知當 V(IN)=9V 時，V(OUT)=6V。此結果與（式 2-1）分壓公式完全吻合。

📁 刪除已顯示波形

下列步驟適用於刪除 **Probe** 子視窗上所顯示的波形，可視需要與否採用之。

1. 在 **Probe** 子視窗中 X 軸下方的 V(IN) 文字標示上點選滑鼠左鍵，此時 V(IN) 會由白色變爲紅色。
2. 點選 **Edit/Cut** 或其對應的智慧圖示 ✂️ 刪除 V(IN)。

若使用者想一次刪除數個顯示波形，則可按住＜Shift＞鍵或＜Ctrl＞鍵再以滑鼠點選欲刪除的波形名稱，最後點選 **Edit/Cut** 即可。

最後，再附帶提一件注意事項：如果您想要重新模擬一次 **Schematic Page Editor** 視窗上的電路，您必須注意：原有的輸出波形檔會被重新模擬後產生的新檔案取代；如果您想保留原有的輸出資料，就必須在點選 **PSpice/Run** 前，先利用視窗環境的指令將原檔案更名即可保留。

利用 Probe 同時比較兩次不同的模擬結果

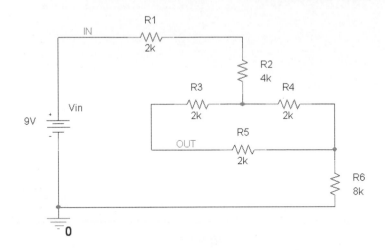

圖 2-1.36

　　早期的 **Probe** 在顯示輸出波形時，僅能從同一個 *.DAT 檔中呼叫波形。但往往有些時候，使用者必須將兩個不同電路（可能只有些微架構上的差異）的模擬結果放在一起比較，方便判斷那一種電路架構的輸出特性較好？

　　要達到此目的，我們必須要完成兩件事。首先，要將圖 2-1.36 的電路畫在另一張電路圖上；其次，便是使用 **PSpice A/D** 視窗中的 **File/Append Waveform (.DAT)** 這項功能。以下依序介紹其操作步驟：

1. 回到圖 2-1.9 的 EX2-1.opj 專案子視窗畫面，我們準備在同一個專案下建立另一張電路圖。

2. 在 ex2-1.dsn 文字上面點選滑鼠右鍵，從功能選項中點選 **New Schematic**，出現如圖 2-1.37 的對話盒。

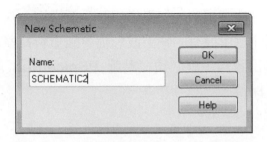

圖 2-1.37

3. 點選 **OK** 鍵後，您會發現在 ex2-1.dsn 下多了一項 SCHEMATIC2，如圖 2-1.38 所示。

4. 在 SCHEMATIC2 文字上面再點選滑鼠右鍵，並從功能選項中點選 **New Page**，出現如圖 2-1.39 的對話盒。

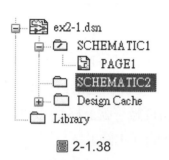

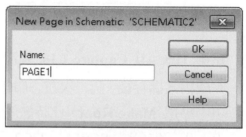

圖 2-1.38　　　　　　　　　　　　　　　　圖 2-1.39

5. 點選 **OK** 鍵後，您又會發現在 SCHEMATIC2 下多了一項 PAGE1。接下來，您便可以兩次點選 SCHEMATIC2 下的 PAGE1 開啟一個新的 **Schematic Page Editor** 視窗，並依照前述之繪製電路圖的步驟完成圖 2-1.36 的電路圖。

　　請注意！當您依上述步驟畫完圖 2-1.36 的電路圖，很不幸地，您並不能立刻開始進行直流分析參數的設定，這是因為 **PSpice A/D** 系統限定只有「主圖」才能進行分析參數的設定。什麼是「主圖」？以本例而言，就是 SCHEMATIC1，請您仔細看一下圖 2-1.41，您會發現在 SCHEMATIC1 文字左邊有一個 頁籤符號，這個頁籤符號與其他頁籤符號不同之處，在於其符號中間多了一條「／」，在此我們稱它為「主圖頁籤符號」，這就表示 SCHEMATIC1 是 EX2-1.opj 專案中的「主圖」。如果您希望針對 SCHEMATIC2 進行模擬，您就必須先將 SCHEMATIC2 設定為「主圖」，步驟如下：

1. 再次回到圖 2-1.9 的 EX2-1.opj 專案子視窗畫面，在 SCHEMATIC2 文字上面點選滑鼠右鍵，並從功能選項中點選 **Make Root**，您可能會看到如圖 2-1.40 的對話盒，此對話盒的目的是提醒您要進行「主圖」變更設定之前必須先儲存檔案，畢竟變更「主圖」對於 **PSpice A/D** 系統而言是一件大事，還是謹慎一點較好。

圖 2-1.40

2. 點選 **OrCAD Capture CIS** 視窗中的 **File/Save** 或其對應的智慧圖示 ⬜ ，
   完成檔案儲存後，再一次在 SCHEMATIC2 文字上面點選滑鼠右鍵並從功能選
   項中點選 **Make Root**，此時您便會看到「主圖頁籤符號」移到 SCHEMATIC2
   上，表示您已將 SCHEMATIC2 設定為此專案的「主圖」。

   接下來，您便可以依照前述「**直流分析參數的設定**」步驟針對 SCHEMATIC2 進
行設定，由於我們的目標是要將本節圖 2-1.1 的電路與圖 2-1.36 的電路之輸出結果擺
在一起觀察，筆者建議將兩張電路圖的各項分析參數設定成一樣。

   在完成分析參數設定及執行 **PSpice** 模擬之後，您便可以依照下列步驟將兩個不
同電路的模擬結果放在一起比較。

1. 假定您已將圖 2-1.36 的電路模擬完畢，且 **Probe** 視窗中所顯示的即是圖 2-1.36
   的結果（如圖 2-1.41）。

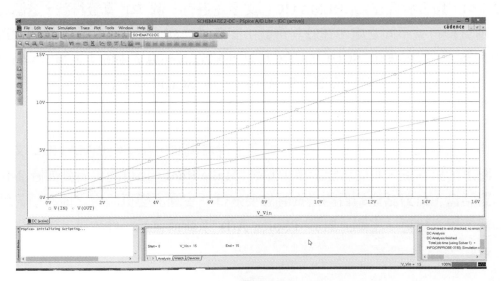

圖 2-1.41

2. 點選 **Probe** 子視窗中的 **File/Append Waveform (.DAT)** 或其對應的智慧圖示，出現如圖 2-1.42 的對話盒。

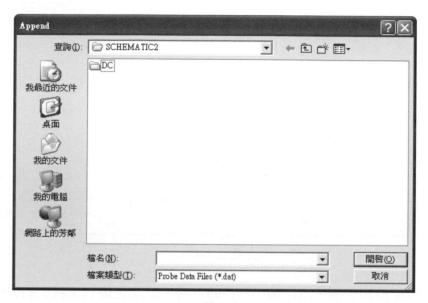

圖 2-1.42

3. 很明顯的，圖 2-1.42 顯示的目錄位置並不是我們現在想要呼叫之 SCHEMATIC1 的模擬結果，所以必須請您將更改目錄至「OrCAD Examples/EX2-1/EX2-1-PS piceFiles/ SCHEMATIC1/DC」下（請注意！有畫底線的部份乃是本範例所儲存的目錄，若您先前是儲存在自行設定的目錄，就必須將畫底線的部份替換成自行設定的目錄），並點選其中的 DC.dat 檔案，此即為對應圖 2-1.1 的輸出檔，此時又會出現如圖 2-1.43 的對話盒。

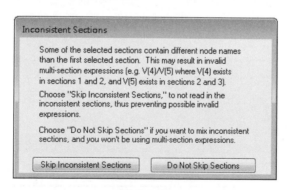

圖 2-1.43

當您點選此對話盒中的 **Do Not Skip Sections** 鍵，SCHEMATIC1 和 SCHEMATIC2 這兩個不同電路的模擬結果便會被合併在一起而得圖 2-1.44 的畫面。

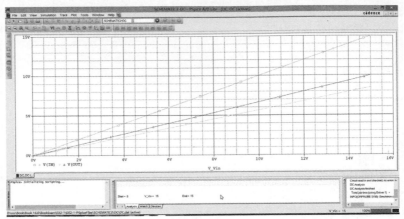

圖 2-1.44

利用游標可得知這兩個電路輸出特性的不同，至此也達到了我們的目的。至於圖 2-1.43 中的 **Skip Inconsistent Sections** 鍵則用於取消此項合併的動作，也就是說：若點選此鍵，**Probe** 視窗會維持在原有的狀態。

呼叫文字輸出檔 *.OUT

點選 **Probe** 視窗中的 **View/Output File**，**Main Window** 上出現文字輸出檔的視窗，如圖 2-1.45 所示。

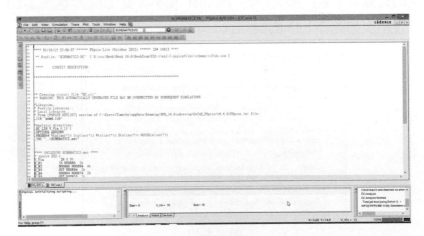

圖 2-1.45

　　此檔案中包含了模擬所需參考的模擬參數元件庫檔案（*.LIB）、電路串接檔（*.NET）的內容及模擬所費時間…等可供您參考的重要資訊。若模擬過程有錯誤，錯誤訊息亦會顯示在此檔案中，方便您迅速找出錯誤所在並加以更正。

　　經由以上的範例，相信您已經對 **PSpice A/D** 有了初步的瞭解。恭喜您！因為您已經踏入電腦輔助工程（Computer-Aided Engineering）中的重要環節-----「模擬軟體」的大門！在以下的章節中，我們將更進一步地研究 **PSpice A/D** 的其他功能，使您不但不再對電子電路理論及實驗望之怯步，反而更進一步提升您的設計能力！

2-2 基本交流分析

　　所謂的「交流分析」，簡單來說，即是**針對電路性能（Performance）因訊號頻率（Frequency）改變而變動所作的分析**。在理想情況下，電容的等效阻抗值會隨著頻率升高而降低；電感剛好相反；而電阻值則與頻率大小無關。且在直流狀態（即頻率為零）下，電容可視同開路（斷路）而電感則可視同短路。

　　由以上的說明，我們可以大略知道如圖 2-2.1 的簡單 RC 電路在直流時， V(OUT) 的電壓即是 R1 與 R2 分壓的結果；然而隨著頻率的上升， V(OUT) 的電壓便會漸漸降低。此種現象亦可用拉普拉斯轉換（Laplace Transform）所導得的轉換函數（Transfer Function）來解釋，如（式 2-2.1）。但因其推導過程並非本書所要介紹的重點，有興趣的讀者可參考電路學的相關書籍。

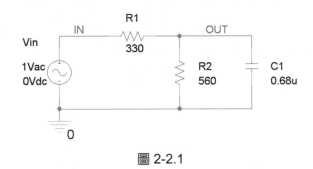

圖 2-2.1

$$\frac{V(OUT)}{V(IN)} = \frac{\dfrac{1}{R_1 C_1}}{S + \dfrac{R_1 + R_2}{C_1 R_1 R_2}} \qquad （式\ 2\text{-}2.1）$$

　　本節我們將以此電路介紹 **PSpice A/D** 如何執行基本的交流分析並以一般常用的波德圖顯示其模擬結果。再一次提醒：從本節開始，我們只針對在前面章節未提到的

過程作說明，至於一些基本或重覆的操作步驟則請讀者自行翻閱之前的章節，以避免不必要的篇幅浪費。

電路圖的編繪

■ 元件符號的呼叫

交流電壓源及電容的符號名稱為分別為 VAC 及 C。

■ 改變元件符號屬性

1. 兩次點選 Vin 符號。
2. 在 **ACMAG** 空格內填入 1V（**OrCAD Capture CIS** 已經自動將此值設定為 1，所以您只要確認一下即可）。
3. 點選 **Apply** 鍵或按＜Enter＞。
4. 結束符號屬性的編輯對話盒。

交流分析參數的設定及執行 PSpice 程式

1. 點選 **PSpice/New Simulation Profile** 後在 **Name:** 空格中填入 AC，同樣的，**PSpice A/D** 在儲存這個模擬設定檔時，也會將 AC 納入檔案名稱之中，方便日後的辨識。
2. 點選 **Create** 鍵後，在 **Analysis** 頁籤中選擇 **AC Sweep/Noise** 選項，則會出現如圖 2-2.2 的對話盒。

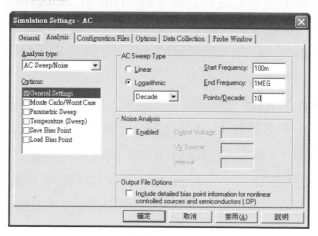

圖 2-2.2

3. 點選 AC Sweep Type 中的 Logarithmic 並選擇 Decade，此代表將以十倍頻的方式作掃瞄。

4. 在 **Start Frequency:**（起始頻率）空格中填入 100m【*注意！*在 **PSpice** 設定中，m 及 M 均表示 10 的 -3 次方，若要表示 10 的 6 次方則必須鍵入 MEG（大小寫無所謂）】。

5. 在 **End Frequency:**（終止頻率）空格中填入 1MEG。

6. 在 **Points/Decade:** 空格中填入 10，此數字表示每十倍頻中所計算的點數。

7. 點選 **確定** 鍵或按＜Enter＞結束編輯此對話盒。

　　若使用者點選 **Linear** 時，**Total Points:** 空格中數字的意義便是在 **Start Frequency:** 與 **End Frequency:** 間所要計算的總點數。

Noise Analysis（雜訊分析）：留待 3-3 節再做介紹。

Output File Options：留待 3-2 節再做介紹。

點選 **PSpice/Run** 執行 **PSpice** 模擬程式。

利用 Probe 看波德圖

由 Probe 視窗中直接呼叫波形

1. 點選 **Trace/Add Trace**。

2. 由於左側列表中只提供節點電壓及分支電流的選項，如果要由 **Probe** 視窗上看波德圖的話，就必須在對話盒右側 **Functions or Macros** 列表中點選 DB() 這個函數，隨後再點選左側列表中的 V(OUT)。此時下方的 **Trace Expression** 空格中會出現 DB(V(OUT))，表示我們將縱軸刻度設為分貝（DB）值，且所顯示的波形為輸出電壓的分貝值。

3. 點選 **Plot/Add Y Axis**，多開啟一個縱軸，如圖 2-2.3。由圖 2-2.3 可以看到：兩個縱軸的左上方各標有 1、2 兩個數字；而 DB(V(OUT)) 的左邊也有由小方格框起來的數字 1，這表示 DB(V(OUT)) 的波形是對應到第一個縱軸的刻度；而第二縱軸左下方的 "＞＞" 符號表示待會兒所呼叫的波形會對應到這個縱軸。如果您想要在這兩個縱軸間切換，只需直接在該縱軸上點選滑鼠左鍵就可以了。

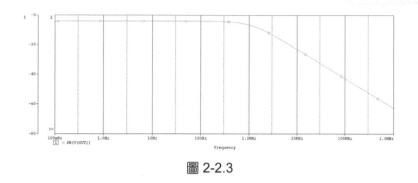

圖 2-2.3

4. 再次點選 **Trace/Add Trace**，並分別在 **Functions or Macros** 列表及左側列表中依序點選 P() 這個函數及 V(OUT)，則此時顯示的波形為輸出電壓的相角（Phase）值，正如剛才所說的， P(V(OUT)) 的波形會被加在第二個縱軸上，且其刻度也跟著被設定為相角值，單位為角度 (Degree)。

　　讀者在利用上述的方法呼叫出波德圖後，可能會想：是不是也可以利用 2-1 節提到的 **Markers** 來呼叫呢？令人高興的是：答案是肯定的！茲將操作步驟敘述如下：

■ 由 OrCAD Capture CIS 中的 Markers 呼叫波形

1. 點選 **Schematic Page Editor** 視窗中的 **PSpice/Markers/ Advanced/dB Magnitude of Voltage**，隨即會出現一浮動的探針符號。
2. 在節點 OUT 上點選滑鼠左鍵，**Probe** 中即會出現該分貝值的曲線。
3. 重覆上述步驟及增加縱軸的方法呼叫相角值（**PSpice/ Markers/Advanced/Phase of Voltage**）曲線即可得相同的結果。

　　由於在一般的波德圖中，振幅響應 (dB 值)常常是伴隨著相位響應一起出現，所以 **OrCAD Capture CIS** 也提供了另一個更方便的 **Markers** 功能，其操作步驟如下：

1. 點選 **Schematic Page Editor** 視窗中的 **PSpice/Markers/ Plot Window Templates**，隨即出現如圖 2-2.4 的對話盒。

圖 2-2.4

2. 點選對話盒中的 Bode Plot dB – dual Y axes 選項，表示將要同時在兩個不同的 Y 軸上分別顯示振幅響應（以 dB 值表示）和相位響應。同樣地，隨後也會出現一浮動的探針符號。

3. 在節點 OUT 上點選滑鼠左鍵，**Probe** 中即會出現如圖 2-2.5 的畫面，可以清楚看到振幅和相位兩條頻率響應曲線。

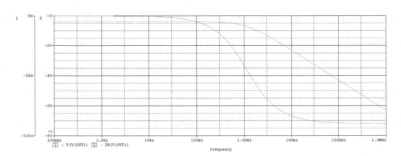

圖 2-2.5

至此，我們已經可以看出此 RC 電路的頻率響應圖。一般來說，我們都希望能更進一步地由圖中找出此響應的 3dB 頻率值，此時就又要用到游標的功能了，步驟如下：

1. 點選 **Probe** 視窗的 **Trace/Cursor/Display** 啟動游標。

2. 在 DB(V(OUT)) 上左邊的代表符號上依序點選滑鼠左鍵（表示將以游標 1 來標示 DB(V(OUT)) 之值）。接著在 DB(V(OUT)) 上移動游標 1 至 f3dB （3dB 頻率）處，得知此電路的 f3dB 頻率約為 1.1KHz 左右（如圖 2-2.6）；在

P(V(OUT)) 上移動游標 2 到相同頻率的位置，得知其相角值亦與理論值 -45 度
吻合（由於有圖形解析度的問題，故數值上有少許誤差，與模擬精準度無關。
4-2 節將介紹如何在 **Probe** 視窗中「找出」特定值的所在位置）。

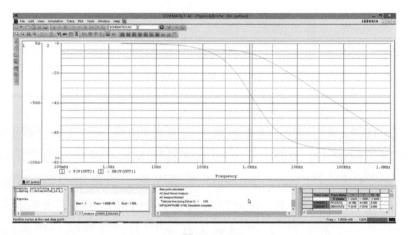

圖 2-2.6

2-3 基本暫態分析

目標

學習——

■ 五種基本波形中各參數的意義
■ 設定 **PSpice A/D** 暫態分析的各項參數
■ 利用 **Probe** 看暫態響應（Transient Response）

前兩節中，我們已經介紹了基本直流、交流分析的設定。但一般的電子實驗中最常用到的儀器可以說是「示波器」了，而示波器基本上可說是以時間為橫軸來顯示波形的，也就是所謂的時域（Time Domain）響應。為了使電路模擬軟體能真正達到對所設計電路性能做各種初步驗證（包含時域響應）的目標，便有了所謂的「暫態分析」。本節的目的便是要介紹如何利用 **PSpice A/D** 來對電路做暫態分析並觀察其結果----如同我們在實驗室使用示波器一樣。

既然前面提到示波器，您一定也會想到另一個在實驗室常見的儀器－－訊號產生器（Function Generator）。我們利用訊號產生器所產生的訊號，輸入所設計的電路，再藉著示波器觀察輸出、入波形之間的關係，便可以得到此電路的一些相關資訊。

一般常見的訊號產生器可產生三種基本波形：弦波、方波和三角波；而 **PSpice A/D** 同樣也提供了五種訊號源的基本波形讓您自由運用，就好像一台訊號產生器一樣。所以在正式開始本節的內容前，有必要先了解用以描述各個波形之參數的意義，及其與波形之間的關係，如此才得以更靈活的運用這些波形。由於訊號源又分電壓源和電流源，以下我們僅針對電壓源波形解釋其參數意義，至於電流源波形參數則與電壓源類同，只是符號名稱的第一個字母 V 要改為 I（表示為電流源）。

■ **弦波（符號名稱為 VSIN）**

描述此波形的參數有六個，除了前三個參數是一定要設定的以外，後三個參數在未設定的情形下，均以其內定值 0 為準，個別意義分述如下：

VOFF：直流偏移電壓（Offset Voltage），單位為伏特。

VAMPL：振幅大小（Peak Amplitude of Voltage），單位為伏特。

FREQ：頻率（Frequency），單位為赫茲。

TD：波形延遲出現的時間（Time Delay），單位為秒。

DF：阻尼係數（Damping Factor），單位為秒的倒數。

PHASE：相位角（Phase），單位為角度。若此值設為 90 度可得餘弦波（Cosine Wave）。

　　當我們設定 VOFF=1、VAMPL=5、FREQ=1K、TD=1m、DF=100、PHASE=0 時，可得如圖 2-3.1 的輸入波形：

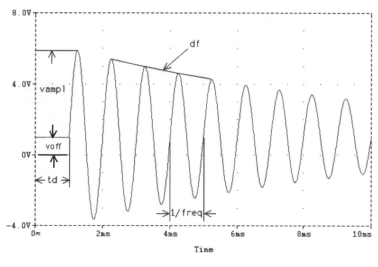

圖 2-3.1

■ 脈波（符號名稱為 VPULSE）：

　　七個參數意義如下，設定時缺一不可：

V1：起始電壓（Initial Voltage）。

V2：脈波電壓（Pulsed Voltage）。

TD：延遲時間（Time Delay）。

TR：上升時間（Rise Time）。

TF：下降時間（Fall Time）。

PW：脈波寬度（Pulse Width），單位為秒。

PER：週期（Period），單位為秒。

當我們設定 V1= −2、V2=3、TD=1m、TR=0.5m、TF=1m、PW=2m、PER=4.5m 時，可得如圖 2-3.2 的輸入波形：

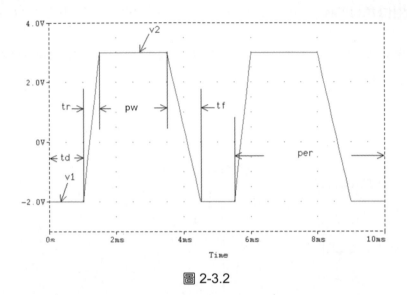

圖 2-3.2

📁 折線波（符號名稱為 VPWL）：

以座標方式輸入波形，兩點之間以直線連接，如圖 2-3.3 所示：

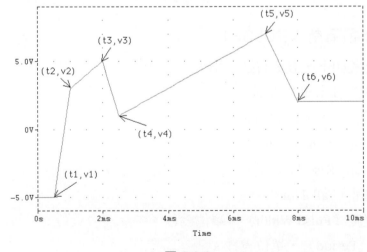

圖 2-3.3

■ 週期性折線波（符號名稱為 VPWL_ENH）：

對許多讀者而言，折線波可以很方便地描述一些特殊波形，但如果這些特殊波形又具有週期性時，用上述的描述法就不甚方便了。還好 **PSpice A/D** 提供了一項「週期性折線波」的功能，其各項重要參數描述如下：

FIRST_NPAIRS：

某一週期波形內各轉折點的座標對，之後的 **SECOND_NPAIRS** 及 **THIRD_NPAIRS** 也是同樣的意義。

REPEAT_VALUE：

上述各座標對所描述之波形所要重覆的次數。如要重覆五次，則填入 for 5；如要一直重覆下去，則填 −1。

當我們設定 **FIRST_NPAIRS** = (0,−3) (0.5m,3) (1m,−3)、**SECOND_NPAIRS** = (1m,−3) (2m,0) (3m,0) (4m,−3)、**THIRD_NPAIRS** = (4m,−3) (4.2m,3) (4.8m,3) (5m,−3)、**REPEAT_VALUE** = −1 即可得如圖 2-3.4 所示的**週期性（週期為 5ms）折線波**。

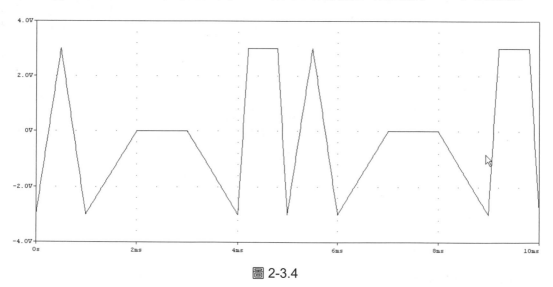

圖 2-3.4

另外，您可能還會發現在 **VPWL_ENH** 的 **Property** 中有兩項屬性：**TSF**（TIME_SCALE_FACTOR） 及 **VSF**（VALUE_SCALE_FACTOR），它們分別代表時間及電壓的參考基準值。以圖 2-3.4 的週期性折線波為例：如果有設定 **TSF** 及 **VSF**（如設 **TSF**=1m、**VSF**=3），則當 **FIRST_NPAIRS** 寫成 (0,−1) (0.5,1) (1,−1)、

SECOND_NPAIRS 寫成 (1,−1) (2,0) (3,0) (4,−1)、**THIRD_NPAIRS** 寫成 (4,−1) (4.2, 1) (4.8, 1) (5,−1) 時即可產生與圖 2-3.4 相同的波形。

■ 指數波（符號名稱為 VEXP）：

各參數意義如下：

V1：起始電壓（Initial Voltage）。

V2：峰值電壓（Peak Voltage）。

TD1：電壓由 V1 往 V2 改變前的延遲時間（Delay Time）。

TC1：電壓往 V2 改變時的時間常數（Time Constant）。

TD2：電壓由 V2 往 V1 改變前的延遲時間。

TC2：電壓往 V1 改變時的時間常數。

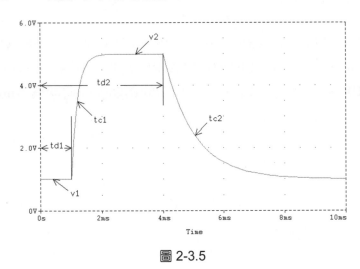

圖 2-3.5

當我們設定 V1=1、V2=5、TD1=1m、TC1=0.2m、TD2=4m、TC2=1m 時，可得如圖 2-3.5 的輸入波形：

■ 單頻 FM 波（VSFFM）：

VOFF：直流偏移電壓。

VAMPL：振幅。

FC：載波頻率（Carrier Frequency）。

MOD：調變參數（Modulation Index），此為常數，沒有單位。

FM：受調變訊號頻率（Modulation Frequency）。

由於此波形較難以說明各參數與波形間的關係，我們以（式 2-3.1）來說明：

voff + vampl * sin(2*pi*fc*TIME + mod * sin(2*pi*fm*TIME))　　（式 2-3.1）

當我們設定 VOFF=1、VAMPL=3、FC=1.6K、MOD=4、FM=200 時，可得如圖 2-3.6 的輸入波形：

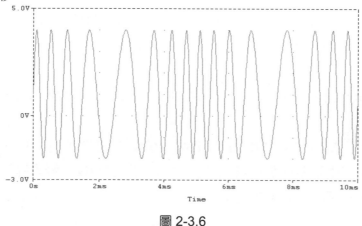

圖 2-3.6

有了以上對各種輸入訊號設定參數意義的了解之後，我們舉一個實例幫助您有更進一步的了解：圖 2-3.7 為一簡單的 RC 電路，當我們以一脈波（Pulse）輸入時，在節點 OUT 會有充放電的現象產生（即輸入電壓由低電壓切換至高電壓時，V(OUT) 會以指數方式漸漸由低電壓升至高電壓，反之亦然）。此乃電容器為一儲存能量的元件之故，關於更詳細的解釋，讀者可以翻閱電路學書籍。以下我們便一起來看看 **PSpice A/D** 如何處理這樣的電路。

此圖在編繪過程唯一與前兩節不同之處是電壓源的符號名稱不同，且需設定電壓源的暫態波形參數。步驟分述如下：

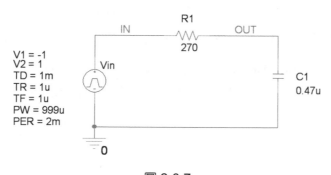

圖 2-3.7

電路圖的編繪

■ 元件符號的呼叫

脈波電壓源的符號名稱為 VPULSE。

■ 電壓源參數的設定

1. 在 Vin 符號左邊您可看到上述脈波電壓源的七個波形參數：**V1**、**V2**、**TD**、**TR**、**TF**、**PW**、**PER**。首先，請在 V1 文字上兩次點選滑鼠左鍵，出現如圖 2-3.8 的對話盒。

2. 在 **Value:** 空格中填入 −1，表示我們要將此脈波電壓源的起始電壓設定為 −1V。

3. 再依序設定 **V2**、**TD**、**TR**、**TF**、**PW**、**PER** 的屬性值為 −1、1、1m、1u、1u、999u、2m，由這些參數可得知此為頻率等於 500Hz、振幅等於 1 且工作週期 (Duty cycle) 等於 50% 的方波。

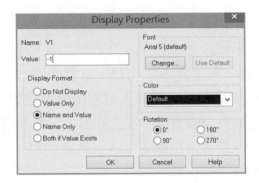

圖 2-3.8

暫態分析參數的設定

1. 開啟一個新的「分析參數設定對話盒」（步驟請參考 2-1 節。為配合本範例的暫態分析，建議將模擬設定檔的命名 **Name:** 空格中填入 TRAN，以利日後辨別），再選擇 **Time Domain (Transient)** 選項，如圖 2-3.9 所示。其中有三個與暫態分析息息相關的參數，其對於模擬時間的長短、甚至可否計算出模擬結果均有間接影響，故設定時不可不慎，在此特別將其意義分別說明如下：

Run to time：終止時間。

Start saving data after：由於在模擬計算過程中的所有輸出資料均會存入硬碟。若使用者只關心某一時間之後的穩態輸出結果，爲節省硬碟空間，可設定此參數爲某一時間值，則該時間之前的所有資料均不會存入硬碟，當然也無法在 **Probe** 中顯示。

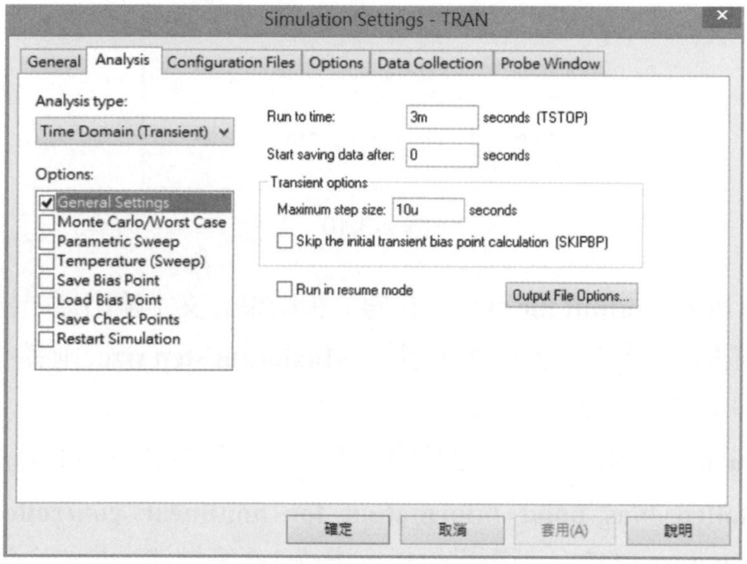

圖 2-3.9

Maximum step size：暫態分析結果顯示於 **Probe** 中之波形的時間間隔（解析度）的最大值。

Skip the initial transient bias point calculation (SKIPBP)：顧名思義，此選項與暫態響應的初始偏壓值的計算息息相關。由於我們可以在電容、電感此類元件的屬性中設定其初始值（Initial Value，電容是初始電壓，電感是初始電流），而這些初始值會直接影響到整個電路的初始偏壓值的計算結果（在一般電子電路的分析中，這些初始值會被看成暫態的初始電壓、電流源，經由計算，其他未設定初始值的電容、電感元件也會跟著被分配到部份電荷而帶有初始值）。**如果點選此項，則系統會略過暫態響應分析過程中一開始的初始值計算步驟而直接將未設定初始值之電容、電感的初始值訂爲零**。特別值得注意的是，這樣的設定雖然節省了計算暫態響應初始值的時間，但由於與實際電路狀況並不相符，所以可能會產生模擬過程中收斂的問題，使用者必須小心應用。

2. 點選 **Output File Options** 鍵，出現如下的對話盒，其中各個選項的意義說明如下：

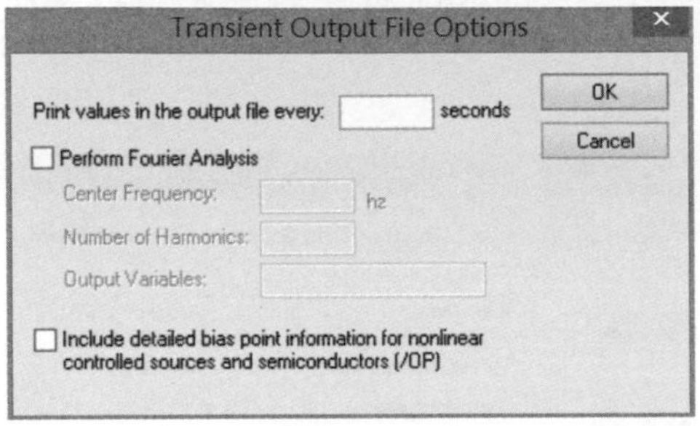

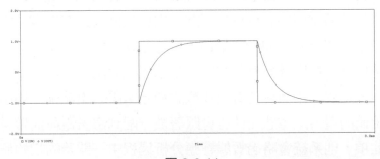

圖 2-3.10

Print values in the output file every：暫態分析結果之文字輸出檔中輸出資料的時間間隔。值得注意的是：此值與上述的 **Maximum step size** 兩者中較小者將視為模擬過程中時間間隔的最大值。

Perform Fourier Analysis：傅立葉分析，留待 3-3 節做進一步的介紹。

Include detailed bias point information for nonlinear controlled sources and semiconductors (/OP)：偏壓點分析，留待 3-2 節做進一步的介紹。

3. 依圖 2-3.9 設定各參數後結束編輯此暫態分析參數設定的對話盒。

最後再執行 **PSpice A/D** 模擬及 **Probe**，點選輸出波形後可得圖 2-3.11，可以看出其明顯的 RC 充放電響應。

圖 2-3.11

習 題

2.1 試以 **PSpice A/D** 求圖 P2.1 的 Vout - Vin 曲線。

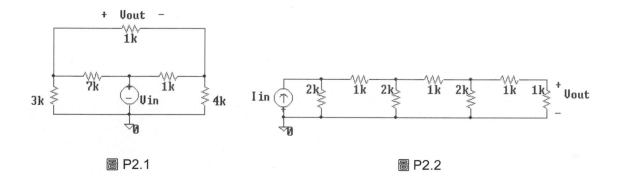

圖 P2.1　　　　　　　　　圖 P2.2

2.2 試求圖 P2.2 的 Vout - Iin 曲線。

2.3 試求圖 P2.3 中 Vout 的頻率響應曲線。（包含振幅與相位，頻率範圍：1Hz～1MHz）

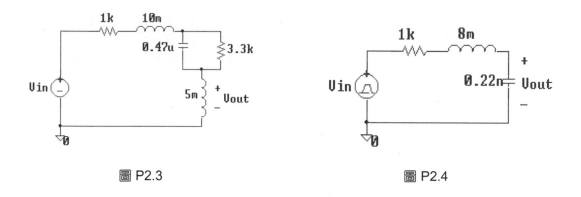

圖 P2.3　　　　　　　　　圖 P2.4

2.4 試求圖 P2.4 中 Vout 的暫態響應曲線。輸入方波的參數為 V1= −2、V2=2、TD=20u、TR=1u、TF=5u、PW=14u、PER=30u

3

基本分析之應用

上一章所舉範例中的元件均是 **R**、**C** 等被動元件（Passive Component），但在今日的電子系統中，如電晶體（Transistor）、運算放大器（Operational Amplifier）等主動元件（Active Component）已經被大量使用而佔有舉足輕重的地位。是故有必要在此介紹 **PSpice A/D** 是如何處理此類元件的模擬及其應用。本章將以「雙載子電晶體」（BJT）為介紹重點，由其特性曲線、小訊號模型到如何以 **PSpice A/D** 模擬一個簡單差動放大器（Differential Pair Amplifier）的直流、交流及暫態響應，希望能使讀者對 **PSpice A/D** 有更進一步的了解與認識。

3-1 利用直流分析量測電晶體特性曲線

目標

學習——

■ 學習利用直流分析執行 **Curve Tracer** 的功能以量測電晶體的特性曲線

　　圖 3-1.1 為一般用來量測雙載子電晶體特性曲線的示意電路。正如大家所了解的：雙載子電晶體特性曲線的橫軸為集極電壓 Vc；而特性圖中的每條曲線均對應不同的基極電流 Ib（如圖 3-1.5）。以下我們便以此例來介紹如何利用 **PSpice A/D** 來量測電晶體的特性曲線，而讀者亦可類推此法於其它種類的電晶體（如 JFET，MOSFET 等）。

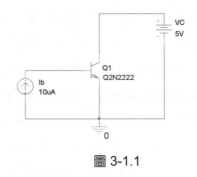

圖 3-1.1

電路圖的編繪

元件符號的呼叫

　　電流源符號名稱為 IDC，電晶體符號名稱為 Q2N2222（儲存在 EVAL.OLB 中）。

分析參數的設定及執行 PSpice 程式

巢式直流分析參數的設定

　　由於雙載子電晶體的特性曲線中有兩個變數（VC 及 Ib）在變動，故 2-1 節所介紹的單一變數的直流分析已經不敷使用。所幸 **PSpice** 也針對了此種情況提供了特殊的分析方式，即所謂的「巢式直流分析」，其詳細的設定步驟如下：

1. 點選 **PSpice/Edit Simulation Profile** 後再選擇 **DC Sweep** 選項而得與圖 2-1.28 相同的對話盒。此時要請您留意在 **Analysis Type:** 選項下方的 **Options:**

列表，並從中點選 **Primary Sweep** 選項（我們稱之為「巢式分析」中的「主掃瞄對話盒」）。

2. 剛剛提到在特性曲線圖中的橫軸變數是集極電壓 VC 的電壓值，故此主掃瞄對話盒中便必須設定 VC 為掃瞄變數並設定相關的掃瞄方式及範圍（如圖 3-1.2，至於設定步驟請參考 2-1 節）。

3. 點選 **Options:** 列表中點選 **Secondary Sweep** 選項（我們稱之為「從屬掃瞄對話盒」）得如圖 3-1.3 的對話盒。

4. 依圖 3-1.3 所示填入相關參數並點選 **Secondary Sweep** 選項旁的小方格以確定啟動巢式直流分析的功能。

5. 結束巢式直流分析參數的設定。

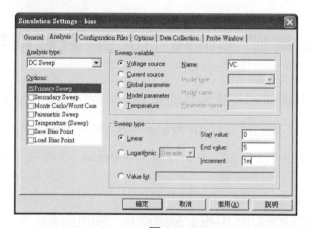

圖 3-1.2

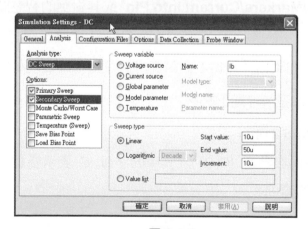

圖 3-1.3

■ 執行 PSpice 程式

　　點選 **PSpice/Run**，我們可以看到如圖 3-1.4 的 **Simulation Status Window** 子視窗中 **PSpice** 同時對兩個變數做計算，上方的那一列即是基極電流 Ib，另一列則是集極電壓 VC。

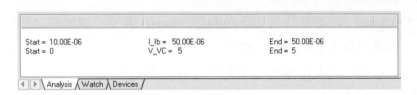

圖 3-1.4

將 Probe 當做 Curve Tracer 以觀察特性曲線

　　一般在實驗室中觀察電晶體特性曲線最常用的儀器就是 Curve Tracer，而在 **PSpice A/D** 的環境中，我們可以利用 **Probe** 功能來取代傳統的 Curve Tracer 來觀察電晶體的特性曲線。如同 2 ─ 1 節中所介紹的，**Probe** 也提供了兩種方法行呼叫電流波形，分述如下：

■ 由 OrCAD Capture CIS 中的 Markers 呼叫波形

1. 點選 **PSpice/Markers/Current into Pin** 或其對應的智慧圖示 ，出現探針符號。

2. 在電晶體 Q1 的集極「端點上」點選滑鼠左鍵，即出現如圖 3-1.5 的畫面。

■ 由 Probe 視窗中直接呼叫波形

1. 點選 **Trace/Add Trace**。

2. 在左側列表中兩次點選 IC(Q1)（其中的字母 C 表示雙載子電晶體的集極）亦可得圖 3-1.5 的畫面。

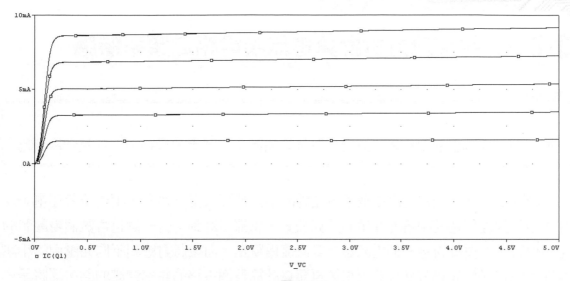

圖 3-1.5

3-2 利用交流分析計算電晶體電路之頻率響應

目標

學習——

■ 學習利用偏壓點分析與交流分析計算電晶體小訊號等效電路模型及其頻率響應

　　圖 3-2.1 為一般常見之雙載子電晶體的小訊號等效電路模型，相信讀者在電子學課本中都曾經學過其中各元件值的計算公式，也都了解到：對一個包含數個電晶體的電路而言，若要針對每一個電晶體計算直流偏壓點，而後將對應到不同偏壓值的小訊號等效電路元件值以公式計算出來後再藉以計算整個電路的頻率響應的話，那將是一件繁雜且痛苦的事情。相反地，若是利用 **PSpice A/D** 來執行同樣的工作，則我們只要做一些簡單的偏壓點與交流分析設定及執行 **PSpice A/D** 模擬，接下來便可以藉呼叫輸出（*.OUT）檔得知各電晶體小訊號等效電路中的所有等效元件值；並由 **Probe** 輕易得知其頻率響應圖。以下我們便要介紹如何利用 **PSpice A/D** 來完成這類分析。

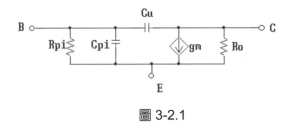

圖 3-2.1

電路圖的編繪

　　以 **OrCAD Capture CIS** 畫出如圖 3-2.2 的電晶體共射極放大器電路圖。其中各步驟均與前一章類同，可能尚需一提的是在電路圖最上方的 VCC「圓圈」符號（符號名稱為 VCC_CIRCLE）之意義。由於一般在繪置電路圖時，為求簡潔美觀，通常不會在每個需要電源的節點均用電源符號連接，而以另一種形式的連接埠（Ports）來取代。但這些連接埠本身只供作節點與節點之間（當然節點名稱必須是相同的）的連接功能，而不包含任何電氣特性（如提供多少直流電壓…等）。所以這些連接埠符號必須再與真正具有電氣特性的電源符號連接（如圖 3-2.2 左上方 VCC 連接埠符號與

V1 電壓源符號的接法，且 12V 的直流電壓值也必須在 V1 電壓源符號的屬性中設定），**PSpice A/D** 才能接受此電路圖並做正確的模擬。

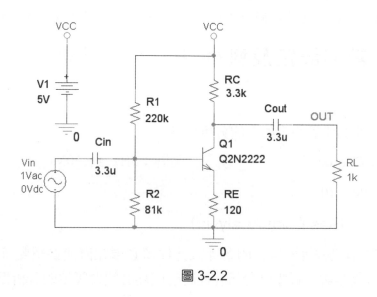

圖 3-2.2

■ Power 符號的呼叫與放置

1. 點選 **Place/Power** 或其對應的智慧圖示 ，出現如圖 3-2.3 的對話盒。**OrCAD Capture CIS** 提 供 使 用 者 四 種 不 同 的 Power 符 號 （ 包 括 VCC_ARROW 、 VCC_BAR 、 VCC_CIRCLE 及 VCC_WAVE ， 均 儲 存 在 CAPSYM.OLB 中），您可自行選擇偏好的符號，當然若是以圖 3-2.2 為例，您 要點選的就是 VCC_CIRCLE。

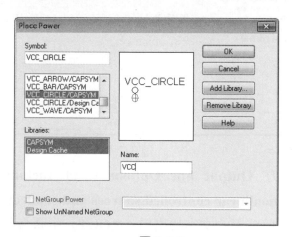

圖 3-2.3

2. 從元件列表中點選 VCC_CIRCLE/CAPSYM 後再將 **Name:** 空格中的值改成 VCC。

3. 將此 Power 符號放置於圖上的適當位置同時結束 **Place Power** 指令。

分析參數的設定及執行 PSpice 模擬

交流分析

請參考 2-2 節的步驟設定如下的分析參數

掃瞄方式：Decade　　　　　　　　　範圍：5Hz 到 50MegHz

Points/Decade = 10

偏壓點分析（Bias Point Analysis）

由於電晶體小訊號等效電路的各等效元件值必須在直流偏壓點確定後才能進一步計算得之，也就是說，偏壓點分析在此時便成為必須要設定的分析模式，以下為其設定步驟：

1. 點選 **PSpice/Edit Simulation Profile**，再次出現如圖3-2.4的模擬設定對話盒。

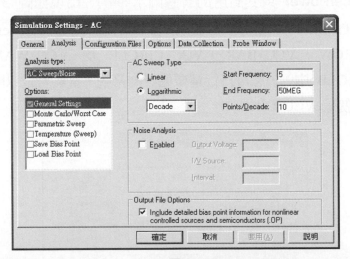

圖 3-2.4

2. 點選對話盒下方 **Output File Options** 中的 **Include detailed bias point information for nonlinear controlled sources and semiconductors (.OP)** 選項，表示我們設定模擬結果的文字輸出檔（*.OUT）中將會包含電晶體小訊號等效電路中的所有等效元件值。

3. 點選 **確定** 鍵或按＜Enter＞結束編輯此對話盒。

點選 **PSpice/Run** 執行 **PSpice** 模擬程式。

呼叫模擬結果

前面曾經提過：當我們設定了偏壓點分析，『模擬結果的文字輸出檔（＊.OUT）中將會包含電晶體小訊號等效電路中的所有等效元件值』，因此我們先來看如何呼叫偏壓點分析的結果。

1. 模擬結束後在 **PSpice A/D** 視窗中點選 **View/Output File** 或其對應的智慧圖示，出現如圖 3-2.5 的文字輸出檔視窗。其中的 GM、RPI、RO、CBE、CBC 分別對應圖 3-2.1 的 gm、Rpi、Ro、Cpi、Cu，如此便完成小訊號等效電路元件值的計算。

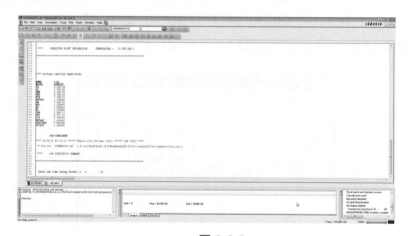

圖 3-2.5

2. 點選 **PSpice A/D** 視窗中的 **AC.dat (active)** 頁籤，表示我們將回到顯示頻率響應圖的 **Probe** 子視窗。呼叫 DB(V(OUT)) 及 P(V(OUT))，此時所得 **Probe** 視窗的橫軸上下限為 1Hz 到 100MHz（如圖 3-2.6）。

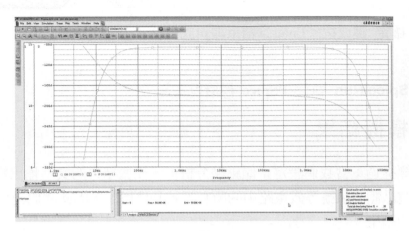

圖 3-2.6

3. 點選 **Plot/Axis Settings...**，出現如圖 3-2.7 的對話盒。

4. 在 **X Axis** 頁籤內的 **Data Range** 選表中點選 **User Defined**，並分別填入上下限為 5Hz 及 50MHz【*注意！*在 **Probe** 的設定中，縮寫字母的大小寫意義不同，m 表示 10 的 −3 次方，M 表示 10 的 6 次方】。

5. 點選 **OK** 或按＜Enter＞而得圖 3-2.8 的頻率響應。

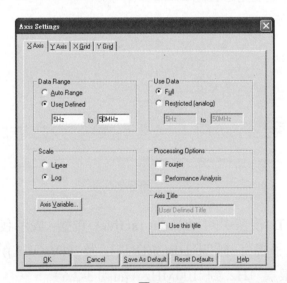

圖 3-2.7

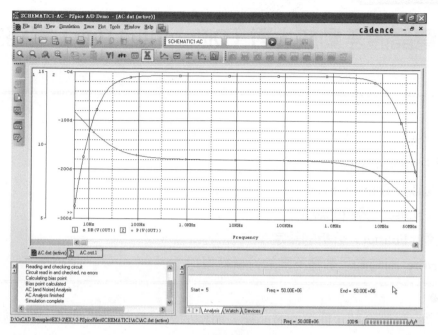

圖 3-2.8

　　我們可以由頻率響應圖中看出此電路在低頻有零點（Zero）和極點（Pole）---由耦合電容（Coupling Capacitor）Cin 及 Cout 造成；高頻則有極點---由 Cpi 和 Cu 造成。

　　正如本節一開始提到的：若要以整個電路的小訊號模型來計算整個電路的頻率響應的話，那將是一件繁雜且痛苦的事情！所幸，您可以分別利用「短路時間常數法 (Short-Circuit Time Constants)」及「開路時間常數法 (Open-Circuit Time Constants)」，並代入圖 3-2.5 中所列出的 BJT 等效小訊號模型值，即可計算出低頻及高頻的 3dB 頻率值，並與 **PSpice A/D** 的模擬結果互相驗證，相信會有更深層的體會。至於「短路時間常數法」及「開路時間常數法」詳細的學理說明及公式推導請自行參閱電子學相關書籍。

3-3 電晶體差動放大對（Differential Pair）電路的分析

目標

學習——

- 利用 PSpice A/D 分析電晶體差動放大對電路
- 靈敏度（Sensitivity）分析的設定
- 轉換函數（Transfer Function）分析的設定
- 雜訊（Noise）分析的設定
- 傅立葉（Fourier）分析的設定
- 以 **Probe** 同時顯示數種不同的分析結果

上一節中我們介紹了簡單的電晶體共射極放大器電路。然而在一般的放大器電路中，差動放大對可說是佔有極重要的地位，尤其是目前絕大多數的商用運算放大器（Operational Amplifier）幾乎都採用差動放大對為輸入級（Input Stage），是故有必要在此介紹 **PSpice A/D** 如何處理此類電路，同時我們也將介紹靈敏度分析、轉換函數分析、雜訊分析及傅立葉分析的設定過程。

電路圖的編繪

圖 3-3.1 為一簡單差動放大對的示意電路，其中各電源符號的屬性設定如下：

Ibias：DC=2mA

V1：DC=0、AC=1、voff=0、vampl=1m、freq=10k

V2：DC=5

V3：DC= −5

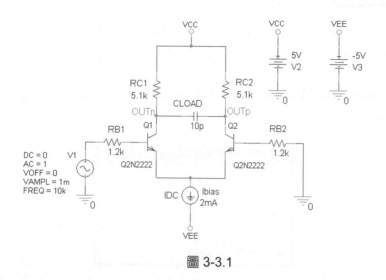

圖 3-3.1

分析參數的設定

直流分析

　　請參考 2-1 節「直流分析」的設定步驟，依下列參數設定「直流分析設定對話盒」

掃瞄變數：V1 掃瞄方式：Linear　　　範圍：−50m 到 50m

靈敏度分析與轉換函數分析

　　所謂「靈敏度」是指電路中各元件參數變動時，對某一輸出變數所造成的影響程度。此處所指的「各元件」，對 **PSpice A/D** 而言則僅限於下列元件：

電阻、二極體及雙載子電晶體

獨立電壓、電流源

電壓、電流控制的開關

　　一旦設定了此分析，**PSpice A/D** 便會在該電路的直流偏壓情況下計算該電路對各元件參數的「直流靈敏度」。

　　另一方面，對所有電路而言，輸出－輸入之間均存在著某種關係，我們稱之為「轉換特性」（Transfer Characteristics），而描述此特性的函數即是「轉換函數」。一旦設定此分析，我們便可在文字輸出檔中得到該電路在模擬計算後所得之偏壓條件下的「**直流**」轉換函數值及「**直流**」輸出入阻抗值。若讀者希望求出某特定頻率時的輸出

入阻抗值，請參考「實例篇」9-4 節中「雙埠參數」（Two-Ports Parameters）的求法。
以下我們分別就「靈敏度分析」和「轉換函數分析」的設定步驟做進一步的介紹：

1. 點選 **PSpice/New Simulation Profile** 或其對應的智慧圖示 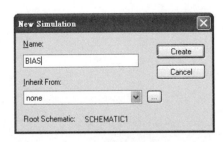，出現如圖 3-3.2 的對話盒。

圖 3-3.2

在 **Name:** 空格中填入 BIAS，點選 **Create** 鍵，出現如圖 3-3.3 的「偏壓點分析設定對話盒」。

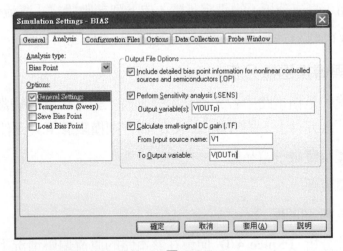

圖 3-3.3

2. 點選 **Perform Sensitivity Analysis (.SENS)** 選項並在 **Output variable(s)** 空格中填入 V(OUTp) 為輸出變數，**PSpice** 便會針對您所填入的輸出變數做「靈敏度」的分析。此輸出變數也可以是流經某獨立電壓源的電流（如 I(V2)）；另外，也可以一次填入多個變數。

3. 點選 **Calculate small-signal DC gain (.TF)** 選項並在 **From Input source name:** 填入 V1，此為輸入電源（亦可為電流源）的元件稱號，個數僅限於一個。在 **To Output variable:** 填入 V(OUTn)。此輸出變數僅限一個，至於格式限制則與靈敏度分析中的輸出變數格式相同。經由以上的設定，最後我們可從文字輸出檔中得到 V(OUTn)/V1 在直流時的增益值、由節點 OUTn 看進去的輸出阻抗值及由 V1 看進去的輸入阻抗值。

4. 點選 **確定** 鍵結束設定。

📁 交流分析

請參考 2-2 節「交流分析」的設定步驟，依下列參數設定「交流分析設定對話盒」

掃瞄方式：Decade　　　　　　　　範圍：1K 到 1G

Points/Decade = 10

📁 雜訊分析

「雜訊分析」，顧名思義便是針對電路中無法避免的雜訊所作的分析。而一般電路中最常見的便是由電阻及半導體元件（Semicondoctor Devices）所引起的熱雜訊（Thermal Noise），當然引起雜訊的原因還有許多，但這並非我們要討論的重點。以下我們便來介紹雜訊分析參數的意義及設定步驟：

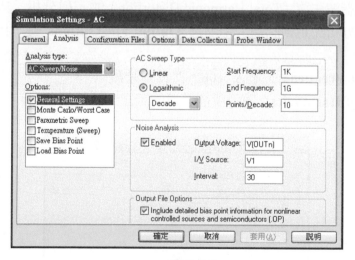

圖 3-3.4

圖 3-3.4 是我們已經熟知的「交流分析設定對話盒」，首先您必須先勾選 **Noise Analysis** 中的 **Enabled** 選項，以啟動雜訊分析。接下來的設定步驟說明如下：

1. 在 **Output Voltage:** 填入 V(OUTn)，此表示將針對此節點電壓作雜訊分析，此變數亦可為兩節點間的電壓差（如 V(OUTp,OUTn)），但請注意每次只能設定一個變數，且其最後結果的單位一定是 Volt/hertz1/2。

2. 在 **I/V Source:** 填入 V1。由於產生雜訊的元件往往不止一個，為降低分析的複雜度，便將每一雜訊源以均方根（Root Mean Square）值等效回溯移至 **I/V Source:** 所指定的輸入電源處。而此輸入電源可以是電壓源（等效單位為 Volt/hertz1/2），也可以是電流源（等效單位為 Amp/hertz1/2）。

3. 在 **Interval:** 填入 30。此表示在文字輸出檔的雜訊輸出資料中，每隔 30 個頻率點便顯示一份輸出資料。以圖 3-3.3 的設定來說，最後便會分別在 1KHz、1MHz 及 1GHz 各顯示一份詳細的雜訊分析資料。但若不設此值或設為零，則不會有任何輸出資料。

■ 暫態分析

請參考 2-3 節「暫態分析」的設定步驟，依下列參數設定「暫態分析設定對話盒」

Maximum step size：5us   Run to time：1ms

■ 傅立葉分析

「傅立葉分析」是用以計算暫態分析輸出波形的直流、基頻及二次以上諧波振幅大小，並計算總諧波失真（Total Harmonic Distortion）的一種分析。其設定步驟如下：

1. 在「暫態分析設定對話盒」中點選 **Output File Options** 鍵，出現如圖 3-3.5 的對話盒。

2. 在 **Center Frequency:** 填入 10k，此為基頻頻率。

3. **Number of Harmonics:** 表示所欲計算的諧波（含基頻在內）個數，不設定則內定為 9。

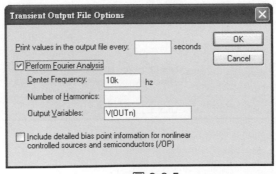

圖 3-3.5

4. 在 **Output Variables:** 填入 V(OUTn)，此為輸出變數。可以設定一個以上，也可以是兩節點間的電壓差或是流經獨立電壓源的電流。

執行 PSpice 程式

在前述步驟中，我們分別針對「偏壓點 (BIAS)」、「直流 (DC)」、「交流 (AC)」和「暫態 (TRAN)」四種分析模式各自設定了它們的「分析設定對話盒」（如果您想針對其中一種分析模式進行模擬，就必須在執行 **PSpice** 模擬程式前，先從 **OrCAD Capture CIS** 視窗左上角的下拉式選單（如圖 3-3.6 所示）中點選您想要執行模擬的分析模式，再來點選 **PSpice/Run** 執行 **PSpice** 模擬。

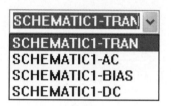

圖 3-3.6

相信您不免心中納悶：「為什麼這麼麻煩，要將這些分析分開執行？乾脆就合起來一次模擬完不就好了？」這是由於 **PSpice A/D** 系統內定不同的模擬設定檔在模擬結束後會分別產生各自獨立且不同檔名的圖形（＊.DAT）或文字（＊.OUT）輸出檔，這樣做的好處是當使用者更改了某一項分析參數的設定值時，可以針對該項分析進行獨立的模擬（舊版的 **PSpice** 是將所有分析模式所產生的模擬結果合併在同一個輸出檔，所以只要有任何一個分析模式被重設之後，就必須將整個輸出檔放棄，全部重新模擬，造成時間上的浪費），而不致於影響其他的輸出檔。

可是這麼一來，又引發新的問題：如果有使用者真的希望一次就執行多組分析模式的模擬，難道不行嗎？所幸 PSpice A/D 提供一種所謂的「多檔批次模擬」（Batch Simulation）功能用來解決這個問題。以下我們便要介紹 **PSpice A/D** 的「多檔批次模擬」功能及其操作步驟。

執行 PSpice A/D 多檔批次模擬

1. 在 **Project Manager** 子視窗中按著＜Ctrl＞或＜Shift＞鍵配合滑鼠左鍵將圖 3-3.7 中 SCHEMATIC1-DC、SCHEMATIC1-BIAS、SCHEMATIC1-AC 及 SCHEMATIC1-TRAN 這四個不同的分析參數的模擬設定檔都選起來。

2. 點選 **PSpice/Simulate Selected Profile(s)**，此時會出現如圖 3-3.8 的 **PSpice Simulation Manager** 視窗。

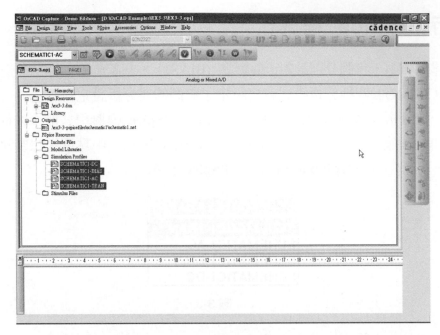

圖 3-3.7

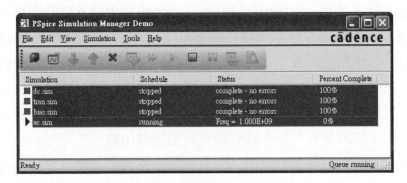

圖 3-3.8

在 **PSpice Simulation Manager** 視窗中，系統明確地顯示檔案列表中各檔案目前的狀態（**Schedule** 欄中「running」表示正在模擬、「on hold」表示暫停、「stopped」表示模擬結束或中斷模擬、「queued」表示該檔正處於批次作業的排序中）。

事實上，**PSpice Simulation Manager** 視窗還有一個非常好用的功能：就是在執行 **PSpice A/D** 多檔批次模擬的過程中，使用者可以隨時將某一個比較耗時的模擬（例如長時間的暫態響應分析）暫停，另行插入一個新的模擬（這個模擬可能是使用者急著想要看到結果的），待這個新的模擬結束後，再繼續執行原先的模擬。如此一來，使用者就不需中斷原先的模擬，大幅提高工作的彈性與效率。

當然，**PSpice Simulation Manager** 除了上述的功能外，也可以在多檔批次模擬的過程中隨時修改各模擬檔案的模擬優先次序，我們特別針對其工具列上的功能鍵說明如下：

🔘 : 將 PSpice Simulation Manager 視窗永遠保持在其他視窗之上

🔲 : 新增模擬設定檔至檔案列表中

⬇️ : 將所選定之模擬設定檔的優先次序往下移

⬆️ : 將所選定之模擬設定檔的優先次序往上移

❌ : 刪除所選定的模擬設定檔

📝 : 檢視或編輯所選定之模擬設定檔的內容

⏩ : 執行目前正在等待處理 (Queued) 的模擬設定檔

▶️ : 執行所選定的模擬設定檔

⏹️ : 停止目前正在執行模擬的模擬設定檔

⏸️ : 暫停目前正在執行模擬的模擬設定檔

📊 : 顯示所選定檔案的波形模擬結果

📄 : 顯示所選定檔案的文字模擬結果

以 Probe 同時顯示直流、交流和暫態分析的模擬結果

前面曾經提過：『**PSpice A/D** 系統內定不同的模擬設定檔在模擬結束後會分別產生各自獨立且不同檔名的圖形（*.DAT）或文字（*.OUT）輸出檔。』因此我們必須針對上述不同的基本分析設定檔呼叫其模擬結果圖。為了提高了使用上的彈性與方便性，**PSpice A/D** 中的 **Probe** 視窗提供了同時顯示數種不同型態模擬結果的功能。以下我們便要介紹其操作步驟：

1. 在 **PSpice AD** 視窗中點選 **File/Open** 出現如下的對話盒。

圖 3-3.9

由於 **PSpice A/D** 已將不同的模擬結果儲存在不同的資料夾中，您必須自行到對應的資料夾中尋找對應的圖形輸出檔 *.dat。以本範例來說，其專案名稱是 EX3-3，儲存專案的資料夾路徑為 D:\OrCAD Examples\EX3-3。所以您會在 D:\OrCAD Examples\EX3-3\EX3-3-PSpiceFiles\SCHEMATIC1 目錄下看到四個資料夾（分別是 AC、BIAS、DC 及 TRAN），各自儲存四種不同的分析設定所得的模擬結果。

2. 在 DC 的資料夾下點選 DC.dat 檔，開啟直流分析結果的圖形輸出檔再呼叫波形 IC(Q1) 及 IC(Q2)。

3. 在 AC 的資料夾下點選 AC.dat 檔，開啟交流分析結果的圖形輸出檔再呼叫波形 DB(V(OUTp)) 及 DB(V(OUTn))。

4. 重覆步驟 3 再次開啟交流分析結果的圖形輸出檔，但呼叫波形 DB(V(INOISE)) 及 DB(V(ONOISE))，則此視窗顯示的便是「雜訊分析」的結果。

5. 在 TRAN 的資料夾下點選 TRAN.dat 檔，開啟暫態分析結果的圖形輸出檔再呼叫波形 V(OUTp) 及 V(OUTn)。

6. 重覆步驟 5。

7. 點選 **Trace/Fourier** 或其對應的智慧圖示 FFT ，表示我們將對現在所顯示的暫態波形做傅立葉轉換，並在 **Probe** 視窗上顯示其頻譜。

8. 點選 **Plot/Axis Settings**，出現如下的對話盒。

圖 3-3.10

9. 依圖 3-3.10 將 Y 軸改成「對數」軸並點選 **OK**。

10. 到目前爲止，我們已經開了五個 **Probe** 子視窗，爲了觀察上的方便，就必須將這些子視窗做整理。當您點選 **Window/ Cascade** 則表示探「重疊」的方式；**Tile Horizontally** 表示探「水平排列」而 **Tile Vertically** 表示探「垂直排列」，您可依自己的習慣選用不同的方式。

11. 點選 **Tile Horizontally** 即可得圖 3-3.11 的畫面。

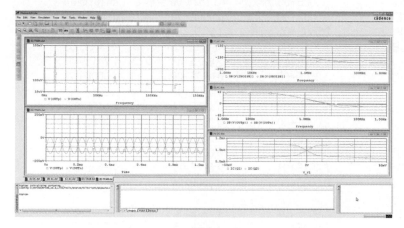

圖 3-3.11

在圖 3-3.11 中共有 A、B、C、D、E 五個子視窗，分別對應直流、交流、雜訊、暫態及傅立葉分析的結果，其個別意義的解釋在電子學的相關書籍上均可查到，在此便不再贅言。

呼叫文字輸出檔

利用 3-2 節介紹的 **View/Output File** 步驟分別針對本節所做的幾種不同分析呼叫其對應的文字輸出檔，這些文字輸出檔中包含了許多分析後的重要數據資料，以下我們將針對先前所設定之分析的模擬輸出結果做簡單說明：

■ 靈敏度分析：

```
****  DC SENSITIVITY ANALYSIS      TEMPERATURE =      27.000 DEG C

DC SENSITIVITIES OF OUTPUT V(OUTP)

         ELEMENT         ELEMENT          ELEMENT          NORMALIZED
         NAME            VALUE            SENSITIVITY      SENSITIVITY
                         (VOLTS/UNIT) (VOLTS/PERCENT)


         R_RB2           1.200E+03        4.787E-04        5.744E-03
         R_RB1           1.200E+03       -4.787E-04       -5.744E-03
         R_RC1           5.100E+03       -3.162E-05       -1.613E-03
         R_RC2           5.100E+03       -9.612E-04       -4.902E-02
         V_V3           -5.000E+00        2.533E-09       -1.267E-10
         V_V2            5.000E+00        9.996E-01        4.998E-02
         V_V1            0.000E+00        7.112E+01        0.000E+00
         I_Ibias         2.000E-03       -2.533E+03       -5.067E-02
Q_Q1
         RB              1.000E+01       -4.787E-04       -4.787E-05
         RC              1.000E+00       -3.162E-05       -3.162E-07
         RE              0.000E+00        0.000E+00        0.000E+00
         BF              2.559E+02        1.272E-03        3.256E-03
         ISE             1.434E-14       -1.650E+13       -2.366E-03
         BR              6.092E+00        2.857E-10        1.741E-11
         ISC             0.000E+00        0.000E+00        0.000E+00
         IS              1.434E-14        1.410E+14        2.021E-02
         NE              1.307E+00        3.457E+00        4.519E-02
         NC              2.000E+00        0.000E+00        0.000E+00
         IKF             2.847E-01        2.868E-02        8.166E-05
         IKR             0.000E+00        0.000E+00        0.000E+00
         VAF             7.403E+01        2.517E-05        1.863E-05
         VAR             0.000E+00        0.000E+00        0.000E+00
Q_Q2
         RB              1.000E+01        4.787E-04        4.787E-05
         RC              1.000E+00        3.204E-05        3.204E-07
         RE              0.000E+00        0.000E+00        0.000E+00
         BF              2.559E+02       -1.349E-03       -3.453E-03
         ISE             1.434E-14        1.750E+13        2.509E-03
         BR              6.092E+00       -3.027E-10       -1.844E-11
         ISC             0.000E+00        0.000E+00        0.000E+00
         IS              1.434E-14       -1.417E+14       -2.032E-02
```

NE	1.307E+00	-3.667E+00	-4.793E-02
NC	2.000E+00	0.000E+00	0.000E+00
IKF	2.847E-01	-2.906E-02	-8.273E-05
IKR	0.000E+00	0.000E+00	0.000E+00
VAF	7.403E+01	-2.550E-05	-1.888E-05
VAR	0.000E+00	0.000E+00	0.000E+00

　　上面所列即為輸出節點 V(OUTp) 對各元件參數之直流靈敏度的結果列表。若所得的靈敏度為正值，表示該元件參數增大時，V(OUTp) 也會增加；若為負值則剛好相反。

📁 轉換函數分析：

```
****        SMALL-SIGNAL CHARACTERISTICS


        V(OUTN)/V_V1 = -7.112E+01

        INPUT RESISTANCE AT V_V1 =    1.094E+04

        OUTPUT RESISTANCE AT V(OUTN) =    4.936E+03
```

　　由上列結果得知：此差動對在輸入電壓源 V1 偏壓為零（因我們將 V1 的 **DC** 屬性設定為零)時，節點 OUTn 的電壓放大倍率為負 71.12，而輸入、輸出阻抗值分別為 10.94K 及 4.936K。這些值亦可由 **Probe** 的波形中求出，以電壓放大倍率為例：若您將 71.12 轉換成 dB 值，約可得 37.04dB，此值與您在圖 3-3.11 的 B 視窗中啟動游標（Cursors）功能所看到的 dB 值完全吻合。

📁 雜訊分析：

```
****        NOISE ANALYSIS        TEMPERATURE =        27.000 DEG C

        FREQUENCY =    1.000E+03 HZ

**** TRANSISTOR SQUARED NOISE VOLTAGES (SQ V/HZ)

            Q_Q1            Q_Q2

RB        8.383E-16    8.384E-16

RC        1.755E-23    1.707E-23
```

```
RE           0.000E+00    0.000E+00

IBSN         1.692E-14    1.504E-14

IC           1.836E-15    1.789E-15

IBFN         0.000E+00    0.000E+00

TOTAL        1.960E-14    1.767E-14

**** RESISTOR SQUARED NOISE VOLTAGES (SQ V/HZ)

           R_RB2        R_RB1         R_RC1         R_RC2

TOTAL      1.006E-13    1.006E-13    7.917E-17    8.729E-20


**** TOTAL OUTPUT NOISE VOLTAGE              =    2.386E-13 SQ V/HZ

             =    4.884E-07 V/RT HZ

    TRANSFER FUNCTION VALUE:

      V(OUTN)/V_V1             =    7.112E+01

    EQUIVALENT INPUT NOISE AT V_V1 =   6.868E-09 V/RT HZ
```

　　此部份的輸出資料包含了各元件對輸出節點所產生的等效雜訊值及輸出、入節點的等效雜訊值…等資料。

📁 傅立葉分析：

```
****       FOURIER ANALYSIS      TEMPERATURE =     27.000 DEG C


FOURIER COMPONENTS OF TRANSIENT RESPONSE V(OUTN)

 DC COMPONENT =   -6.567362E-02

HARMONIC FREQUENCY FOURIER NORMALIZED PHASE      NORMALIZED
   NO      (HZ)     COMPONENT    COMPONENT     (DEG)        PHASE (DEG)

    1    1.000E+04   7.023E-02   1.000E+00    1.746E+02     0.000E+00
    2    2.000E+04   4.092E-06   5.827E-05   -1.334E+01    -3.626E+02
    3    3.000E+04   3.905E-06   5.560E-05   -1.411E+02    -6.650E+02
    4    4.000E+04   6.606E-07   9.406E-06    1.662E+02    -5.324E+02
    5    5.000E+04   7.621E-07   1.085E-05    1.731E+02    -7.001E+02
    6    6.000E+04   9.208E-07   1.311E-05    1.778E+02    -8.701E+02
```

7	7.000E+04	1.035E-06	1.474E-05	-1.767E+02	-1.399E+03
8	8.000E+04	1.175E-06	1.673E-05	-1.735E+02	-1.571E+03
9	9.000E+04	1.275E-06	1.816E-05	-1.686E+02	-1.740E+03

TOTAL HARMONIC DISTORTION =　8.770591E-03 PERCENT

　　由以上的結果可得知從基頻到第九諧波振幅所占的比例，同時最後計算出此電路的總諧波失眞爲 0.008770591%，此項資料對線性電路設計者尤其重要：當此值愈小即表示此電路的線性程度愈好。

習 題

3.1 試求基納二極體（Zener Diode）D1N750 的特性曲線。

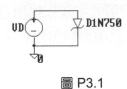

圖 P3.1

3.2 試求金氧半（MOS）電晶體 irf150 的特性曲線。

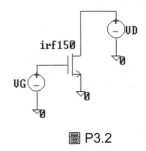

圖 P3.2

3.3 試求圖 P3.3 共基極放大器的頻率響應及在輸入訊號頻率為 5KHz 正弦波時的放大倍率，其中 VCC=15V。

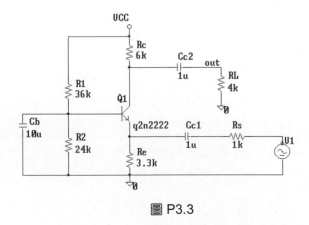

圖 P3.3

3.4 試設計習題 **3.3** 的共基極放大器中的各元件值，使其對 10KHz 輸入訊號的放大倍率為 3，並以 **DesignLab** 加以驗證。

3.5 試求圖 P3.5 差動放大對中 CLOAD 兩端差動輸出電壓的頻率響應。

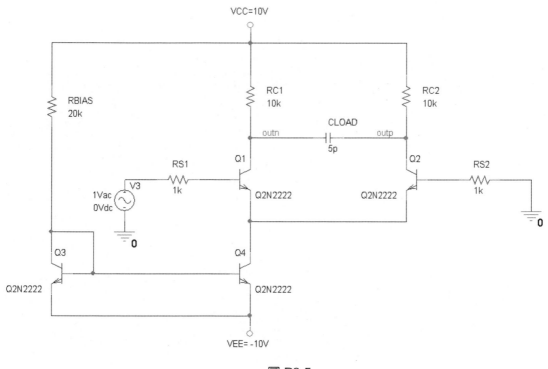

圖 P3.5

3.6 當上圖的 RC1、RC2 均改為 20k 時，再求一次頻率響應。試比較與習題 **3.5** 頻率響應間的異同並說明原因。

進階篇

4

進階分析法

在第二、三章中我們介紹了 **PSpice A/D** 的基本分析法及其應用，相信在充分的使用練習後，您已經對 **PSpice A/D** 有了更進一步的認識。聰明的您，此時心中也必定有一些疑問：

1. 前面所做的諸多模擬，所用的元件（如電阻、電容……等）都是理想元件，其元件值並不如實際元件般會隨著環境溫度變動而改變，或有誤差值等非理想特性……。電路模擬可以做到這點嗎？

2. 許多電路在設計過程往往為求達到期望的規格，必須以繁複的計算或以嘗試錯誤的方法不斷地更換元件來達到目的，電路模擬可以改善這種情況嗎？

對於這兩個疑問，我們可以很高興地說：答案都是肯定的！在以下的章節中，我們便要介紹 **PSpice A/D** 如何利用溫度分析（Temperature Analysis）、蒙地卡羅分析（Monte-Carlo Analysis）及最壞情況分析（Worst-Case Analysis）來處理元件非理想特性的模擬，又是如何利用參數調變分析（Parametric Analysis）針對特定元件找出最佳解。

4-1 溫度分析

學習——
■ 如何設定溫度分析參數並介紹相關公式的意義

在前兩章中，我們所做的模擬均是設定環境溫度為室溫（27。C）。但事實上，一個設計良好的電路應在大幅的溫度變化情形下，仍能正常的動作而不失誤。所以一般的商用元件（軍用元件則更嚴）在規格上均會註明可正常動作的溫度範圍供設計者參考，是故在模擬過程中加入溫度因素的考量，其必要性也就不用多加說明了。以下我們將以 2 - 2 節的 RC 電路為例，說明如何在模擬中設定溫度分析參數及如何改變元件模型中的溫度參數值。

電路圖的編繪

圖圖 4-1.1 與 2-2 節中的電路雷同，此處就不再贅述電路圖的編繪步驟。

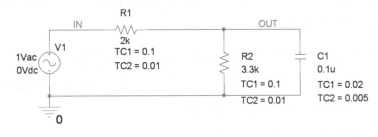

圖 4-1.1

改變元件符號屬性

1. 兩次點選 C1 元件符號。

2. 在隨後出現的 **Property Editor** 頁籤中點選 **TC1** 屬性選項，並將 **TC1** 的值設定為 0.02。若是您希望在電路圖上直接顯示 **TC1** 這個溫度係數，可再點選 **Display** 鍵，出現如下的對話盒。

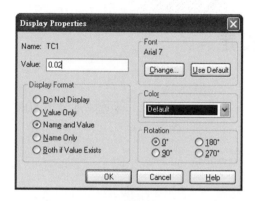

圖 4-1.2

3. 在 **Display Format** 選表中點選 **Name and Value** 選項，使溫度係數 TC1 及其設定值 0.02 得以出現在 **Schematic Page Editor** 子視窗上。最後結束 C1 元件屬性的編輯。

4. 重覆步驟 2～3，將 C1 元件中的 TC2 屬性設定成 0.005。

上述 **TC1** 及 **TC2** 參數分別代表該元件的線性（一次）溫度係數及二次溫度係數，您也可以只填 **TC1** 一個係數。其與電容值之間的關係可由（式 4-1.1）說明

$$電容值 = value \cdot C \cdot (1 + \mathbf{TC1}(T\text{-}Tnom) + \mathbf{TC2}(T\text{-}Tnom)^2) \qquad （式 4\text{-}1.1）$$

此處

value 即為電容元件屬性中的 **VALUE** 值。

T 為該次模擬時的環境溫度值。

Tnom 為 「分析參數設定對話盒」中 Options 頁籤 Analog Simulation 中所設定的 Default nominal temperture（內定環境溫度值），通常設為 27℃。

5. 重覆步驟 1～3，將 R1、R2 元件中的 TC1、TC2 屬性分別設定為 TC1=0.1 TC2=0.01，其個別意義與上述電容中的各參數類同。同理，電感也有同樣的參數。至於其他的半導體元件（如二極體、雙載子電晶體…等），由於元件庫（Library）所提供的模型參數大多都已將溫度效應考慮在內，無需使用者再做任何修改或補充，在此亦不再多提。

分析參數的設定

交流分析

掃瞄方式：Decade   範圍：1 到 10K

Points/Decade = 10

溫度分析

1. 在「交流分析設定對話盒」左側的 **Options:** 列表中點選 **Temperature (Sweep)** 選項。

2. 點選 **Repeat the simulation for each of the temperatures:** 選項並在對應的空格中填入 0 27 60（如圖 4-1.3 所示）。表示將針對 0 度、27 度及 60 度做分析。

3. 確認並結束此對話盒。

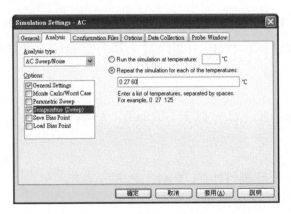

圖 4-1.3

利用 Probe 觀察模擬結果

模擬結束後，**Probe** 功能自動啟動，出現圖 4-1.4 的對話盒。

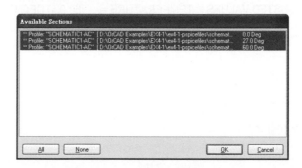

圖 4-1.4

此對話盒告訴使用者現有三次模擬結果的波形資料（分別對應三個環境溫度）可供選擇，您可以自行選擇所要顯示的部份。最後確認結束此對話盒，待視窗出現後，呼叫 DB(V(OUT)) 即可得如圖 4-1.5 的畫面。

此時啟動游標（Cursors）即可算出三次模擬的 3dB 頻率分別約為 55.585Hz（0℃）、1.2752kHz（27℃）及 11.896Hz（60℃）。待會兒我們將由文字輸出檔中驗證此結果。

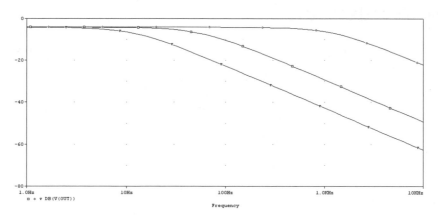

圖 4-1.5

▣ 呼叫文字輸出檔

```
****    TEMPERATURE-ADJUSTED VALUES    TEMPERATURE =      60.000 DEG C

**********************************************************************

**** CAPACITORS

                C_C1 < >

        C       7.105E-07

**** RESISTORS

                R_R1 < >        R_R2 < >

        R       3.038E+04       5.013E+04
```

　　由上列的文字輸出檔中，我們可以看到在環境溫度為 32。C 時所計算出來的新元件值分別為　R1 = 30.38K、R2 = 50.13K、C1 = 710.5n。將此值代入對應的 3dB 頻率公式 $f_{3dB} = （2\pi \cdot C_1 \cdot (R_1 // R_2)）^{-1}$，可得 $f_{3dB} = 11.842Hz$，與 **Probe** 中量得的頻率相同，再次確定模擬的正確性。

4-2　參數調變分析與 Measurement Expression

目標

學習——

■ 參數調變分析的設定

■ Measurement Expression 的使用

　　本章一開始我們便提到，在許多電路的設計過程中，可能需要針對某個元件值做調整以達到所要求的規格。而一般的解決方式不外乎以計算方式將該元件值解出來，要不然便是不斷的變換元件值，直到輸出響應合乎規格所需為止！對一個經驗豐富、熟悉各種電路的電子工程師來說，這或許不算什麼；但對剛接觸某一種新電路概念的設計者而言，可能就不是想像中那麼簡單了！**PSpice A/D** 為因應這種情形，提供了「參數調變分析」這個有力的工具。它可以讓使用者針對電路中的某一參數在一個範圍內（範圍由使用者自定）做調變，最後並利用 **Measurement Expression** 在 **Probe** 上顯示電路的輸出響應與此參數的相關曲線圖，讓使用者藉著清晰易懂的曲線圖迅速地判斷出他該用的元件值為多少。如此一來，這件惱人的工作便不會再讓您「傷腦筋」，因為我們已將它交給電腦了！以下我們便來介紹這個模擬上的得力助手－－參數調變分析與 **Measurement Expression** 的操作步驟。

電路圖的編繪

　　圖 4-2.1 所示為一帶通濾波器（Band-Pass Filter）電路，試以參數調變分析求出使中心頻率（Center Frequency）為 100Hz 的 R3 電阻值。

■ 元件符號的呼叫

　　UA741 運算放大器符號名稱為 UA741（儲存在 Eval.olb 中）。

　　PARAMETERS: 符號名稱為 PARAM（儲存在 Special.olb 中）。

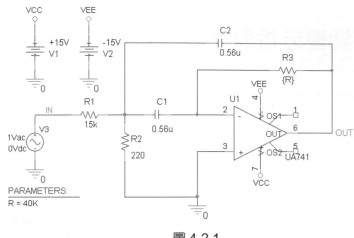

圖 4-2.1

改變元件符號屬性

V1：DC = 15　　　　V2：DC = −15　　　　V3：ACMAG = 1

R3：不給數值，以 {R} 取代

修改 PARAMETERS: 之屬性的步驟如下：

1. 兩次點選 PARAMETERS: 元件符號，出現 **Property Editor** 頁籤。

2. 點選 **New Property…** 鍵得如圖 4-2.2 的對話盒（若出現 **Undo Warning!!** 對話盒，請直接點選 **Yes** 鍵）。

3. 在 **Name:** 空格中填入 R，並在 **Value:** 空格中填入 40K 後點選 **Apply** 鍵，此時您會發現在 **Property Editor** 頁籤中多了一欄名稱為 R 的屬性。最後點選 **Cancel** 鍵離開此對話盒。

圖 4-2.2

4. 若是您希望在電路圖上直接顯示 R 這個調變參數，可在 **Property Editor** 頁籤中點選剛才新增的 R 欄位，再點選 **Display** 鍵，並在隨後出現的 **Display Properties** 對話盒中選擇 **Name and Value** 均顯示的選項。

5. 結束 **Property Editor** 頁籤，即可得如圖 4-2.1 的畫面。

　　此處的 R 即是我們所設定要調變的參數，而其對應的值即為其參數值，若是我們在待會兒的設定中未指定此參數要進行調變，模擬便以此值為準。每一個 PARAMETER 符號中均可填入數個參數及其對應值，由於參數調變分析一次只能對一個參數做模擬，若使用者設定了多個參數，則模擬過程中其他參數便以其符號屬性中的對應數值做計算。

分析參數的設定

　　由於參數調變分析是用於判別電路響應與某元件值之間關係的模擬方式，所以必須和其他基本分析一起模擬才有意義，以圖 4-2.1 的例子，我們先搭配交流分析。

■ 交流分析

　　掃瞄方式：Decade　　　Points/Decade: 100　　　範圍：10 到 1K

■ 參數調變分析

1. 在「交流分析設定對話盒」的 **Options:** 列表中點選 **Parametric Sweep** 選項，出現如圖 4-2.3 的對話盒。此對話盒與 2-1 節中的圖 2-1.28 完全相同，故各選項的意義可參考 2-1 節的說明。

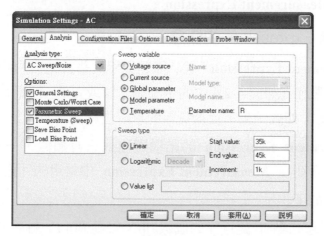

圖 4-2.3

2. 依圖 4-2.3 設定參數，這樣的設定表示我們將針對參數 R 做多次模擬，R 的起始值爲 35K、終值爲 45K，增量爲 1K。

🖥 利用 Probe 觀察模擬結果

選定所有的模擬結果資料並呼叫 DB(V(OUT)) 可得圖 4-2.4 的畫面。我們可以看到有十一條頻率響應曲線，分別對應電阻值 35K 到 45K。我們也得知：當電阻值愈大；中心頻率愈小，但中心頻率處的增益（Gain）卻愈大。

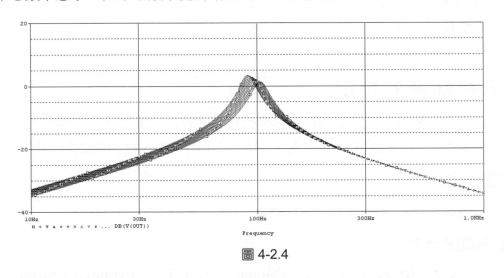

圖 4-2.4

對使用者而言，圖 4-2.4 雖然提供了輸出響應與調變參數間簡明易懂的定性關係，但定量資料的求取便不是這麼簡單。是故有必要用另一種方式來顯示兩者之間的關係，這方式便是 **Measurement Expression**。

📗 Measurement Expression 的概念

所謂 **Measurement Expression**，是一種類似程式語言結構的函數。它用以搜尋輸出響應中特定的變數值（如圖 4-2.4 中的中心頻率值或 3dB 頻寬），再將其以函數形式顯示在 **Probe** 上，如此一來，定量資料的求取也就簡單多了。

既然 **Measurement Expression** 的結構與程式語言類似，一定也有所謂的「指令」，以下我們先介紹在 **Measurement Expression** 中常用的「指令」及其意義：

「指令」通式如下：

Search [方向][/起始點/][#臨近點的個數#][(X 軸範圍)[,(Y 軸範圍)]]

    [for][重覆次數:]<搜尋條件>

4

[方向]

　　Forward(前向) 或 Backward(後向)。若未指定，內定為前向。

[/起始點/]

　　Begin　　從搜尋範圍內的第一點開始，可用 ^ 代表。

　　End　　　從搜尋範圍內的最後一點開始，可用 $ 代表。

　　xn　　　　選定的標點（Marked Point，如 x1）（此項不適用於

　　　　　　Trace/Cursor/Search Commands）。

　　　　　　若未指定，內定為游標現在位置。

[#臨近點的個數#]

　　設定必須符合 <搜尋條件> 的臨近輸出資料點的個數。舉例來說：

　　Peak 本來是指：若在A點兩邊各有**一點**的縱軸值比A點縱軸值小，則認定A點
為 Peak。但當「臨近點的個數」設為 10 時，就變成必須在A點兩邊各有**十點**
的縱軸值均比A點小，才可認定A點為 Peak。

[(X 軸範圍)[,(Y 軸範圍)]]

　　設定搜尋範圍。設定方式可以是數字或是百分比，未設定則內定為全部。為求
更清楚的了解，以例子來說明：

　　(1,9)　　　　　　　X 軸限定在 1 和 9 之間，Y 軸全部。

　　(2.5,1e2,%5,2)　　X、Y 軸均受限。

　　(,,3,15)　　　　　X 軸全部，Y 受限。

　　(,5)　　　　　　　X 軸僅設上限。

　　(x1,x2)　　　　　　X 軸限定在標點 x1、x2 之間（此項不適用於

　　　　　　　　　　Trace/Cursor/Search Commands...）。

[重覆次數:]

　　例：[重覆次數:]設為 4，<搜尋條件> 為 Peak，則以第四個 Peak 為搜尋結果。
但若符合條件者不足四個，則以最後一個為搜尋結果。

<搜尋條件>

　　注意：每次搜尋只能設定一個<搜尋條件>，若搜尋後沒有符合條件者，則游標
不動。可用的<搜尋條件>如下：

LEvel(value[,posneg])（**LE**vel 可以簡寫為 **LE**，其他類推）

　　value 可以是下列幾種形式：

　　數字或全部範圍的百分比

　　標點 xn 或 yn（不適用於 **Probe** 的 **Trace/Cursor/Search Commands...**）。

　　max-3(dB) 搜尋比最大值小 3 (dB)的點（3dB 乃用於縱軸刻度不是 dB 值時之用）。

　　min+3(dB) 搜尋比最小值大 3 (dB) 的點。

　　.-3(dB)　　搜尋比前一個值（即游標現值）小 3(dB) 的點。

　　.+3(dB)　　搜尋比前一個值（即游標現值）大 3(dB) 的點。

　　[,posneg]　表欲搜尋的點是位在正斜率處（填 **P**ositive）、負斜率處（填 **N**egative）或是均可（填 **B**oth）。不設定則內定為均可。

SLope[(posneg)]

　　搜尋最大斜率的所在點，(posneg) 亦可為正、負或均可。內定為正

　　Peak　　搜尋離游標現在位置最近的峰值點。

　　Trough　搜尋離游標現在位置最近的負峰值點。

　　Max　　搜尋限定範圍內的最大值所在點。

　　Min　　搜尋限定範圍內的最小值所在點。

XValue<(value)>

　　搜尋所指定橫軸值的所在點，(value) 的形式與 **LE**vel 中相同，但無 3dB 值。

　　介紹完 **Measurement Expression** 中所用的搜尋「指令」，接下來便要說明如何編輯 **Measurement Expression**。其通用的語法格式如下：

名稱（1,2,...,n,subarg1,subarg2,...,subargm）= 標點運算式

{

1| 搜尋指令及標點設定；

2| 搜尋指令及標點設定；

　. . .

n| 搜尋指令及標點設定；

}

名稱

　當您點選 **Probe** 中的 **Trace/Add Trace**，此名稱會在 **Add Traces** 對話盒右側的 **Functions or Macros** 列表中出現，供使用者呼叫並填入欲搜尋的變數

變數(1,2,...,n)

　此處所設定的變數分別對應各自的搜尋指令。如 1 對應 1| 後的搜尋指令

替換變數(subarg1,...)

　我們以量取某輸出響應導通時間的例子來說明：

on_time(1,level_high) = x2 - x1

　{

　　1|

　　　search level(level_high,p) !1

　　　search level(level_high,n) !2

　　;

　}

　在這個例子中，level_high 即是替換變數。一旦 on_time 這個函數被呼叫後，便要填入數字將此變數替換掉。用這種方式的理由在於：不同電路響應中，用以判定是否導通的標準可能都不一樣，有了替換變數後，使用上的彈性會更加提高。

標點運算式

　此式的作用為對標點值（由搜尋結果設定）做數學運算，以求得 **Measurement Expression** 的輸出。

搜尋指令及標點設定

　各指令的意義請參考前面的說明。

至此，**Measurement Expression** 的概念算是介紹完畢。以下我們便來說明如何利用 **Measurement Expression** 求圖 4-2.4 中各響應曲線的中心頻率、3dB 頻寬及增益。

📁 利用 Measurement Expression 執行 Performance Analysis

由於 **PSpice A/D** 將 **Probe** 需要的所有相關訊息（包含螢幕顯示的設定及 **Measurement Expression** 等）都以文字檔的方式儲存在 *.PRB 檔中，當 **Probe** 視窗啟動時，系統便會自動讀入這個檔案並依其內容設定 **Probe** 視窗。**PSpice A/D** 已提供了一些常用的 **Measurement Expression** （儲存在 \Cadence\SPB_17.2\tools\pspice\Common 資料夾下的 PSPICE.PRB 檔中，詳細內容如本節末所列），但讀者仍然可以自行定義新的 **Measurement Expression** 加以使用，操作步驟如下：

1. 點選 **Trace/Measurements…**，出現如下的對話盒。

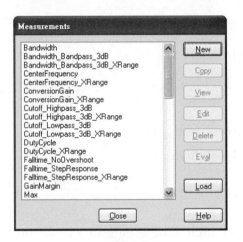

圖 4-2.5

2. 點選 **New** 鍵，再得如圖 4-2.6 的對話盒。

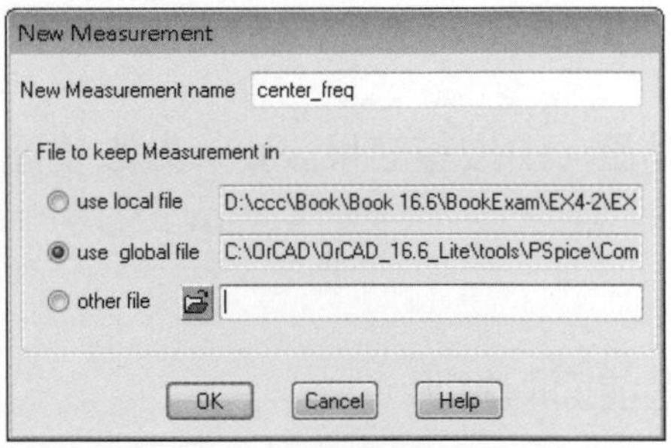

圖 4-2.6

3. 在 **New Measurement name** 中填入 center_freq，此為日後呼叫此 Goal Function 所用的名稱。另外，對話盒中有三項選項：**use local file** 表示要將所編輯的 **Measurement Expression** 存入與該次模擬結果檔案相同子目錄下的 *.PRB 檔中，同時也意謂只有其對應的 *.DAT 檔可以呼叫該 **Measurement Expression**；**use global file** 則表示要將所編輯的 **Measurement Expression** 存入 \Cadence\SPB_17.2\tools\pspice\Common 資料夾下的 PSPICE.PRB 檔中同時供所有 *.DAT 檔呼叫；而 **other file** 則表示要將所編輯的 **Measurement Expression** 存入使用者自行選定的路徑與檔案之中。除非您有特殊的需要或安排，否則我們的建議是選擇 **use global file** 選項。隨後您便可以點選 **OK** 鍵進入下一個對話盒（如圖 4-2.7）。

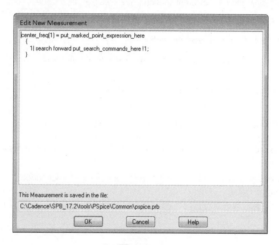

圖 4-2.7

4. 將編輯視窗中的內容改為：

```
center_freq (1) = x1
{
  1|      search forward max !1 ;
}
```

隨後點選 **OK** 鍵完成第一個 **Measurement Expression** 的編輯。

5. 重覆步驟 2～4 完成如下的 **Measurement Expression**，同樣也將其存入 \Cadence\SPB_17.2\tools\pspice\Common 資料夾下的 PSPICE.PRB 檔中，使 **PSpice A/D** 可順利連結這些新增 **Measurement Expression** 的功能。

```
gain (1) = y1
 {
   1| search forward max !1 ;
 }
```

6. 點選 **Trace/Performance Analysis** 或其對應的智慧圖示 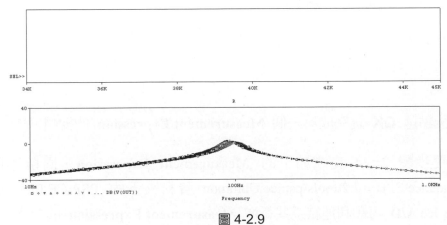，即可得如圖 4-2.8 的對話盒。此時請您先直接點選 **OK** 鍵，即會出現如圖 4-2.9 的畫面。

Performance Analysis

Performance Analysis allows you to see how some characteristic of a waveform (as measured by a Measurement) varies between several simulation runs that have a single variable (parameter, temperature, etc) changing between runs. For example, you could plot the bandwidth of a filter vs a capacitor value that changes between simulation runs.

Multiple simulation runs are required to use Performance Analysis. Each simulation is a different section in the data file.

Analog sections currently selected	11 of 11
Variable changing between sections	R
Range of changing variable	35000 to 45000 ohms

The X axis will be R.
The Y axis will depend on the Measurement you use.

If you wish, you may now select a different set of sections.

Choosing OK now will take you directly into Performance Analysis, where you will need to use Trace/Add to 'manually' add your Measurement, or expression of Measurements, to create the Performance Analysis Trace.

Instead, you may use the Wizard to help you create a Performance Analysis Trace.

[OK]　[Cancel]　[Wizard]　[Help]　[Select Sections...]

圖 4-2.8

圖 4-2.9

7. 點選 **Trace/Add Trace**，在 **Functions or Macros** 中的 **Measurements** 列表中先點選 center_freq()，再點選 V(OUT)，此時 **Trace Expression:** 空格中便會出現 center_freq(V(OUT))，再自行鍵入 DB 表示我們要呼叫 center_freq(VDB(OUT)) 波形。

8. 點選 **Plot/Add Y Axis**，加開一個縱軸。

9. 重覆步驟 7、8，但呼叫的波形分別為 Bandwidth_Bandpass_3dB(VDB(OUT)) 及 gain(VDB(OUT))，最後得如圖 4-2.10 的畫面。

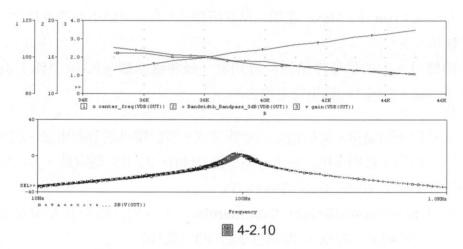

圖 4-2.10

　　由圖 4-2.10 可清楚得知：此帶通濾波器的中心頻率及 3dB 頻寬均與 R3 電阻值成反比，而增益則成正比。為驗證我們的 **Measurement Expression** 是否無誤？可採下列步驟：

1. 點選 **Trace/Cursor/Display** 啟動游標。

2. 在 Bandwidth_Bandpass_3dB(VDB(OUT)) 左邊的代表符號上點選滑鼠左鍵，表示將游標 1 移至 Bandwidth_Bandpass_3dB (VDB(OUT)) 曲線上。由 **Probe Cursor** 小框中可得知游標 1 縱軸值為 16.333，即當 R3 電阻值為 35K 時，頻寬為 16.333Hz。

3. 將游標 1 移至下方 Plot 的 DB(V(OUT)) 的第一個代表符號上，並且在此 DB(V(OUT)) 曲線上以滑鼠左鍵移動游標，確保游標 1 已正常地在此曲線上運作。

4. 點選 **Trace/Cursor/Search Commands…** 並在對話盒中填入 sf le(max-3,p)（此為 search forward level(max-3,positive) 的簡寫）。則游標 1 會搜尋到第一個-3dB 點。

5. 在 DB(V(OUT)) 的第一個代表符號上再次點選滑鼠右鍵，並且在此 DB(V(OUT)) 曲線上以滑鼠右鍵移動游標，確保游標 2 也在 DB(V(OUT)) 曲線上正常運用。

6. 重覆步驟 4，但改為 sf le(max-3,n)。（**注意！**此時 **Search Command** 對話盒下方的 **Cursor To Move** 選項是落在游標 2，表示空格中的搜尋指令只對游標 2 作用）。

7. 由游標 1、2 的橫軸差值便可得知第一條響應曲線（R3 = 35K）的頻寬為 16.333Hz，與剛才的結果完全吻合。

　　至於其他數值的驗證，可用相同的步驟完成，至於搜尋指令的用法，則與前面所介紹的相同。最後，我們來找出使中心頻率為 100Hz 的 R3 電阻值，方法如下：

1. 將游標 1 移至 center_freq(VDB(OUT))。

2. 點選 **Trace/Cursor/Search Commands…** 並在對話盒中填入 sf le(100)。

3. 游標 1 的橫軸值 37.000K 即為所求的 R3 電阻值。

　　在電子電路的分析中，有幾種電氣特性值，除本節所提到的中心頻率（center frequency）、頻寬（bandwidth）外，尚有 rise-time、fall-time、gain margin、phase margin…等重要電氣特性值是經常被注意的。為了使讀者能夠更方便迅速地使用參數調變分析中的 **Measurement Expression** 功能，PSpice A/D 特別將幾個常用的 **Measurement Expression** 儲存在 \Cadence\SPB_17.2\tools\pspice\Common\PSpice.prb 這個檔案中，使用者每次開啟 **Probe** 視窗時，系統便會自動讀入此檔，供您利用這些 **Measurement Expression** 做出漂亮又清晰的電路特性圖表！

　　以下我們特別將幾個常用的 **Measurement Expression** 內容列出如下，讀者也可以經由其內容更加了解 **Measurement Expression** 的編寫格式。

[GOAL FUNCTIONS]
****
*** Goal functions for general use   ***
****

Max(1) = y1
*
#Desc# Find the maximum value of the trace.
*
#Arg1# Name of trace to search
*
    {
        1|Search forward max !1;
    }

Max_XRange(1,begin_x,end_x)=y1
*
#Desc# Find the maximum value of the trace within the specified X range.
*
#Arg1# Name of trace to search
#Arg2# X range begin value
#Arg3# X range end value
*
    {
        1| search forward (begin_x,end_x) max !1 ;
    }

Min(1) = y1
*
#Desc# Find the minimum value of the trace.
*
#Arg1# Name of trace to search
*
    {
        1| search forward min !1;
    }

Min_XRange(1,begin_x,end_x)=y1
*
#Desc# Find the minimum value of the trace within the specified X range.
*
#Arg1# Name of trace to search
#Arg2# X range begin value
#Arg3# X range end value
*
    {
        1| search forward (begin_x,end_x) min !1 ;
    }

XatNthY(1,Y_value,n_occur)=x1
*

```
*#Desc#* Find the value of X corresponding to the nth occurrence of the
*#Desc#* given Y_value, for the specified trace.
*
*#Arg1#* Name of trace to search
*#Arg2#* Y value
*#Arg3#* nth occurrence
*
    {
        1| search forward for n_occur:level (Y_value) !1 ;
    }

XatNthY_NegativeSlope(1,Y_value,n_occur)=x1
*
*#Desc#* Find the value of X corresponding to the nth negative slope
*#Desc#* crossing of the given Y_value, for the specified trace.
*
*#Arg1#* Name of trace to search
*#Arg2#* Y value
*#Arg3#* nth occurrence
*
    {
        1| search forward for n_occur:level (Y_value,negative) !1 ;
    }

XatNthY_PositiveSlope(1,Y_value,n_occur)=x1
*
*#Desc#* Find the value of X corresponding to the nth positive slope
*#Desc#* crossing of the given Y_value, for the specified trace.
*
*#Arg1#* Name of trace to search
*#Arg2#* Y value
*#Arg3#* nth occurrence
*
    {
        1| search forward for n_occur:level (Y_value,positive) !1 ;
    }

XatNthY_PercentYRange(1,Y_pct,n_occur)=x1
*
*#Desc#* Find the value of X corresponding to the nth occurrence of
*#Desc#* the trace crossing the given percentage of its full Y-axis
*#Desc#* range; i.e. nth occurrence of Y=Ymin+(Ymax-Ymin)*Y_pct/100
*
*#Arg1#* Name of trace to search
*#Arg2#* Y percentage
*#Arg3#* nth occurrence
*
    {
        1| search forward for n_occur:level (Y_pct%) !1 ;
    }
```

```
YatX(1,X_value)=y1
*
*#Desc#* Find the value of the trace at the given X_value.
*
*#Arg1#* Name of trace to search
*#Arg2#* X value to get Y value at
*
* Usage:
*    YatX(<trace name>,<X_value>)
*

    {
        1| search forward Xvalue (X_value) !1 ;
    }

YatFirstX(1)=y1
*
*#Desc#* Find the value of the trace at the first X_value.
*
*#Arg1#* Name of trace to search
*
* Usage:
*    YatFirstX(<trace name>)
*

    {
        1| search forward Xvalue (0%) !1 ;
    }

YatLastX(1)=y1
*
*#Desc#* Find the value of the trace at the last X_value.
*
*#Arg1#* Name of trace to search
*
* Usage:
*    YatLastX(<trace name>)
*

    {
        1| search forward Xvalue (100%) !1 ;
    }

YatX_PercentXRange(1,X_pct)=y1
*
*#Desc#* Find the value of the trace at the given percentage of the
*#Desc#* X axis range.
*
*#Arg1#* Name of trace to search
*#Arg2#* X percentage to get Y value at
*
* Usage:
*    YatX_PercentXRange(<trace name>,<X_pct>)
*
```

```
    {
        1| search forward Xvalue (X_pct%) !1 ;
    }



****************************************
*** Goal Functions for AC Analyses ***
****************************************

Bandwidth(1,db_level) = x2-x1
*
*#Desc#* Find the difference between the X values where the trace
*#Desc#* first crosses its maximum value minus evel (Ymax-<db_level>)
*#Desc#* with a positive slope, and then with a negative slope.
*#Desc#* (i.e. Find the <db_level> bandwidth of a signal.)
*
*#Arg1#* Name of trace to search
*#Arg2#* db level down for bandwidth calc
*
*#ForceDBArg1#*
*
    {
        1|Search forward level(max-db_level,p) !1
            Search forward level(max-db_level,n) !2;
    }

Cutoff_Lowpass_3dB(1) = x1
*
*#Desc#* LowPass Cutoff.
*#Desc#* Find the X value at which the trace first crosses its maximum
*#Desc#* value minus 3dB with a negative slope.
*
*#Arg1#* Name of trace to search
*
*#ForceDBArg1#*
*
    {
        1|Search forward level(max-3,n) !1;
    }

Cutoff_Lowpass_3dB_XRange(1, begin_x,end_x) = x1
*
*#Desc#* LowPass Cutoff over specified X-range.
*#Desc#* Find the X value at which the trace first crosses its maximum
*#Desc#* value minus 3dB with a negative slope.
*
*#Arg1#* Name of trace to search
*#Arg2#* X range begin value
*#Arg3#* X range end value
*
*#ForceDBArg1#*
```

```
*
    {
        1|Search forward (begin_x,end_x) level(max-3,n) !1;
    }

Bandwidth_Bandpass_3dB(1) = x2-x1
*
*#Desc#* BandPass BandWidth.
*#Desc#* Find the difference between the X values where the trace
*#Desc#* first crosses its maximum value minus 3dB (Ymax-3dB)
*#Desc#* with a positive slope, and then with a negative slope.
*#Desc#* (i.e. Find the 3dB bandwidth of a signal.)
*
*#Arg1#* Name of trace to search
*
*#ForceDBArg1#*
*
    {
        1|Search forward level(max-3,p) !1
            Search forward level(max-3,n) !2;
    }

Bandwidth_Bandpass_3dB_XRange(1,begin_x,end_x) = x2-x1
*
*#Desc#* BandPass BandWidth over a specified X-range.
*#Desc#* Find the difference between the X values where the trace
*#Desc#* first crosses its maximum value minus 3dB (Ymax-3dB)
*#Desc#* with a positive slope, and then with a negative slope.
*#Desc#* (i.e. Find the 3dB bandwidth of a signal.)
*
*#Arg1#* Name of trace to search
*#Arg2#* X range begin value
*#Arg3#* X range end value
*
*#ForceDBArg1#*
*
    {
        1|Search forward (begin_x,end_x) level(max-3,p) !1
            Search forward (begin_x,end_x) level(max-3,n) !2;
    }

Cutoff_Highpass_3dB(1) = x1
*
*#Desc#* HighPass Cutoff.
*#Desc#* Find the X value at which the trace first crosses its maximum
*#Desc#* value minus db_level with a positive slope.
*
*#Arg1#* Name of trace to search
*
*#ForceDBArg1#*
*
```

```
    {
        1|Search forward level(max-3,p) !1;
    }

Cutoff_Highpass_3dB_XRange(1, begin_x,end_x) = x1
*
*#Desc#* HighPass Cutoff over specified X-range.
*#Desc#* Find the X value at which the trace first crosses its maximum
*#Desc#* value minus db_level with a positive slope.
*
*#Arg1#* Name of trace to search
*#Arg2#* X range begin value
*#Arg3#* X range end value
*
*#ForceDBArg1#*
*
    {
        1|Search forward (begin_x,end_x) level(max-3,p) !1;
    }

CenterFrequency(1, db_level) = (x1+x2)/2
*
*#Desc#* Find the midpoint between the X values where the trace first
*#Desc#* crosses its maximum value minus db_level (Ymax-db_level) with
*#Desc#* a positive slope, and then with a negative slope.
*#Desc#* (i.e. Find the <db_level> center frequency of a signal.)
*
*#Arg1#* Name of trace to search
*#Arg2#* db level down for measurement
*
*#ForceDBArg1#*
*
    {
        1|Search forward level(max-db_level,p) !1
           Search forward level(max-db_level,n) !2;
    }

CenterFrequency_XRange(1, db_level, begin_x,end_x) = (x1+x2)/2
*
*#Desc#* Find the midpoint between the X values where the trace first
*#Desc#* crosses its maximum value minus db_level (Ymax-db_level) with
*#Desc#* a positive slope, and then with a negative slope over a
*#Desc#* specified X-range.
*#Desc#* (i.e. Find the <db_level> center frequency of a signal.)
*
*#Arg1#* Name of trace to search
*#Arg2#* db level down for measurement
*#Arg3#* X range begin value
*#Arg4#* X range end value
*
*#ForceDBArg1#*
```

```
*
    {
        1|Search forward (begin_x,end_x) level(max-db_level,p) !1
            Search forward (begin_x,end_x) level(max-db_level,n) !2;
    }

Q_Bandpass(1, db_level) = ((x1+x2)/2)/(x2-x1)
*
*#Desc#* This function calculates Q (center frequency / bandwidth) of
*#Desc#* a bandpass response between the markers (lowpass and notch
*#Desc#* responses will not give meaningful results).   The two <db_level>
*#Desc#* points are found by scanning left and right from the maximum
*#Desc#* magnitude.
*
*#Arg1#* Name of trace to search
*#Arg2#* db level down for measurement
*
*#ForceDBArg1#*
*
    {
        1|Search forward level(max-db_level,p) !1
            Search forward level(max-db_level,n) !2;
    }

Q_Bandpass_XRange(1, db_level, begin_x,end_x) = ((x1+x2)/2)/(x2-x1)
*
*#Desc#* This function calculates Q (center frequency / bandwidth) of
*#Desc#* a bandpass response between a specified X-range (lowpass and notch
*#Desc#* responses will not give meaningful results).   The two <db_level>
*#Desc#* points are found by scanning left and right from the maximum
*#Desc#* magnitude.
*
*#Arg1#* Name of trace to search
*#Arg2#* db level down for measurement
*#Arg3#* X range begin value
*#Arg4#* X range end value
*
*#ForceDBArg1#*
*
    {
        1|Search forward (begin_x,end_x) level(max-db_level,p) !1
            Search forward (begin_x,end_x) level(max-db_level,n) !2;
    }

GainMargin(1,2) = 0-y2
*
*#Desc#* Find the value of the dB magnitude (second) trace at the same
*#Desc#* X value where the phase (first) trace crosses -180.
*
*#Arg1#* phase trace
*#Arg2#* magnitude trace in dB
```

```
*
* Usage:
*      GainMargin(<phase trace>, <dB magnitude trace>)
*
    {
* Search for where the phase is -180 degrees
        1|Search forward level (-180) !1;
* Find the magnitude where the phase is -180 degrees
        2|Search forward xval (x1) !2;
    }

PhaseMargin(1,2) = y2+180
*
*#Desc#* Find the value of the phase (second) trace at the same X value
*#Desc#* where the dB magnitude (first) trace crosses 0.
*
*#Arg1#* magnitude trace in dB
*#Arg2#* phase trace
*
* Usage:
*      PhaseMargin(<dB magnitude trace>, <phase trace>)
*
    {
* Search for where the magnitude is 0 dB
        1|Search forward level (0) !1;
* Find the phase where the magnitude is 0 dB
        2|Search forward xval (x1) !2;
    }

ZeroCross(1) = x1
*
*#Desc#* Find the X-value where the Y-value first crosses zero.
*
*#Arg1#* magnitude trace
*
* Usage:
*      ZeroCross(<magnitude trace>)
*
    {
* Search for where the Y-value is 0
        1|Search forward level (0) !1;
    }

ZeroCross_XRange(1,begin_x,end_x) = x1
*
*#Desc#* Find the X-value where the Y-value first crosses zero
*#Desc#* over a specified range.
*
*#Arg1#* magnitude trace
*#Arg2#* X range begin value
*#Arg3#* X range end value
```

```
*
* Usage:
*    ZeroCross_XRange(<magnitude trace>,<begin_x>,<end_x>)
*
    {
* Search for where the Y-value is 0
         1|Search forward (begin_x,end_x) level (0) !1;
    }

ConversionGain(1,2) = y1/y2
*
*#Desc#* Find the ratio of the maximum value of the first trace
*#Desc#* to the maximum value of the second trace
*
*#Arg1#* first magnitude trace
*#Arg2#* second magnitude trace
*
*
* Usage:
*    ConversionGain(<magnitude trace>, <magnitude trace>)
*
    {
* Search for max val of first trace
        1|Search forward max !1;
* Search for max val of second trace
        2|Search forward max !2;
    }

ConversionGain_XRange(1,2,begin_x,end_x) = y1/y2
*
*#Desc#* Find the ratio of the maximum value of the first trace
*#Desc#* to the maximum value of the second trace over a specified
*#Desc#* X-range.
*
*#Arg1#* first magnitude trace
*#Arg2#* second magnitude trace
*#Arg3#* X range begin value
*#Arg4#* X range end value
*
*
* Usage:
*    ConversionGain_XRange(<magnitude trace>, <magnitude trace>,
*        <begin_x>, <end_x>)
*
    {
* Search for max val of first trace
        1|Search forward (begin_x,end_x) max !1;
* Search for max val of second trace
        2|Search forward (begin_x,end_x) max !2;
    }
```

```
**********************************************
*** Goal Functions for Transient Analyses ***
**********************************************


Risetime_NoOvershoot(1) = x2-x1
*
*#Desc#* Find the difference between the X values where the trace first
*#Desc#* crosses 10% and then 90% of its maximum value with a positive
*#Desc#* slope.
*#Desc#* (i.e. Find the risetime of a step response curve with no
*#Desc#* overshoot. If the signal has overshoot, use Risetime_StepResponse().)
*
*#Arg1#* Name of trace to search
*
* Usage:
*     Risetime_NoOvershoot(<trace name>)
*
    {
        1|Search forward level(10%, p) !1
          Search forward level(90%, p) !2;
    }

Risetime_StepResponse(1)=x4-x3
*#Desc#* Find the first and final Y values of the trace.    Then find the
*#Desc#* difference between the X values of the points where the trace
*#Desc#* first crosses 10% then 90% of the range between its
*#Desc#* starting and final values with a positive slope.
*#Desc#* (Find the risetime of a step response curve.)
*
*#Arg1#* Name of trace to search
*
* Usage:
*     Risetime_StepResponse(<trace name>)
*
    {
        1|Search forward x value (0%) !1
    Search forward x value (100%) !2
    Search forward /Begin/ level (y1+0.1*(y2-y1),p) !3
    Search forward level (y1+0.9*(y2-y1),p) !4;
    }

Risetime_StepResponse_XRange(1,begin_x,end_x)=x4-x3
*#Desc#* Over a specified X-range, find the first
*#Desc#* and final Y values of the trace.    Then find the
*#Desc#* difference between the X values of the points where the trace
*#Desc#* first crosses 10% then 90% of the range between its
*#Desc#* starting and final values with a positive slope.
*#Desc#* (Find the risetime of a step response curve over an X-range.)
*
*#Arg1#* Name of trace to search
```

```
*#Arg2#* X range begin value
*#Arg3#* X range end value
*
* Usage:
*    Risetime_StepResponse_XRange(<trace name>,<begin_x>,<end_x>)
*
    {
        1|Search forward (begin_x,end_x) x value (0%) !1
    Search forward (begin_x,end_x) x value (100%) !2
    Search forward /Begin/(begin_x,end_x) level (y1+0.1*(y2-y1),p) !3
    Search forward (begin_x,end_x) level (y1+0.9*(y2-y1),p) !4;
    }

Falltime_NoOvershoot(1) = x2-x1
*#Desc#* Find the difference between the X values where the trace first
*#Desc#* crosses 90% and then 10% of its maximum value with a negative
*#Desc#* slope.
*#Desc#* (i.e. Find the falltime of a signal with no overshoot.
*#Desc#* If the signal has overshoot, use Falltime_StepResponse().)
*
* Usage:
*    Falltime_NoOvershoot(<trace name>)
*
    {
        1|Search forward level(90%, n) !1
            Search forward level(10%, n) !2;
    }

Falltime_StepResponse(1)=x4-x3
*#Desc#* Find the first and final Y values of the trace.    Then find the
*#Desc#* difference between the X values of the points where the trace
*#Desc#* first crosses 10% then 90% of the range between its starting and
*#Desc#* final values with a negative slope.
*#Desc#* (i.e. Find the falltime of a negative going step response curve.)
*
*#Arg1#* Name of trace to search
*
* Usage:
*    Falltime_StepResponse(<trace name>)
*
    {
        1|Search forward x value (0%) !1
    Search forward x value (100%) !2
    Search forward /Begin/ level (y1+0.1*(y2-y1),n) !3
    Search forward level (y1+0.9*(y2-y1),n) !4;
    }

Falltime_StepResponse_XRange(1,begin_x,end_x)=x4-x3
*#Desc#* Over a specified X-range, find the first
*#Desc#* and final Y values of the trace.    Then find the
*#Desc#* difference between the X values of the points where the trace
```

```
*#Desc#* first crosses 10% then 90% of the range between its
*#Desc#* starting and final values with a negative slope.
*#Desc#* (Find the falltime of a step response curve over an X-range.)
*
*#Arg1#* Name of trace to search
*#Arg2#* X range begin value
*#Arg3#* X range end value
*
* Usage:
*     Falltime_StepResponse_XRange(<trace name>,<begin_x>,<end_x>)
*
    {
        1|Search forward (begin_x,end_x) x value (0%) !1
      Search forward (begin_x,end_x) x value (100%) !2
      Search forward /Begin/(begin_x,end_x) level (y1+0.1*(y2-y1),n) !3
      Search forward (begin_x,end_x) level (y1+0.9*(y2-y1),n) !4;
    }

Overshoot(1) = (y1-y2)/y2*100
*#Desc#* Find the difference between the maximum and final Y values of
*#Desc#* the trace.
*#Desc#* (i.e. Find the %overshoot of a step response curve.)
*
*#Arg1#* Name of trace to search
*
* Usage:
*     Overshoot(<trace name>)
*
    {
        1|Search forward max !1
          Search forward xval(100%) !2;
    }

Overshoot_XRange(1,begin_x,end_x) = (y1-y2)/y2*100
*#Desc#* Find the difference between the maximum and final Y values of
*#Desc#* the trace over a specified Xrange.
*#Desc#* (i.e. Find the overshoot of a step response curve over a range.)
*
*#Arg1#* Name of trace to search
*#Arg2#* X range begin value
*#Arg3#* X range end value *
* Usage:
*     Overshoot_XRange(<trace name>,<begin_x>,<end_x>)
*
    {
        1|Search forward (begin_x,end_x) max !1
          Search forward (begin_x,end_x) xval(100%) !2;
    }

Peak(1, n_occur) = y1
*#Desc#* Find the value of the trace at its nth peak.
```

```
*#Desc#* (A peak is only recognized if 3 data points before it, and 3
*#Desc#* data points after it have smaller Y values.)
*
*#Arg1#* Name of trace to search
*#Arg2#* Number of peak to find
*
* Usage:
*     Peak(<trace name>, <n_occur>)
*
    {
        1|Search forward #3# n_occur:peak !1;
    }


NthPeak(1, n_occur) = y1
*#Desc#* Find the value of the trace at its nth peak.
*#Desc#* (A peak is only recognized if 3 data points before it, and 3
*#Desc#* data points after it have smaller Y values.)
*
*#Arg1#* Name of trace to search
*#Arg2#* Number of peak to find
*
* Usage:
*     NthPeak(<trace name>, <n_occur>)
*
    {
        1|Search forward #3# n_occur:peak !1;
    }


Period(1) = x2-x1
*#Desc#* Find the difference between the first and second X values at
*#Desc#* which the trace crosses the midpoint of its Y range with a
*#Desc#* positive slope.
*#Desc#* (i.e. Find the period of a time domain signal.)
*
*#Arg1#* Name of trace to search
* Usage:
*     Period(<trace name>)
*
    {
        1|Search forward level (50%, p) !1
            Search forward level (50%, p) !2;
    }


Period_XRange(1, begin_x,end_x) = x2-x1
*#Desc#* Find the difference between the first and second X values at
*#Desc#* which the trace crosses the midpoint of its Y range with a
*#Desc#* positive slope over a specified Xrange.
*#Desc#* (i.e. Find the period of a time domain signal over a range.)
*
*#Arg1#* Name of trace to search
*#Arg2#* X range begin value
```

```
*#Arg3#* X range end value *
*
* Usage:
*     Period_XRange(<trace name>,<begin_x>,<end_x>)
*
    {
         1|Search forward (begin_x,end_x) level (50%, p) !1
            Search forward (begin_x,end_x) level (50%, p) !2;
    }

Pulsewidth(1) = x2-x1
*#Desc#* Find the difference between the X values where the trace first
*#Desc#* crosses the midpoint of its Y range with a positive, then with a
*#Desc#* negative slope.
*#Desc#* (i.e. Find the width of the first pulse.)
*
*#Arg1#* Name of trace to search
*
    {
         1|Search forward level (50%, p) !1
            Search forward level (50%, n) !2;
    }

Pulsewidth_XRange(1,begin_x,end_x) = x2-x1
*#Desc#* Find the difference between the X values where the trace first
*#Desc#* crosses the midpoint of its Y range with a positive, then with a
*#Desc#* negative slope over a specified Xrange.
*#Desc#* (i.e. Find the width of the first pulse over a range.)
*
*#Arg1#* Name of trace to search
*#Arg2#* X range begin value
*#Arg3#* X range end value
*
    {
         1|Search forward (begin_x,end_x)level (50%, p) !1
            Search forward (begin_x,end_x)level (50%, n) !2;
    }

DutyCycle(1) = (x2-x1)/(x3-x1)
*#Desc#* Find the difference between the X values where the trace first
*#Desc#* crosses the midpoint of its Y range with a positive, then with a
*#Desc#* negative slope. Divide this by the period by finding the midpoint
*#Desc#* of the next positive slope.
*#Desc#* (i.e. Find the duty cycle of the first pulse/period)
*
*#Arg1#* Name of trace to search
*
    {
         1|Search forward level (50%, p) !1
            Search forward level (50%, n) !2
            Search forward level (50%, p) !3;
```

```
            }
DutyCycle_XRange(1,begin_x,end_x) = (x2-x1)/(x3-x1)
*#Desc#* Find the difference between the X values where the trace first
*#Desc#* crosses the midpoint of its Y range with a positive, then with a
*#Desc#* negative slope. Divide this by the period by finding the midpoint
*#Desc#* of the next positive slope. Uses a specified Xrange.
*#Desc#* (i.e. Find the duty cycle of the first pulse/period over a range)
*
*#Arg1#* Name of trace to search
*#Arg2#* X range begin value
*#Arg3#* X range end value
*

    {
        1|Search forward (begin_x,end_x)level (50%, p) !1
            Search forward (begin_x,end_x)level (50%, n) !2
            Search forward (begin_x,end_x)level (50%, p) !3;
    }


Nth_Duty_cycle(1, n_occur) = (x2-x1)/(x3-x1)
*#Desc#* Find the difference between the X values where the trace crosses the
*#Desc#* midpoint of its Y range with a positive slope in the nth pulse, then
*#Desc#* with a negative slope. Divide this by the period by finding the midpoint
*#Desc#* of the next positive slope.
*#Desc#* (i.e. Find the duty cycle of the nth pulse/period)
*
*#Arg1#* Name of trace to search
*

    {
        1|search forward for n_occur:level (50%,p) !1
            search forward level (50%,n) !2
            search forward level (50%,p) !3;
    }


Swing_XRange(1,begin_x,end_x)=y2-y1
*#Desc#* Find the difference between the maximum and minimum values of
*#Desc#* the trace within the specified range.
*
*#Arg1#* Name of trace to search
*#Arg2#* Beginning of X range
*#Arg3#* End of X range
*
* Usage:
*    Swing_XRange(<trace name>,<X_range_begin_value>,<X_range_end_value>)
*

    {
        1| search forward (begin_x,end_x) min !1
            search forward (begin_x,end_x) max !2 ;
    }


PowerDissipation_mW(1, Period) = (y1-y2)*1000/(x1-x2)
```

```
*#Desc#* Total Power dissipation in mW during the final 'Period' of time.
*#Desc#* Find the difference between the final Y value of the trace and
*#Desc#* the Y value one period before that.
*#Desc#* (Can be used to calculate total power dissipation in mW, if the
*#Desc#* first trace is the integral of V(load)*I(load).)
*
*#Arg1#* s(load_voltage * load_current)
*#Arg2#* Period
*
* Usage:
*    PowerDissipation_mW(s(<load_voltage>*<load_current>), <period>)
*

    {
        1|Search forward xvalue(100%) !1
            Search backward /x1/ xvalue(.-Period) !2;
    }

SlewRate_Rise(1)=(y4-y3)/(x4-x3)
*#Desc#* Find the first and final Y values of the trace.    Then find the
*#Desc#* difference between the X values of the points where the trace
*#Desc#* first crosses 25% then 75% of the range between its starting and
*#Desc#* final values with a positive slope.
*#Desc#* (i.e. Find the slew rate of a positive going step response curve.)
*
*#Arg1#* Name of trace to search
*
* Usage:
*    SlewRate_Rise(<trace name>)
*

    {
        1|Search forward x value (0%) !1
    Search forward x value (100%) !2
    Search forward /Begin/ level (y1+0.25*(y2-y1),p) !3
    Search forward level (y1+0.75*(y2-y1),p) !4;
    }

SlewRate_Rise_XRange(1,begin_x,end_x)=(y4-y3)/(x4-x3)
*#Desc#* Over a specified X-range, find the first
*#Desc#* and final Y values of the trace.    Then find the
*#Desc#* difference between the X values of the points where the trace
*#Desc#* first crosses 25% then 75% of the range between its
*#Desc#* starting and final values with a positive slope.
*#Desc#* (Find the slew rate of a positive going step response curve
*#Desc#* over an X-range.)
*
*#Arg1#* Name of trace to search
*#Arg2#* X range begin value
*#Arg3#* X range end value
*
* Usage:
*    SlewRate_Rise_XRange(<trace name>,<begin_x>,<end_x>)
```

```
*
    {
         1|Search forward (begin_x,end_x) x value (0%) !1
      Search forward (begin_x,end_x) x value (100%) !2
      Search forward /Begin/(begin_x,end_x) level (y1+0.25*(y2-y1),p) !3
      Search forward (begin_x,end_x) level (y1+0.75*(y2-y1),p) !4;
    }

SlewRate_Fall(1)=(y4-y3)/(x4-x3)
*#Desc#* Find the first and final Y values of the trace.   Then find the
*#Desc#* difference between the X values of the points where the trace
*#Desc#* first crosses 25% then 75% of the range between its starting and
*#Desc#* final values with a negative slope.
*#Desc#* (i.e. Find the slew rate of a negative going step response curve.)
*
*#Arg1#* Name of trace to search
*
* Usage:
*    SlewRate_Fall(<trace name>)
*
    {
         1|Search forward x value (0%) !1
      Search forward x value (100%) !2
      Search forward /Begin/ level (y1+0.25*(y2-y1),n) !3
      Search forward level (y1+0.75*(y2-y1),n) !4;
    }

SlewRate_Fall_XRange(1,begin_x,end_x)=(y4-y3)/(x4-x3)
*#Desc#* Over a specified X-range, find the first
*#Desc#* and final Y values of the trace.   Then find the
*#Desc#* difference between the X values of the points where the trace
*#Desc#* first crosses 25% then 75% of the range between its
*#Desc#* starting and final values with a negative slope.
*#Desc#* (Find the slew rate of a negative going step response curve
*#Desc#* over an X-range.)
*
*#Arg1#* Name of trace to search
*#Arg2#* X range begin value
*#Arg3#* X range end value
*
* Usage:
*    SlewRate_Fall_XRange(<trace name>,<begin_x>,<end_x>)
*
    {
         1|Search forward (begin_x,end_x) x value (0%) !1
      Search forward (begin_x,end_x) x value (100%) !2
      Search forward /Begin/(begin_x,end_x) level (y1+0.25*(y2-y1),n) !3
      Search forward (begin_x,end_x) level (y1+0.75*(y2-y1),n) !4;
    }

SettlingTime(1, SBAND_PERCENT)= x3-x1
```

```
*#Desc#* This function gives the time from <begin_x> to the time
*#Desc#* it takes a step response to settle to within a specified band,
*#Desc#* which is defined above as SBAND_PERCENT.
*
*#Arg1#* Name of trace to search
*#Arg2#* Desired settling band in percent (01 is one percent)
*
* Usage:
*    SettlingTime(<trace name>,<SBAND_PERCENT>)
*
    {
        1|Search forward x value (0%) !1
      Search forward x value (100%) !2
      Search backward /x2/ level (y1+(1-SBAND_PERCENT/100)*(y2-y1)) !3;
      }

SettlingTime_XRange(1, SBAND_PERCENT, begin_x,end_x)= x3-x1
*#Desc#* This function gives the time from <begin_x> to the time
*#Desc#* it takes a step response to settle to within a specified band,
*#Desc#* which is defined above as SBAND_PERCENT.
*#Desc#* This is taken over a specified X-range.
*
*#Arg1#* Name of trace to search
*#Arg2#* Desired settling band in percent (01 is one percent)
*#Arg3#* X range begin value
*#Arg4#* X range end value
*
* Usage:
*    SettlingTime_XRange(<trace name>,<SBAND_PERCENT>,<begin_x>,<end_x>)
*
    {
        1|Search forward (begin_x,end_x) x value (0%) !1
      Search forward (begin_x,end_x) x value (100%) !2
      Search backward /x2/ (begin_x,end_x) level (y1+(1-SBAND_PERCENT/100)*(y2-y1)) !3;
      }
```

4-3　蒙地卡羅分析（Monte Carlo Analysis）

目標

學習──
- 蒙地卡羅分析的設定
- 使用 **Probe** 中的「統計直條圖（Histogram）功能」

　　在本章一開始我們便提到：電路中的每一個元件事實上都有誤差值，而前述章節所做的大部份模擬，都是將所有元件視為理想元件。如此一來，卻也不禁讓我們對如此「理想」的模擬結果產生「是否能忠實反應實際電路特性」的質疑。為排除這類疑惑，**PSpice A/D** 加入了所謂的「蒙地卡羅分析」，這種分析提供使用者設定元件的誤差值範圍，並在模擬之前以隨機取樣的方式在誤差值範圍內取新的元件值。由於此分析可設定做多次模擬，使用者不但可以從模擬結果中得知理想情況下的輸出響應，同時也可以看出當元件有誤差時，對輸出響應的影響會不會太大？進一步說明，就是評估「良率」（Yield）的高低。以此結果做為是否修正設計的參考，同時也增加了模擬的可信度。以下我們便來介紹「蒙地卡羅分析」的操作步驟。

電路圖的編繪

　　圖 4-3.1 為簡單的反相放大器（Inverting Amplifier），理想放大倍率為 −1。以下我們便要利用 **PSpice A/D** 來觀察電阻元件的誤差值對輸出響應有何影響？

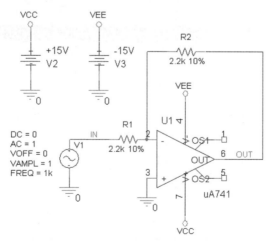

圖 4-3.1

▉ 改變元件符號屬性

V1：DC = 0   AC = 1   voff = 0   vampl = 1   freq = 1k

V2：DC = 15   V3：DC = −15

1. 兩次點選 R1 元件符號。
2. 在隨後出現的 **Property Editor** 子視窗中點選 **TOLERANCE** 屬性選項，並將其值設定為 10%。
3. 重覆步驟 1、2 將 R2 的 **TOLERANCE** 屬性也設定成 10%。

　　值得一提的是：上述的 **TOLERANCE** 參數，其參數值可以是數字（單位必須和其附屬的模型參數相同），也可以是百分比。

▨ 分析參數的設定

　　蒙地卡羅分析與參數調變分析相同，必須搭配其他的基本分析，本節中以暫態分析為之。

▉ 暫態分析

Maximum step size：10us   Run to time：2ms

▉ 蒙地卡羅分析

1. 在「暫態分析設定對話盒」中的 **Options:** 列表中點選 **Monte Carlo / Worst Case**，出現圖 4-3.2 的對話盒並依圖填入相關參數，其中各選項的意義說明如下：

圖 4-3.2

　　此對話盒是 **Monte Carlo** 與 **Worst Case** 共用，每次模擬只能取其中一種，此處我們先點選 **Monte Carlo**。

　Output Variable：設定輸出變數，一次只能設定一個，形式則是節點電壓、分支電流（Branch Current）…等均可。

Monte Carlo options

　Number of runs:

　　設定模擬次數，上限為 10000 次。

　Use distribution:

　　前面我們曾經提到：一旦設定了「蒙地卡羅分析」，**PSpice A/D** 會以隨機取樣的方式在元件誤差值範圍內取新的元件值。此時便產生了一個問題：**PSpice A/D** 是以何種方式進行取樣？事實上，**PSpice A/D** 在這方面早已有了周詳的考慮，它允許您使用「平均分佈」（Uniform Distribution）、「高斯（自然）分佈」（Gauss Distribution）及「使用者自訂」（User-Defined Distribution）等三種方式讓系統進行取樣，其中以「高斯分佈」最接近一般常見的實際狀況。

　Random number Seed:

　　此參數會影響「亂數產生器」的結果，不填則以 17533 為內定值。所以，除非使用者希望看到不同的模擬結果分布，此值通常不做任何設定。

　Save data from

　　此選項乃設定最後的模擬結果要有多少在文字輸出檔及 **Probe** 中顯示。

　　　\<none\>　　除理想值外無任何顯示。

　　　All　　　　全部顯示。

　　　First　　　只顯示前 n 次的結果，n 則填在 **runs** 前的空格中。

　　　Every　　　每 n 次模擬顯示一次結果，n 亦填在 **runs** 前的空格中。

　　　Runs (list)　顯示所指定次數的結果（如第 1、4、8…），最多可在 **runs** 中填入 24 個數字。

　List model parameter values in the output file for each run

　　點選圖 4-3.2 右下方的 **More Settings** 鍵，得到如圖 4-3.3 的對話盒，在對話盒下方即可看到此選項，點選此項，則會在文字輸出檔中顯示每次分析時所用的新元件值。

Collating Function

此部份為文字輸出檔最後的統計資料之用，一般使用者甚少用到，此處也就略而不提。

MC Load/Save

點選圖 4-3.2 右下方的 **MC Load/Save** 鍵，得到如圖 4-3.4 的對話盒，您可利用此對話盒來儲存在蒙地卡羅模擬過程中，以隨機取樣的方式在元件誤差值範圍內所取得的所有元件值，方便使用者進行進一步的查詢。您也可以將前述所儲存下來的元件值重新載入系統中再次模擬，當然，在這種情形下，您所得到的模擬結果將會和先前所儲存的模擬結果完全一樣。

Worst-case/Sensitivity Options

留待下節再說明。

2. 確認並結束此對話盒。

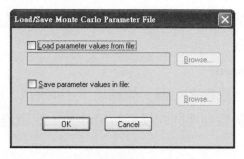

圖 4-3.3

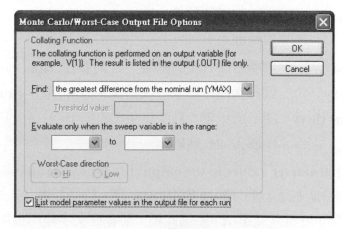

圖 4-3.4

利用 Probe 觀察模擬結果

　　呼叫 V(OUT) 波形，得圖 4-3.5。此圖中的 100 條 V(OUT) 波形各有不同的振幅，由此我們可以得知：在電阻值誤差高達 10% 的情形下，對放大倍率已有相當程度的影響（就此例而言，肉眼已經可以輕鬆辨識）。如果這項放大倍率的偏移現象對系統規格的影響很大，設計者在真正實作電路時，便必須考慮採用較高精密度的電阻（如金屬膜電阻）。這也是本章節一開始所提到的「評估『良率』的高低，以此結果做為是否修正設計的參考，以增加模擬的可信度」之精神所在。

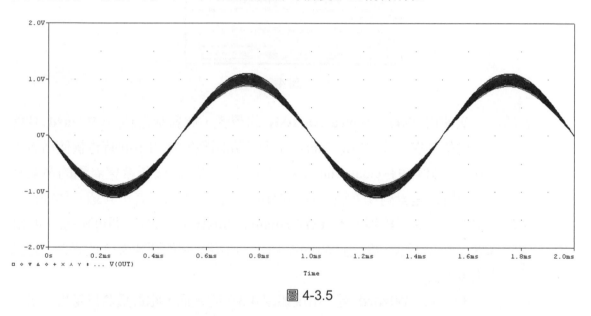

圖 4-3.5

■ Probe 中的「條狀分析圖」功能

　　正如前段所提到的：「良率評估」是蒙地卡羅模擬一項非常重要的目的。以這個目標而言，僅在 **Probe** 上將所有的輸出波形顯示出來，很明顯地是不足的。於是 **PSpice A/D** 便提供了另一個有力工具－－「統計直條圖」(Histogram)。讓使用者藉此功能在 **Probe** 上輕易看出某輸出變數的可能輸出值及其相對機率的大小，並藉此資訊初步評估此電路的「良率」。其操作步驟如下：

1. 將圖 4-3.5 中的 100 條 V(OUT) 波形刪除。
2. 點選 **Trace/Performance Analysis**，出現如圖 4-3.6 的對話盒。

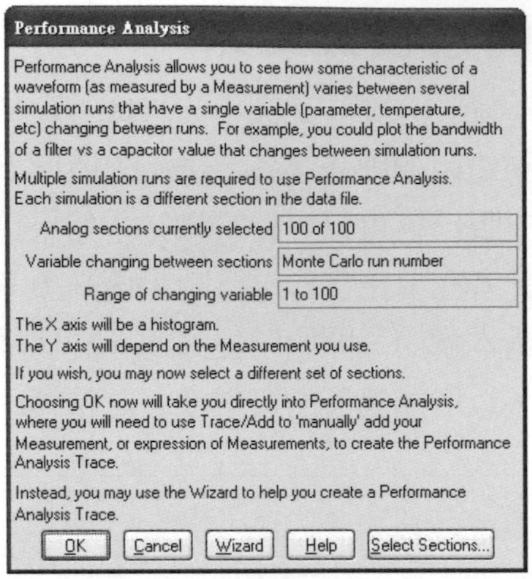

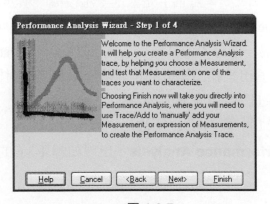

圖 4-3.6

對於第一次使用 **Performance Analysis** 的讀者，此對話盒利用 **Wizard** 功能一步一步地帶領您完成 Goal Function 及相關函數的呼叫，同時也讓使用者得以先行檢視所呼叫的 Goal Function 是否可正確地擷取所希望看到的電氣特性。以下步驟即是針對初次使用或對此功能不甚熟悉的讀者，介紹其詳細操作步驟。當然，若您已經很熟悉 **Performance Analysis** 功能，即可點選圖 4-3.6 中的 **OK** 鍵，系統便會跳過 Wizard 功能，直接進到如圖 4-3.13 的畫面，這部份我們稍後做說明。

3. 點選圖 4-3.6 中的 **Wizard** 鍵，出現如圖 4-3.7 的畫面，此對話盒只是再一次介紹此 **Wizard** 的相關功能。此處再次提醒：從圖 4-3.7 的對話盒開始，您可以隨時點選 **Finish** 鍵結束 **Wizard** 功能，直接進到如圖 4-3.13 的畫面。

圖 4-3.7

4. 點選圖 4-3.7 中的 **Next>** 鍵，出現如圖 4-3.8 的畫面，並從左側列表中點選 Max
   函數。這表示我們將對接下來要呼叫的輸出變數搜尋其曲線上的「最大值」。
   當然，如果您也可以視您個人的需要點選不同的函數，點選完後即可再按
   Next> 鍵進入圖 4-3.9 的對話盒。

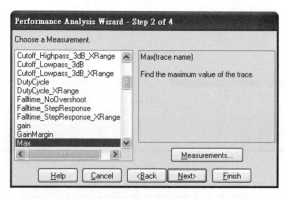

圖 4-3.8

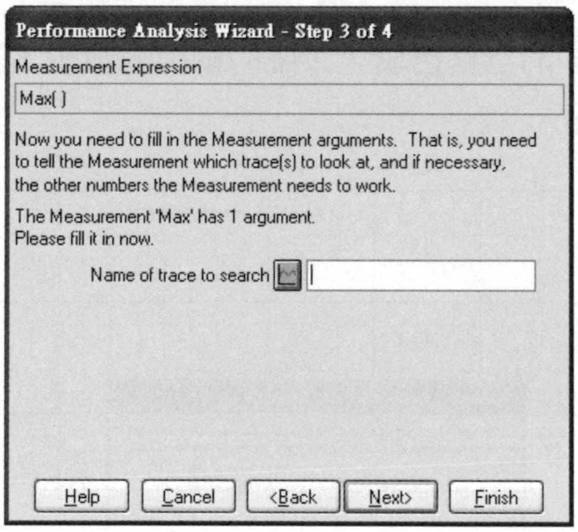

圖 4-3.9

5. 在圖 4-3.9 中央的空格中填入您所要呼叫的輸出變數（在此範例為 V(OUT)），
   若是您不是很確定所要呼叫的輸出變數是什麼名稱，便可以點選空格左邊的智
   慧圖示　　進入圖 4-3.10。

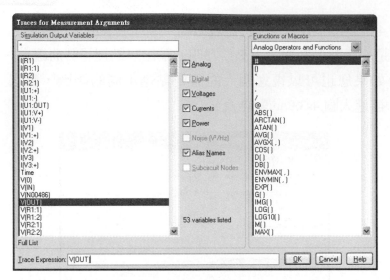

圖 4-3.10

6. 圖 4-3.10 是我們非常熟悉的呼叫輸出波形對話盒,您只要在左側列表中點選您所要呼叫的輸出變數,再點選 **OK** 鍵即會回到圖 4-3.9 的對話盒。

7. 在確認圖 4-3.10 中的空格已填入正確的輸出變數後,點選 **Next>** 鍵即會出現如圖 4-3.11 的畫面。

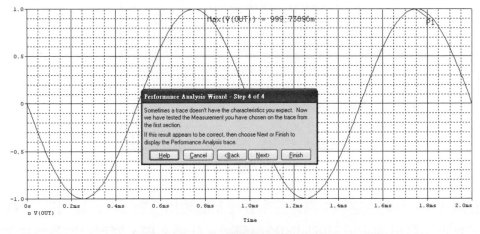

圖 4-3.11

從圖 4-3.11 的畫面中,使用者可以仔細檢視您所使用的 Goal Function 是否能正確地擷取您所預期的電氣特性?如果不正確,當然就表示您必須重新評估並使用其他的 Goal Function;如果正確了,您便可以點選 **Next>** 鍵而得到如圖 4-3.12 的畫面。

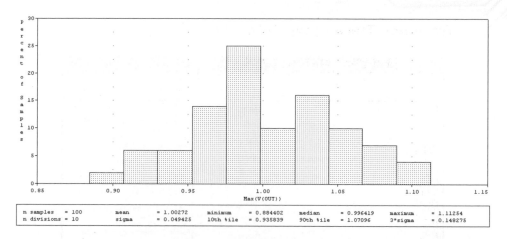

圖 4-3.12

圖 4-3.12 顯示輸出電壓在此次模擬中出現的振幅大小及其各別的機率，當分析次數設定愈多，自然可以看到更詳細的分布圖，但其付出的代價便是輸出資料的大量增加。

如果您不想每一次執行 **Performance Analysis** 時，都要受限於 **Wizard** 功能的執行步驟的話，我們提供您另一種快速進入 **Performance Analysis** 畫面的方法，其步驟如下：

1. 直接點選 **PSpice A/D** 視窗上方工具列 (Toolbars) 中的智慧圖示 ，出現如圖 4-3.13 的畫面。

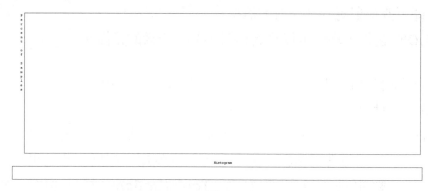

圖 4-3.13

2. 點選 **Trace/Add Trace**，出現如圖 4-3.14 的對話盒。

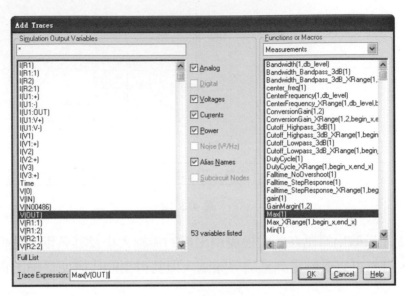

圖 4-3.14

3. 先點選圖 4-3.14 右側列表中的 Max(1) 函數，緊接著點選左側列表中的 V(OUT) 變 數。此 時 您 會 看 到 下 方 **Trace Expression:** 空 格 中 顯 示 Max(V(OUT))，表示您將針對 V(OUT) 擷取其波形中的「最大值」。由於我們 先前將此範例電路輸入訊號的振幅設定為 1，所以此處量到的輸出波形振幅最 大值即可直接對應到其「放大倍率」。

4. 點選 **OK** 鍵後，您便可以看到和圖 4-3.12 一樣的畫面。

最後，我們針對圖 4-3.12 下方表格中的參數做簡單說明：

n samples　　此為蒙地卡羅分析的次數。

n divisions　　表示此統計直條圖中所要顯示的「直條」數。當此值愈大，機率分 佈圖也就更精細；值愈小，情況就剛好相反。此值可以改變，其步 驟很簡單，只要點選 **Tools/Options** 後，再於 **Number of Histogram Divisions** 空格中填入適當數字即可，唯此數字必須要在 2 到 1000 之間。

mean	表示此統計結果中所有樣本的「平均值」。
sigma	表示此統計結果中所有樣本的「標準差」值。依照一般常見的自然分佈曲線，會有 84.13% 的機率落在一倍標準差的範圍內；兩倍標準差範圍內的機率則是 97.72%，三倍標準差範圍內的機率則高達 99.83%。
minimum	表示此統計結果中所有樣本的「最小值」。
median	表示此統計結果中所有樣本的「中間值」。
maximum	表示此統計結果中所有樣本的「最大值」。
10th %ile	表示此統計結果中有 10% 的樣本低於此值。
90th %ile	表示此統計結果中有 10% 的樣本高於此值。
3*sigma	表示此統計結果中三倍標準差的大小。

4-4 最壞情況分析（Worst Case Analysis）

目標

學習──
■ 學習最壞情況分析的設定

　　隨著本章的漸進尾聲，相信您已經可以熟練地運用「溫度分析」、「參數調變分析」及「蒙地卡羅分析」了。常言道：「不管什麼事情，總要先做**最壞的打算**，好讓心理有個準備」，一個好的電路設計也是如此。然而一般在實作電路的過程中，除非有相當完備的實驗設施，否則要確認所設計的電路在一定範圍的元件誤差或環境變動下，是不是仍能正常動作？那真是一件繁複又困難的事。針對這項需要，**PSpice A/D** 提供了「最壞情況分析」，讓使用者在設定誤差範圍後，可以由模擬的結果得知輸出特性的最壞情況，做為考量是否更改設計的依據。以下便是此類分析的操作步驟。

電路圖的編繪

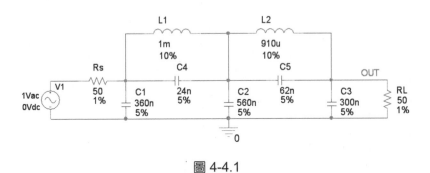

圖 4-4.1

　　圖 4-4.1 為一「被動低通濾波器」（Passive Low-Pass Filter），截止頻率（Cutoff Frequency）為 10KHz。其中的電阻、電容及電感均有各自對應的誤差值（TOLERANCE）參數。

分析參數的設定

交流分析

　　掃瞄方式：Decade　　　Points/Decade: 1000　　　範圍：1k 到 100K

最壞情況分析

1. 在「交流分析設定對話盒」中的 **Options:** 列表中點選 **Monte Carlo/Worst Case**，出現圖 4-4.2 的對話盒。現就上節未提到的 **Worst-case/Sensitivity** 中各選項的意義做說明：

Vary devices that have tolerances

　　若您點選 **only DEV**，則模擬過程中只有包含 DEV 誤差值的模型參數會被列入計算，**only LOT** 亦然，**both DEV and LOT** 則表示只要包含兩者其中任何一個的元件都會被列入計算。

　　上述選項提到兩種誤差參數：LOT 和 DEV，在此特別介紹一下兩者有何不同？所謂的 LOT，指的是在不同的模擬（如第一次和第二次）之間，新元件值與理想值之間的誤差值範圍，但各同類元件之間（如 R1 及 R2）仍保有相同的元件值；而 DEV 指的則是同一次模擬中，同類元件中各自的新元件值與理想值之間的誤差值範圍。

　　舉例來說：假設今有兩個電阻元件 R1 及 R2，其誤差參數都被設定成 LOT = 10%、DEV = 5%。在兩次不同的模擬中，R1 和 R2 的元件值可能會出現如下的情形。

第一次模擬：

　　$R1 = R_{nom} * (1 + 8\% + 3\%)$

　　$R2 = R_{nom} * (1 + 8\% - 2\%)$

　　其中的 8% 就是系統依 LOT 設定所取的誤差值；+3% 及 –2% 則是依 DEV 設定所取的誤差值。

第二次模擬：

　　$R1 = R_{nom} * (1 - 9\% + 1\%)$

　　$R2 = R_{nom} * (1 - 9\% - 5\%)$

　　其中的 –9% 就是系統依 LOT 設定所取的誤差值；+1% 及 –5% 則是依 DEV 設定所取的誤差值。

　　由上述說明，我們應該可以將這兩個誤差參數與實際狀況做如此的推論：LOT 相當於在描述「不同時間出廠的整批元件，各批元件與理想值之間的平均誤差」，而 DEV 則是「同一批元件中，各個元件之間匹配 (Match) 程度的誤差值」。這在積體電路（Integrated Circuits，即一般簡稱的 IC）的設計中尤其重要。

值得一提的是：先前我們在電路圖中針對各元件所設定的 TOLERANCE 屬性，都被 **PSpice A/D** 系統自動歸類為 DEV。如果使用者一定要同時用到這兩個誤差參數，就必須呼叫 BREAKOUT.olb 此符號元件庫中的元件，並在模擬參數 model 檔案中進行設定。

Limit devices to type(s):

設定欲分析的元件種類，填入其通用的簡稱，中間不需有空格；不填則表示對所有包含誤差值模型參數的元件做分析。以本範例而言，若填入 RC 即表示僅針對電阻及電容做分析。

Save data from each sensitivity run

此與 **Monte Carlo options** 中的 **Save data from All** 選項同義。由於 **Worst Case** 的分析是先就每一個有設定誤差值的模型參數做「靈敏度」的計算，藉以判斷輸出變數是隨著此模型參數增大而變大或變小，最後再一起變動設定有誤差值的全部模型參數，使輸出變數達到最大偏移，因而達到「最壞情況」的模擬。也因如此，**Worst Case** 分析不需設定模擬次數。若不點選此選項，則當模擬結束後，只有理想值（Nominal）和 Worst Case 值得以在 **Probe** 視窗中顯示。

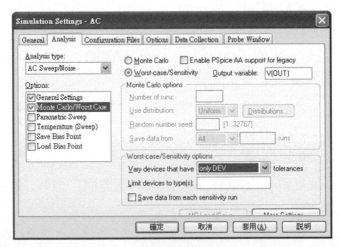

圖 4-4.2

List model parameter values in the output file for each run

點選圖 4-4.2 右下角的 **More Settings** 鍵，得如圖 4-4.3 的對話盒，在對話盒下方即可看到此選項，點選此項，則會在文字輸出檔中顯示每次「靈敏度分析」時所用的新元件值。

Worst-Case direction

　　Hi、**Low** 兩個選項分別定義 **Worst Case** 分析的輸出結果是朝正向（對理想值而言）或負向偏移。

2. 依圖 4-4.2 及圖 4-4.3 點選各選項後結束設定。

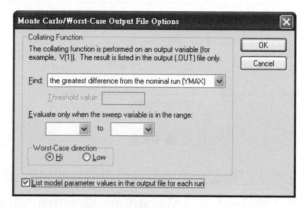

圖 4-4.3

利用 Probe 觀察模擬結果

　　因剛才我們並未點選 **Save data from each sensitivity run** 選項（本例關心的重點是理想值與 Worst Case 值之間的差異），所以 **Probe** 視窗開啟後，只會顯示理想值（Nominal）和 Worst Case 值這兩次結果，如圖 4-4.4 所示。

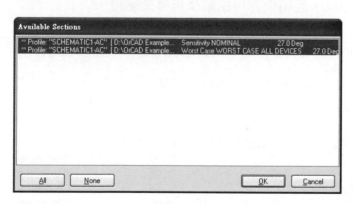

圖 4-4.4

　　點選圖 4-4.4 中的 **OK** 鍵後，分別在兩個 **Plot** 上呼叫 DB(V(OUT)) 與 P(V(OUT)) 後，得圖 4-4.5 的畫面。

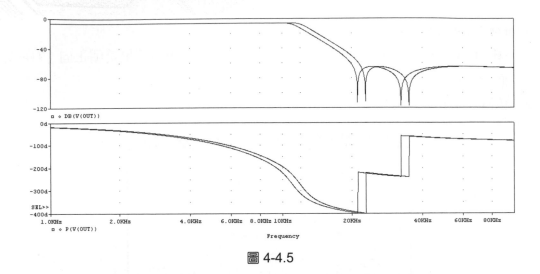

圖 4-4.5

　　我們可以看到截止頻率已向高頻方向偏移而不再是理想值 10KHz。此處我們還要附加說明：如果您在剛才圖 4-4.3 中的 **Worst-Case direction** 選項選擇了 **Low**，則圖 4-4.5 的結果會變成截止頻率往低頻方向偏移。

呼叫文字輸出檔

　　由文字輸出檔中，我們可以看出模型參數的偏移方向與輸出變數偏移方向的關係（將圖 4-4.5 與文字輸出檔一起比較）。如當 RL 增加時，增益及截止頻率都會增加，其他元件則剛好相反。此結果亦可由數學推導來驗證。

```
****    UPDATED MODEL PARAMETERS     TEMPERATURE =      27.000 DEG C

                    WORST CASE ALL DEVICES


*************************************************************************

Device          MODEL          PARAMETER      NEW VALUE
C_C3            C_C3           C              .95          (Decreased)
C_C1            C_C1           C              .95          (Decreased)
C_C4            C_C4           C              .95          (Decreased)
C_C2            C_C2           C              .95          (Decreased)
C_C5            C_C5           C              .95          (Decreased)
L_L2            L_L2           L              .9           (Decreased)
L_L1            L_L1           L              .9           (Decreased)
R_RL            R_RL           R              1.01         (Increased)
R_Rs            R_Rs           R              .99          (Decreased)
```

習 題

4.1 試以 **PSpice A/D** 模擬習題 **3.3** 共基極放大器在溫度分別為攝氏 −20℃、0℃、25℃（室溫）及 75℃ 時的頻率響應並說明兩者之間的關係。

4.2 試求下圖 BJT 電路中，Q1 集極電流等於 5mA 時的 RE 值，其中 VCC = 12V。

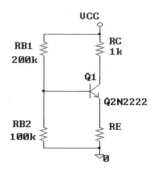

4.3 就習題 **4.2** 所求出來的條件，從基極端加輸入訊號，並設定所有電阻的誤差均為 TOLERANCE = 10%。以蒙地卡羅分析（次數自定）觀察 BJT 集極端電壓對輸入訊號的電壓放大倍率可能的範圍；並由文字輸出檔中的資料（每次所計算出的新電阻值）來說明模擬的結果。

4.4 同樣就習題 **4.3** 的電路改用最壞情況分析，指出電壓放大倍率最大的偏移量是多少？並由文字輸出檔中判斷那一個電阻對此偏移的影響最大？

CHAPTER 5

數位電路分析法

截至目前為止，我們所介紹的範例均是類比電路（Analog Circuit），但放眼現今的電子系統，可以說大多數都是數位電路（Digital Circuit）。但因數位電路通常只考慮幾個狀態（如 0 與 1……等），不像類比電路的輸出是連續值，是故有必要用另一種方法來做模擬。早期的 **PSpice**（**PSpice A/D** 的前身）就像一般的 **SPICE** 共容模擬軟體一樣，只能模擬類比電路。直到 4.00 版後才加入數位模擬功能，但卻因其輸入時所需資料的高複雜度而使人望之生怯。也因為如此，早期介紹 **PSpice** 的書籍都會略過此部份。這個問題在 **PSpice A/D** 中獲得了舒解，因其採電路圖直接輸入，大大降低描述數位電路的複雜程度。以下我們將以一章的篇幅介紹 **PSpice A/D** 如何處理純數位電路的模擬，包括組合邏輯（Combinational Logic）和序向邏輯（Sequential Logic）電路。

另外，由於時序（timing）問題一向在數位電路的設計及其電氣特性上扮演著極重要的地位，我們也特別就 digital worst-case timing 及「自動偵錯」的功能做一番介紹，希望能使您對 **PSpice A/D** 數位電路模擬方面的功能有更進一步的認識，同時也能對您將來設計數位電路時有所助益！

5-1 組合邏輯電路分析

目標

學習——
- 如何以 PSpice A/D 分析組合邏輯電路

電路圖的編繪

圖 5-1.1 為一典型的全加法器（Full-Adder）電路，其中的 X, Y, Z 輸入訊號，C 為進位值（Carry）輸出，S 為和（Sum）輸出。試以 **PSpice A/D** 驗證其特性。

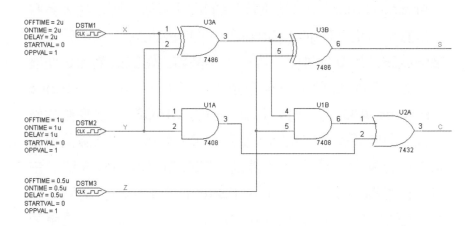

圖 5-1.1

元件符號的呼叫

7408 AND GATE 符號名稱為 7408（儲存在 EVAL.olb 中）。

7432 OR GATE 符號名稱為 7432。

7486 XOR GATE 符號名稱為 7486。

數位訊號源符號名稱為 DigClock（時脈 (Clock) 訊號源，儲存在 SOURCE.olb 中）。

數位輸入訊號的編輯

1. 兩次點選 Clock 訊號源符號 DSTM1，隨即出現如圖 5-1.2 的頁籤。
2. 依圖 5-1.2 的設定填入時脈訊號的各個屬性值：起始狀態值（**STARTVAL**）為 0，**OPPVAL** 為 1，**ONTIME** 為 2us，**OFFTIME** 亦為 2us（相當於頻率等於 250kHz、工作週期 (Duty Cycle) 為 50% 的時脈訊號），延遲時間（**DELAY**）為 2us。

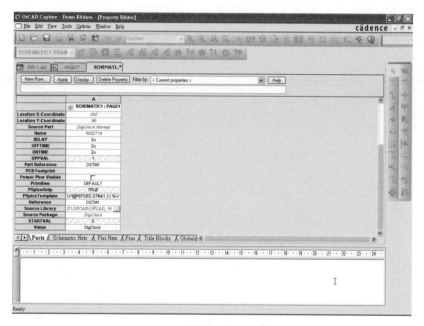

圖 5-1.2

3. 重覆步驟 2，將 DSTM2 和 DSTM3 的訊號分別修改如下：

   DSTM2: **OFFTIME** = **ONTIME** = 1us, **DELAY** = 1us, **STARTVAL** = 0, **OPPVAL** = 1

   DSTM3: **OFFTIME** = **ONTIME** = 0.5us, **DELAY** = 0.5us, **STARTVAL** = 0, **OPPVAL** = 1

分析參數的設定

暫態分析

Run to time：5us

利用 Probe 觀察模擬結果

依次呼叫 X、Y、Z、C、S，最後得圖 5-1.3 的畫面，此結果完全符合全加法器的邏輯運算結果，我們也完成了此組合邏輯電路的模擬。

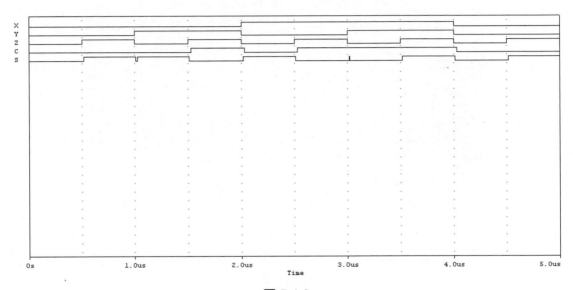

圖 5-1.3

5-2 序向邏輯電路分析

> **目標**
>
> **學習——**
>
> ■ 以 **PSpice A/D** 分析序向邏輯電路
>
> ■ 使用 **Stimulus Editor** 編輯時脈（Clock）訊號和非週期性數位訊號

　　上一節中我們介紹了組合邏輯電路的模擬分析法，此類電路的輸出完全取決於當時的輸入值，因此並無「記憶能力」。然而，「**記憶**」可說是數位電路中極重要的部份，因為在數位系統中常需要將某些資料作暫時的儲存，以便往後進一步的操作。

　　我們通常稱具有記憶功能的邏輯電路為「**序向邏輯**」（Sequential Logic）電路，此類電路的輸出不但取決於當時的輸入值，同時也受先前電路狀態值的影響。

📖 電路圖的編繪

　　圖 5-2.1 是一個由 J-K 正反器（J-K Flip-Flop）構成之二位元計數器（2-Bit Counter），由 Up 和 Down 兩個控制訊號來決定此計數器是要「正數 (Up-Counting)」或是「倒數 (Down-Counting)」，茲將其功能描述如下：

1. 當 Up=1 時，不論 Down 等於 0 或 1，計數器「正數」。
2. 當 Up=0、Down=1 時，計數器「倒數」。
3. 當 Up = Down = 0 時，計數器暫停。

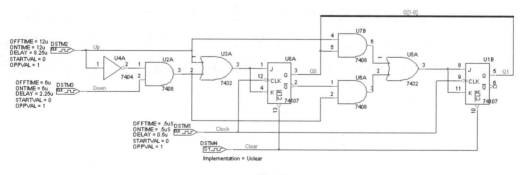

圖 5-2.1

　　我們來看看 **PSpice A/D** 是如何處理此類電路的模擬。

元件符號的呼叫

1. J-K Flip-Flop 的元件符號為其 IC 編號 74107 (Eval.olb)；Clock 訊號源符號名稱為 DigClock (Source.olb)，Clear 訊號源符號名稱則是 Digstim1 (SourceStm.olb)。

2. 點選 **Place/Bus** 連接 Q1 和 Q0 成為一個匯流排（BUS），並利用 **Place/Net Alias** 設定其名稱為 Q[1-0]。如此可方便最後觀察輸出波形時，以匯流排方式（即可看到 Q1 和 Q0 這兩個位元所代表的數字）而不需一個一個位元看。

數位輸入訊號的編輯

依照上一節所介紹的步驟，分別將 Clock、Up 和 Down 的訊號分別修改如下：

Clock: **OFFTIME = ONTIME** = 0.5us, **DELAY** = 0.5us, **STARTVAL** = 0, **OPPVAL** = 1

Up: **OFFTIME = ONTIME** = 12us, **DELAY** = 8.25us, **STARTVAL** = 0, **OPPVAL** = 1

Down: **OFFTIME = ONTIME** = 6us, **DELAY** = 2.25us, **STARTVAL** = 0, **OPPVAL** = 1

剩下一個 Clear 訊號，由於它並不像時脈訊號是週期性的波形，故須利用 **PSpice A/D** 所提供的 **Stimulus Editor** 來編輯這類非週期訊號波形，以下便是 **Stimulus Editor** 的操作步驟。

使用 Stimulus Editor 編輯非週期性數位訊號

1. 先將圖 5-2.1 中的 DSTM4 刪除，再呼叫新的數位訊號源元件 Digstim1。在該數位訊號源符號被選定（符號變成粉紅色）的情形下，點選 **Edit/PSpice Stimulus**，PSpice A/D 會自動呼叫 **Stimulus Editor**，並出現如下的對話盒。

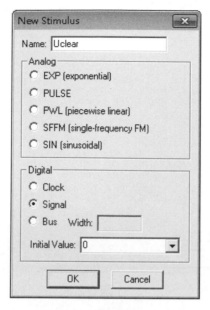

圖 5-2.2

2. 在 **Name:** 空格中鍵入 Uclear，此為設定該數位訊號源的名稱。U 表示此為數位元件，I 和 V 則為一般熟知的類比電流源及電壓源（共有五種波形可供編輯，至於各波形的詳細定義請自行參考 2-3 節所述）。

其他各個選項的意義如下：

Clock 表示所要編輯的訊號為週期性的時脈訊號。

Signal 表示所要編輯的訊號為非週期性的數位訊號，且位元數只有一個（One Bit Signal）。

Bus 表示所要編輯的訊號為非週期性的匯流排（Bus）數位訊號（相當於多位元的訊號），至於 **Width** 則表示此匯流排中所含的位元數。關於匯流排訊號的編輯方式，我們將在稍後再作說明。

Initial Value 設定初始狀態值（包含 0、1、X(Unknown)、Z(High Impedance)）。

因為此處所需要的是「非週期性」的訊號，所以在點選了 **Signal** 選項，並將 **Initial Value** 設定為 0 後，再點選 **OK** 鍵結束此對話盒，接著便會出現如圖 5-2.3 的 **Stimulus Editor** 編輯視窗。

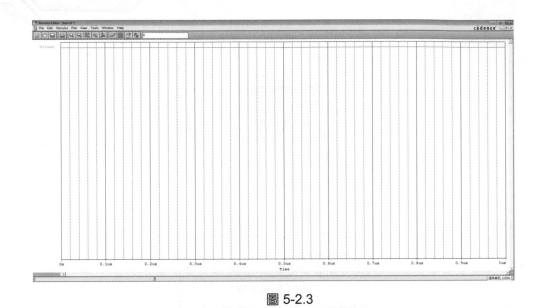

圖 5-2.3

3. 點選 **Plot/Axis Settings...** 或其對應的智慧圖示 ![icon]，出現如圖 5-2.4 的對話盒。

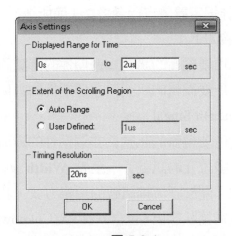

圖 5-2.4

4. 在 **Timing Resolution** 選項的空格內填入 20n，表示我們設定橫軸（時間軸）的最小解析度爲 20n (10^{-9}) 秒，有了這項設定，稍後各個「轉態點」的定義才會更方便。

5. 在 **Displayed Range for Time** 選項中設定 **Stimulus Editor** 編輯視窗中時間軸的顯示範圍爲 0 到 2u 秒，確認無誤後即可點選 **OK** 鍵結束此對話盒。

至於第二項選項的意義如下：

Extent of the Scrolling Region

設定時間軸下方的捲軸 (Scroll Bars) 所能捲動的最大範圍。

Auto Range

表示系統會自動將捲軸範圍設定在所讀到之最後一個轉態點時間的 1.9 倍左右。也就是說，當您下一次（特別強調：只在『下一次』）再讀入這筆資料時，捲軸的可捲動範圍將永遠會比您的資料範圍還要大。

User Defined

這項設定剛好和 **Auto Range** 的設定相反，也就是說：不管您的資料多長，捲軸範圍永遠固定在您所設定的大小。唯此範圍不得小於 **Displayed Range for Time** 所設定的截止時間。

6. 點選 **Edit/Add** 或其對應的智慧圖示 ，此時螢幕上會出現一個鉛筆狀的游標，告訴您可以開始設定轉態點了。此時在 **Stimulus Editor** 視窗的左下角，您會發現一個隨游標變動的數字指標，告訴您現在游標所在的時間位置。

7. 在 20ns 的位置點選滑鼠左鍵，您會發現訊號在 20ns 後由原來的「0」變為「1」，如此便完成第一個轉態點的設定，並得如圖 5-2.5 的畫面。

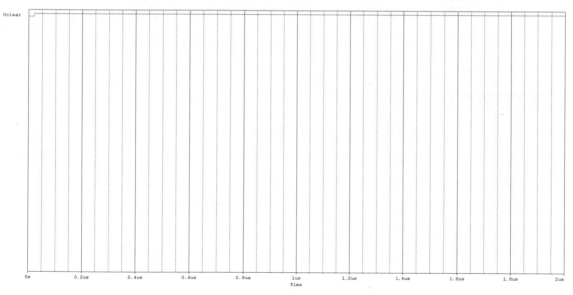

圖 5-2.5

由於本範例的 Uclear 訊號只需要一個轉態點，如果您需要更多的轉態點，可以重覆步驟 7 依序設定接下來的時間及狀態值。我們可以由圖 5-2.5 看到剛剛鍵入的數據及訊號波形是否合乎所求？如果不符合則可再做修改，修改步驟請參考下一段「**修改訊號波形**」的說明。

8. 點選 **File/Save**，出現如圖 5-2.6 的對話盒。當我們點選 **是(Y)** 鍵，表示 **Stimulus Editor** 在存檔的同時也會將剛才所編輯的訊號源資料對應設定到電路圖上。

圖 5-2.6

9. 將此訊號確定儲存起來後關閉 **Stimulus Editor** 視窗並回到 **Schematic Page Editor** 視窗，此時系統會以 TRAN.STL 的檔名將此訊號源資料儲存起來。當然，您也可以用其他的檔名儲存，不過筆者建議副檔名最好是 .STL，以方便日後的辨識。

修改訊號波形

1. 假設我們現在要將訊號源 Uclear 的轉態點由 20ns 改到 100ns。您必須再次選定剛才的 Uclear 訊號源符號，並點選 **Edit/PSpice Stimulus** 進入 **Stimulus Editor** 編輯視窗。隨後將游標移至 20ns 轉態點上，點選滑鼠左鍵使該轉態點出現一個紅色菱形方塊，並繼續按著滑鼠左鍵將此方塊『拉』到 100ns 處後放開左鍵，如此便完成了修正轉態點位置的動作。

2. 當然，除了步驟 1 所述的「移動」方式外，您也可以將轉態點「刪除」。其選定轉態點的方式與步驟 1 相同，不同之處只是在出現紅色菱形方塊後再按 <Delete> 鍵即可。

3. 如果您是要修改訊號的狀態（例如將轉態點後的訊號狀態由「1」變為「Z」）。則您可以直接兩次點選該轉態點，出現如圖 5-2.7 的對話盒。

圖 5-2.7

4. 在 **Value** 下拉式選單中點選 Z (High Impedance) 選項後點選 **OK** 鍵即可看
到訊號 Uclear 自該轉態點後轉為「Z」狀態。

使用 Stimulus Editor 編輯匯流排（BUS）訊號（限專業版使用）

由於數位訊號處理（Digital Signal Processing）技術的日新月異，現今的數位電路
在傳送資料的過程中，大多都以匯流排的方式而很少再採用單一位元的方式，所以我
們認為有必要針對如何編輯匯流排的訊號做一個介紹。

以 5-1 節的全加法器組合邏輯電路為例。首先，您必須將原來的電路做一些修改
（如圖 5-2.8），操作步驟如下：

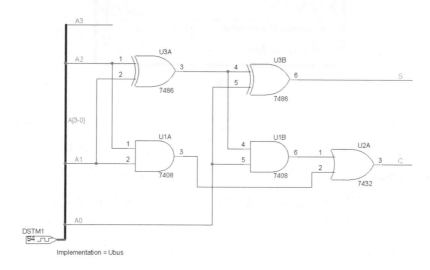

圖 5-2.8

1. 先將原來的數位訊號源符號刪除,並呼叫新的數位訊號源符號 DigStim4(四位元數位訊號源,此元件符號亦儲存在 Sourcstm.olb 中)。

2. 由於稍後的分析模式是以匯流排的方式輸入,所以您必須分別將四條訊號線的名稱重新命名為 A3、A2、A1 及 A0(如上圖所示,至於修改連線名稱的步驟,請參考 2-1 節)。

3. 點選 **Draw/Bus** 連接 A3~A0 成為匯流排,並設定其名稱為 A[3-0]
   【注意!為了日後辨識上的方便,我們建議將匯流排名稱的數字次序依照一般的慣例,由 MSB 排到 LSB】。

4. 點選新的數位訊號源符號 DSTM1 後再點選 **Edit/PSpice Stimulus**,將其名稱設定為 Ubus。

5. 設定訊號的型態為 **Bus**,在 **Width** 空格中填入 4,表示此為四位元的訊號;在 **Initial Value** 中填入 0,表示初始狀態值為 0(即二進位的 0000)。

6. 點選 **Plot/Axis Settings...**,設定顯示範圍為 0 ~ 5us,最小時間解析度為 0.5us。

7. 點選 **Edit/Attributes...**,出現如圖 5-2.9 的對話盒。

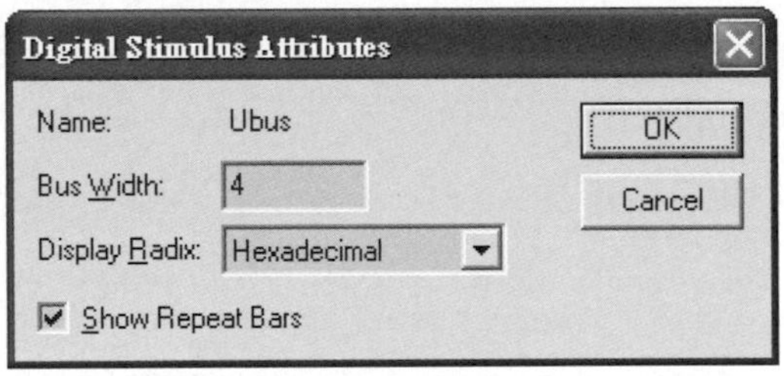

圖 5-2.9

其中的 **Bus Width** 空格中顯示了此匯流排的位元數;至於 **Display Radix:** 中的四個選項則表示四種不同的「進位法」,用以表示匯流排中的訊號狀態值:**Hexadecimal** 為十六進位、**Octal** 為八進位、**Decimal** 為十進位,而 **Binary** 則為二進位。以本例的四位元訊號來說,選擇十六進位當然是最簡便的表示法;但在某些情況,例如十個位元的訊號,可能您就會有疑問了:該如何選擇適當的進位法用以表示其訊號狀態值呢?以下我們便以十位元的訊號為例,說明不同的進位法用以表示訊號狀態值時的最大值及最小值,至於其他位元數的表示法可以此類推。

Hexadecimal	最大值為 3FF，最小值為 000。也就是說：您必須將 MSB 以下（含 MSB）的兩個位元視為一組，剩下的八位元再各以四個為一組（即十六進位）表示
Octal	最大值為 1777，最小值為 0000
Decimal	最大值為 1023，最小值為 0
Binary	最大值為 1111111111，最小值為 0000000000

8. 點選 **Edit/Add** ，並在 **Stimulus Editor** 視窗上方工具列最右側的空格中鍵入新的狀態值 1，隨後在時間為 0.5u 的點上點選滑鼠左鍵，則 0.5u 以後的狀態值便會被改為 1。

9. 重覆步驟 8，依序設定時間及狀態值如下：

時間	狀態值
1u	2
1.5u	3
2u	4
2.5u	5
3u	6
3.5u	7
4u	0
5u	1

設定結束後可得如圖 5-2.10 的畫面。

確定無誤後點選 **File/Save** 將資料儲存起來並結束 **Stimulus Editor** 編輯視窗。接下來只要依照 5-1 節所述的步驟進行模擬即可得和圖 5-1.3 相同的結果。

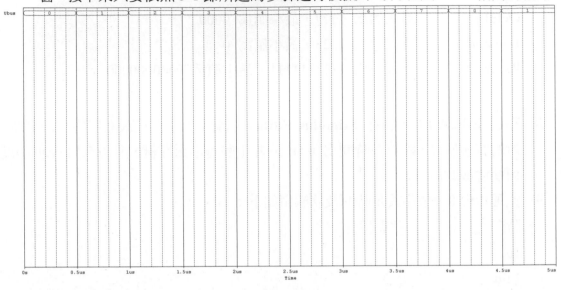

圖 5-2.10

分析參數的設定

▪ 暫態分析

Run to time：30us

利用 Probe 觀察模擬結果

　　模擬結束後呼叫波形 Clear、Clock、Up、Down、Q1、Q0 得圖 5-2.11，我們由 Q1 和 Q0 的波形可以推算出此電路確實執行了前述的各項計數功能。

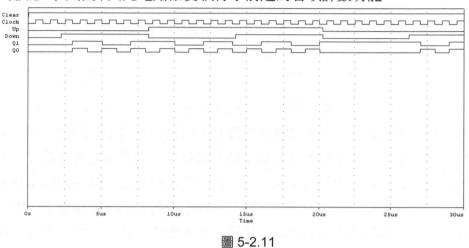

圖 5-2.11

　　若您覺得這種「一個一個位元推算」的方式並不是很方便易懂，此時便可以利用前面所提到的「匯流排」方式來顯示輸出結果。您可以點選 **Schematic Page Editor** 視窗中的 **PSpice/Markers/Voltage Level** 後，再以探針符號點選圖 5-2.1 中的匯流排 Q[1-0]，得圖 5-2.12 的畫面。其中經由 {Q[1:0]} 的波形，我們便可以輕易地得知此四個位元所表示的數值。而由圖 5-2.12 的結果來看，可更清楚地看出此電路的計數功能。

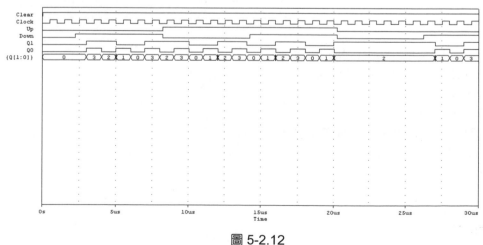

圖 5-2.12

5-3 Digital Worst-Case Timing 分析

目標

學習——

■ 認識 **PSpice A/D** 數位元件的時序模型（Timing Model）

■ 學習以 **PSpice A/D** 進行數位電路的最壞情況時序（Worst-Case Timing）問題

在上一章中我們介紹了類比電路的「最壞情況分析」，也了解到此類分析對電路設計時的重要性。事實上，在數位電路的設計上同樣也有這類的問題存在，只不過此時考慮的已不再像類比電路般著重其輸出值的偏移量，而將重點擺在時序（Timing）的問題上。熟悉數位電路設計的人都知道，對數位電路而言，時序問題是決定整個系統特性的一個相當重要的關鍵，如果在設計過程中沒將此問題考慮進去，則一旦產品量產之後，發生問題的機率勢必會大大提高，進而嚴重影響產品的可靠度！前兩節我們分別介紹了組合邏輯電路和時序邏輯電路的模擬分析法，但都僅限於理想時序特性（ideal timing characteristics）的模擬，但對實際的元件而言，這些時序特性必定都有一段容許的誤差範圍。如何將這些誤差範圍可能引起的效應納入模擬之中，使模擬結果的可信度提高，便是本節所要討論的重點。

數位元件的時序模型（Timing Model）

由模擬參數元件庫 EVAL.LIB（試用版，至於專業版則在 7400.LIB）中，我們可以看到 NOR Gate 7402 的模型參數如下：

```
.subckt 7402    A B Y
+    optional: DPWR=$G_DPWR DGND=$G_DGND
+    params: MNTYMXDLY=0 IO_LEVEL=0
U1 nor(2) DPWR DGND
+    A B    Y
+    D_02 IO_STD MNTYMXDLY = {MNTYMXDLY}
+    IO_LEVEL = {IO_LEVEL}
.ends

.model D_02 ugate (
+    tplhty=12ns   tplhmx=22ns
+    tphlty=8ns          tphlmx=15ns
```

```
+    )
```

要了解此模型參數所代表的意義，就必須先熟悉數位元件的通用描述格式，其格式如下：（有關數位元件詳細的分類與其對應的描述格式、時序模型參數的說明，請參考附錄 D）

U<名稱><元件的邏輯類別>[<參數值>*]

+<數位電源節點><數位接地節點>

+<輸入／出節點>*

+<時序模型名稱><輸入／出模型名稱>

+[MNTYMXDLY=<時序參數類別設定>]

+[IO_LEVEL=<介面子電路類別設定>]

分項說明如下：

　<元件的邏輯類別>[<參數值>*]

　　PSpice A/D 提供了數十種不同類別的數位元件，如 NOR、JKFF…等（詳細列表請參考附錄 D）。參數值則對應該元件的個數或輸入／出接腳數目，如上例中的 nor(2) 即表示此為兩個輸入的 NOR Gate。

　<數位電源節點><數位接地節點> 及<輸入／出節點>

　　定義數位電路部份的電源及接地節點名稱，一般都設為 DPWR 及 DGND，至於<輸入／出節點>名稱則可由使用者自行訂定。

　<時序模型名稱>

　　所謂「時序模型」，顧名思義就是描述數位元件時序特性（timing characteristics）的模型，這些時序特性在一般的 Data Book 都可以找得到，包含傳遞延遲（propagation delay）等與時序問題息息相關的參數。如同 Data Book 上的記載，此類參數均有其「最小（minimum）」、「典型（typical）」及「最大（maximum）」值，您可以自行設定要用那一個值進行模擬，這個部份待會兒有更詳細的說明。

<輸入／出模型名稱>

此模型用以描述數位元件的負載與驅動特性,其中也包含了四個等級的數位／類比、類比／數位介面子電路,用以處理類比／數位混合電路中介面節點的電氣特性。

[MNTYMXDLY=<時序參數類別設定>]

經由此設定,**PSpice A/D** 會在模擬時從各時序參數的「最小」、「典型」及「最大」值中選定一個值執行時序模擬(timing simulation),未設定時的內定值為 0。其它設定值的個別意義如下所示:

0 = 目前系統設定中 DIGMNTYMX 的值(內定值為 2)

1 = 最小值

2 = 典型值

3 = 最大值

4 = worst-case timing

[IO_LEVEL=<介面子電路類別設定>]

設定模擬時選取數位／類比、類比／數位介面子電路的等級,從上述的說明中,我們可以得知這部份的設定是和類比／數位混合電路的模擬有關的。其設定值的個別意義如下:

0 = 目前系統設定中 DIGIOLVL 的值(內定值為 1)

1 = AtoD1/DtoA1:介面子電路所產生的數位訊號包含了 R(上升)F(下降) 及 X(不確定)等位準,為較精確的介面子電路模型

2 = AtoD2/DtoA2:介面子電路所產生的數位訊號僅包含 0、1 兩種位準,而不含 R(上升)F(下降) 及 X(不確定)等位準,為較理想的介面子電路模型

3 = AtoD3/DtoA3:同 AtoD1/DtoA1

4 = AtoD4/DtoA4:同 AtoD2/DtoA2

在了解數位元件的通用描述格式之後,我們將再介紹數位元件模型參數中與 digital worst-case timing 分析息息相關的時序(timing)模型:在本節一開始所列出的 7402 NOR Gate 模型參數中有一名為 D_02 的模型,此即為 7402 的時序模型,我們分別將其中的各項參數解釋如下:

tplhmn：由低位準到高位準之傳遞延遲的最小值（此處未列出）。

tplhty：　由低位準到高位準之傳遞延遲的典型值。

tplhmx：由低位準到高位準之傳遞延遲的最大值。

tphlmn：由高位準到低位準之傳遞延遲的最小值（此處未列出）。

tphlty：　由高位準到低位準之傳遞延遲的典型值。

tphlmx：由高位準到低位準之傳遞延遲的最大值。

　　讀者不難發現，上述的各項時序參數，在一般的 Data Book 中都可以查得到。而本節所要探討的 digital worst-case timing 分析即是以這些時序參數為基礎發展出來的。接下來我們便以本章第一節中的組合邏輯電路為例，介紹如何利用 **PSpice A/D** 是處理 digital worst-case timing 的問題：

Digital Worst-Case Timing 分析參數的設定

1. 我們將利用 5-1 節的組合邏輯電路範例來說明 Digital Worst-Case Timing 此項分析功能，所以請您先將圖 5-1.1 的專案檔案再次呼叫出來。

2. 開啟「暫態分析參數設定對話盒」。

3. 點選對話盒中的 **Options** 頁籤，並在 **Category** 列表中點選 **Gate-level Simulation** 選項，即出現如圖 5-3.1 的對話盒。

　　此對話盒即是所謂的「數位電路分析參數設定對話盒」，其中包含了三種設定：

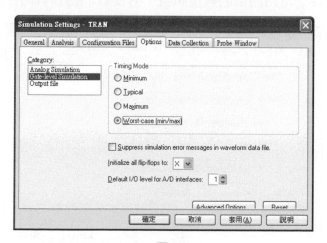

圖 5-3.1

Timing Mode：時序參數類別的設定，各設定值意義如前所述。

Suppress simulation error messages **in waveform data file**

Initialize all flip-flops：正反器初始位準（initial state）的設定。一般來說，將正反器初始位準設在 X 是比較符合實際狀況的設定，因為對實際元件來說，其初始位準本來就是未確定狀態；但對一些特殊電路（如除頻器…等）的模擬而言，就必須設定某一個確定的初始位準（0 或 1），才得以繼續模擬下去，此部份將在下一節中做更進一步的說明。

Default I/O level for A/D interface：介面子電路類別的設定，各設定值意義如前所述。

4. 點選 **Timing Mode** 中的 **Worst-case [min/max]**，表示在待會兒的模擬中將執行 digital worst-case timing 的模擬，確定後結束此對話盒。

　　由於新版的 **PSpice A/D** 為了節省模擬結果可能佔據的大量硬碟空間，並不會將電路內部 (如子電路) 所有的電氣特性 (包含節點電壓、分支電流、功率消耗、數位訊號及雜訊) 全數儲存下來。畢竟多數的使用者比較關心的，通常是元件和元件之間是否傳遞了正確的電壓或電流訊號。但不巧的是，若我們需要檢視數位電路可能發生的時序問題時，就必須包含所有子電路的內部資料。所以在正式執行 PSpice 模擬前，必須請您再次開啟「暫態分析參數設定對話盒」，點選其中的 **Data Collection** 頁籤如圖 5-3.2 所示，並將此頁籤中的 **Digital:** 下拉式選單改為 All，這樣系統便會在稍後的模擬結果中儲存子電路內部的數位訊號，方便我們檢視其時序問題。

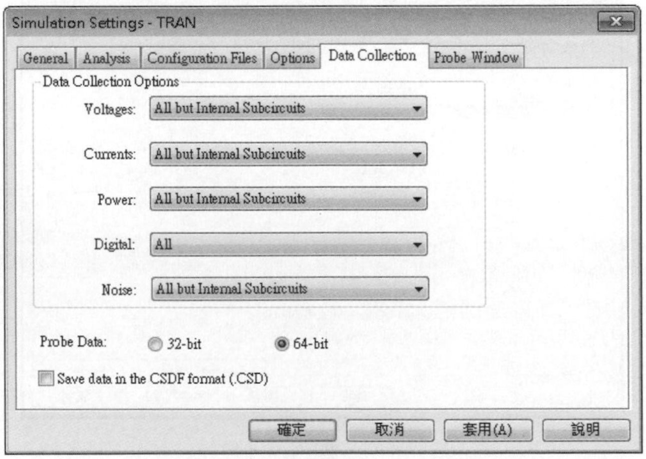

圖 5-3.2

利用 Probe 觀察模擬結果

模擬結束後，**PSpice A/D** 視窗會出現如下的訊息：

圖 5-3.3

這個訊息告訴您：這個模擬結果有四個數位訊號的時序問題存在。您可以直接點選 **是(Y)** 鍵，接著便會看到如圖 5－3·4的對話盒

圖 5-3.4

這個對話盒列出了各時序問題發生的時間、由那一個元件引起及其嚴重程度。由於本範例所出現的時序問題都只是 WARNING 等級，對電路的輸出特性不致造成嚴重的影響，所以此處先請您點選 **Close** 鍵略過此訊息，至於這部份功能的詳細介紹，將留待下一節做進一步的討論。

再一次呼叫 X、Y、Z、C 及 S，您會看到一個與圖 5-1.3 頗為接近的畫面，但細心的您也會發現在 1us、3us 及 4us 附近有一些不尋常的波形，此時您可以利用 **View/Zoom/Area** 將 3us 附近的波形放大並啟動游標功能（**Trace/Cursor/Display**）而得如圖 5-3.5 的畫面。

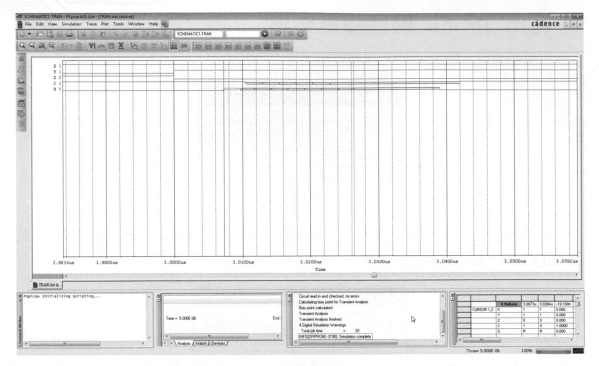

圖 5-3.5

　　從這個模擬結果我們可以清楚的看出：當考慮了 digital worst-case timing 的問題後，這個組合邏輯電路已不再像 5-1 節中的模擬結果那樣完美，因為 U3B 這個 XOR Gate 的輸出 S 在 3.0073us～3.0264us 這段時間內都有可能由 "0" 變成 "1"（**Probe** 以一組向上升的斜線 "R" 表示）。我們甚至可以據此推論：如果這個電路的輸出位準接到下一級電路（尤其是序向邏輯電路）時，便可能會產生時序上的錯誤！而有經驗一點的設計師也可以從這個模擬結果中得知，如果要避免使後級電路發生時序問題，就必須細心設計，讓其轉態時間不致落在上述的不穩定區間內。

　　由以上的介紹及說明，相信您已經深刻體會 digital worst-case timing 分析在數位電路設計上的重要性，在下一節中我們將更進一步介紹 **PSpice A/D** 在數位電路模擬上提供的一項更強大的功能———自動偵錯功能！

5-4 數位電路自動偵錯功能

目標

學習——

■ 學習 **PSpice A/D** 分析數位電路時的自動偵錯功能

上一節中我們介紹了 digital worst-case timing 的分析法，同時也從該模擬結果中獲得一些「如何適當地安排輸入訊號時序」的相關結論。但面對龐雜的時序偵錯問題，我們也都很清楚地知道，那是一件相當繁複的事。尤其這些時序問題往往發生在極短的時間之內（通常都在 10^{-9} 秒左右的範圍，在電子系統運算速度日新月異的今日，$10^{-15} \sim 10^{-12}$ 秒的範圍也不再是不可能的事了！），如果沒有一套好的輔助工具，全靠「土法煉鋼」的方式慢慢的查，我想很可能等到查完所有的時序問題後，自己的腦袋大概也會發生「時序」的問題了！

所幸在這個問題上，**PSpice A/D** 再度展現其強大的功能，也就是本節所要介紹的重點－－－數位電路自動偵錯功能！

電路圖的編繪

圖 5-4.1 為由 J-K 正反器（J-K Flip-Flop）構成之除十計數器（mod-10 Counter），很明顯的，此電路與圖 5－2．1 的差異只在多了一個 NAND Gate 而已。而這個 NAND Gate 的作用就是在當 Q3 及 Q1 的輸出均為高位準（相當於十進位數字的10）時將整個電路的輸出重新設定為 0000，達到「除十」的目的。以下我們將以此電路為例，看看 **PSpice A/D** 是如何執行「自動偵錯」的功能。

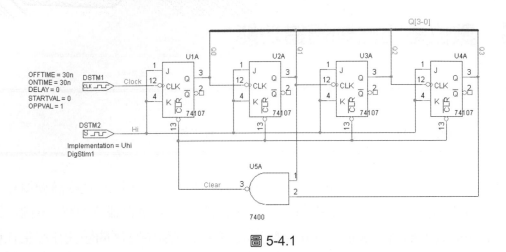

圖 5-4.1

元件符號的呼叫

NAND Gate 的元件符號為其 IC 編號 7400。

數位輸入訊號的編輯

以 **Stimulus Editor** 編輯圖 5-4.1 中的 DSTM2 數位訊號源 ，請參考圖 5-2.2，但在 **Name:** 空格中鍵入 Uhi，並將 **Initial Value** 設定為 1。

另外，將 Clock 訊號的頻率由 1.25MHz 提高到 16.667MHz（週期 60ns），我們希望藉此「試探」一下 74107 對高頻時脈訊號的處理能力。

分析參數的設定

正反器初始位準的設定

對本節的「除十計數器」電路而言，由於不再有外加的「清除」訊號，故在未做任何修正設定的情形下，圖 5-4.1 中所有正反器的初始位準均內定為 X（Unknown），此時若直接執行模擬，則最後的輸出結果便會全部出現 X 位準，這當然不是我們所樂意見到的結果。為了排除這項障礙，就必須將所有正反器的初始位準設在一個「確定」的位準上。以本例而言，您可以在「暫態分析參數設定對話盒」中 **Options** 頁籤 **Category** 列表中點選 **Gate-level Simulation** 選項，此時會出現一個如圖 5-3.2 相同的對話盒，您只要將 **Initialize all flip-flops** 選項改為 **0** 即代表設定正反器的初始位準為 0。【附註：以實際線路的情況來說，正反器的初始位準應該設在 X 位準，然後再另行增加「清除」訊號的邏輯線路，這部份就留給各位讀者自行練習，在此不再贅述】

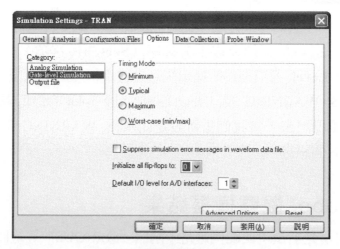

圖 5-4.2

PSpice A/D 的自動偵錯功能

當您點選 **PSpice/Run** 執行模擬後，**PSpice A/D** 視窗會出現如下的訊息：

圖 5-4.3

　　這個訊息告訴您：這個模擬結果有 8 個數位訊號的時序問題存在。您可以直接點選 是**(Y)** 鍵，接著便會看到如圖 5-4.4 的對話盒

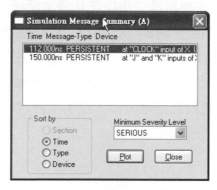

圖 5-4.4

這個對話盒列出了各時序問題發生的時間、由那一個元件引起及其嚴重程度。當訊息不只一個時，還可依不同要求重新排序（**Sort by** 選項），對話盒右下角的 **Minimum Severity Level** 選項則為所顯示訊息之嚴重程度的最低限（由重到輕依序有 FATAL、SERIOUS、WARNING 及 INFO 四級），圖 5-4.4 的最低限設為 SERIOUS，故只有兩個訊息顯現出來，當我們重新設定此限為 WARNING 時，便會出現原先 **PSpice** 所告知的 8 個訊息。

利用 Probe 觀察模擬結果

由圖 5-4.4 可清楚看出：此範例電路中兩個 "SERIOUS" 等級時序問題均是肇因於正反器元件本身的特性，既然 **PSpice A/D** 「自動偵錯功能」在本範例電路所偵測到的時序問題是源自於正反器元件本身的特性，我們就有必要將這些子電路內部的訊息儲存下來，以便能更進一步深入檢視其中的問題。

此時便要請您再次依照圖 5-3.2 的設定，將 **Data Collection** 頁籤中 **Digital:** 下拉式選單改為 All，並重新執行一次 **PSpice** 模擬，這樣系統便會在新的模擬結果中儲存子電路內部的數位訊號，方便我們檢視其時序問題。

重新模擬後，您會再次看到圖 5-4.4 的對話盒，此時便可點選圖 5-4.4 中的 112ns 選項，隨後點選 **Plot** 鍵再點選 **Close** 鍵結束此對話盒後，出現如圖 5－4‧5 的畫面，此畫面便會清楚繪出子電路內部的數位訊號，提供使用者做進一步的判斷。

畫面下方的文字清楚地指出這個時序問題是由 U1A 子電路（至於子電路的詳細內容可由 EVAL.lib 檔中查得，專業版則在 7400.lib ）中 U2 這個 J-K Flip-Flops 所引起，時間發生在 112ns。若想再進一步探究其發生原因，也可得知原因是 U1A 中 U2 這個 J-K Flip-Flop 所接受到的 K 訊號 X_U1A.YB 與 CLOCK 時脈訊號 X_U1A.CLK_BUF 之間的時間間距太短（模擬所量到的寬度為 6ns，而要使該 J-K Flip-Flop 正確地執行轉態動作所需的最短設定時間（Setup Time）為 20ns，至於設定時間參數 TSUDCLK 的定義請自行參考線上說明手冊 Online Documentation），以致無法正確地執行轉態動作所導致。

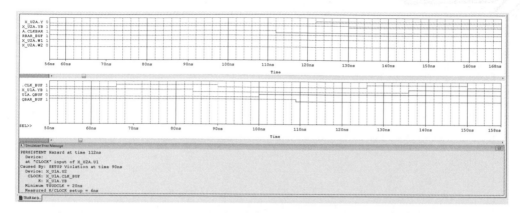

圖 5-4.5

　　在此，我們必須特別說明的是：**PSpice A/D** 所提供的「自動偵錯功能」乃是針對是否違背其元件模型參數所定義的基本時序而言，至於一般因為外在邏輯線路所引起之時序問題則不包含在其偵錯範圍內。

　　當然，找到錯誤就得加以解決（否則就喪失找錯誤的目的了！）。由上面的說明，我們知道問題的重點在於「**J-K Flip-Flop 因設定時間太短而未能正確執行轉態動作**」。既然如此，最簡單的方法當然就是「**更換元件**」！經過幾次更換不同 J-K Flip-Flop 元件的嘗試，我們找到了 74109 這個 J-K Flip-Flop，並將電路修正為如圖 5-4.6 的線路，再重新模擬一次，最後可得如圖 5-4.7 的結果，這次便沒有再產生任何基本時序問題了。

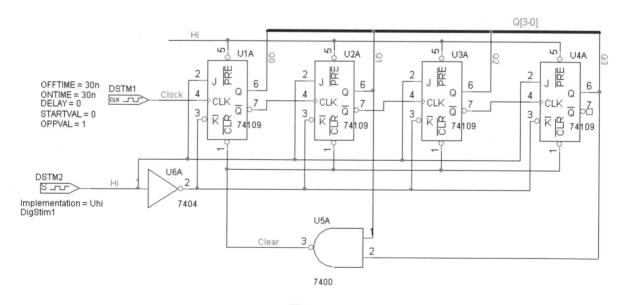

圖 5-4.6

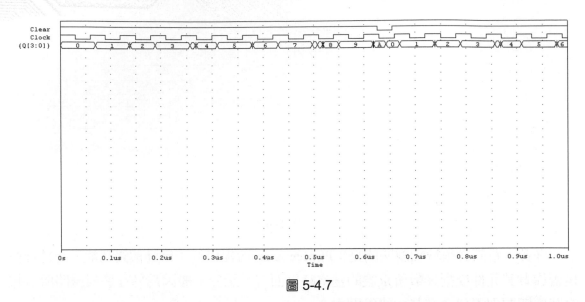

圖 5-4.7

　　行文至此，相信讀者已經感受到這項「**自動偵錯功能**」所帶來的好處，因為您將可以利用此功能輕鬆地檢查您所設計的數位電路有否存在可能導致嚴重錯誤的時序問題。也願新增這兩節所介紹的功能可以為您未來的模擬帶來更多的便利，進而真正達到寫本書的目的－－－提昇自我的設計能力！

5.1　試求出圖 P5.1 之組合邏輯電路的布林代數式，並以 **PSpice A/D** 模擬驗證之。

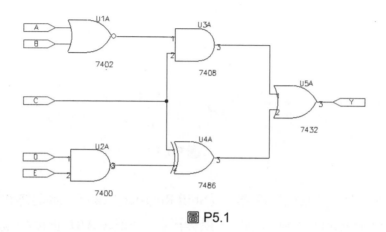

圖 P5.1

5.2　試將下列之真值表化簡成布林代數式，並將電路兜出來，最後再以 **PSpice A/D** 模擬驗證之（A、B、C 為輸入，Y 為輸出）。

A	B	C	Y
0	0	0	1
0	0	1	0
0	1	1	0
0	1	0	1
1	0	0	1
1	0	1	0
1	1	0	0
1	1	1	0

5.3 圖 P5.3 為 **SR** 正反器電路,試描述其真值表並模擬驗證之。

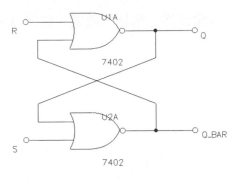

圖 P5.3

5.4 圖 P5.4 所示為一「移位暫存器」(Shift Register)電路,試描述此電路的時序圖
(Timing Diagram)的動作情形,最後再以 **PSpice A/D** 模擬驗證之(時脈頻率
設為 100KHz,至於輸入訊號則自行選定)。

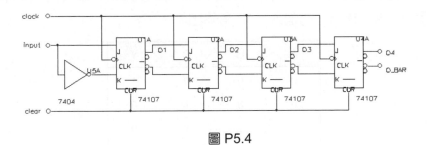

圖 P5.4

5.5 74293 是一個 4 位元二進制計數器(4-Bits Binary Counter),試以此 IC 完成
一個"除十"的計數器並以 **PSpice A/D** 驗證之。

6

系統分析法

隨著電子科技的快速發展，今日的電子系統已不是光靠幾個簡單的電路就可以完成的。當我們參考 IC 的 Data Book 時，經常可以看到所謂的「方塊圖」(Block Diagram)，而其中的每一個方塊分別代表了其特殊功能，如此我們才得以在最短時間內明瞭此 IC 的大略動作原理，不致因看到一大堆複雜的電路而降低理解度。同樣的道理類推到電路的設計過程更是如此。現今在設計較複雜的電路系統時，設計方法不外兩大方向：第一種是「由下而上」(Bottom Up)，此種方法是先設計各部份的子電路 (Sub-circuit)，再將所有的子電路組合起來成為一個系統；另一種則是「由上而下」(Top Down)，先做整個系統的規劃設計，再進行子電路的細部設計。為配合這個趨勢，**PSpice A/D** 也提供了一種模擬分析方式——階層式 (Hierarchy) 分析。利用這種分析法，我們便可以輕鬆地以 **PSpice A/D**，配合兩種不同方向的設計方法來完成較複雜電路的設計。本章的重點即是介紹此類分析的操作及其應用，包括階層式電路圖的編繪法、類比行為模式分析 (Analog Behavioral Modeling) 及其應用，最後並介紹未來電路系統的主流——類比／數位混合式電路 (Mixed-Mode Circuit) 的分析法。當您讀完本章，相信您便具備了做電路系統模擬的基本能力，同時對您日後的電路設計能力也有極大的輔助作用。接下來，便讓我們一起來窺探這有趣又帶點神秘味道的領域吧！

6-1 階層式電路圖

目標

學習──

■ 學習如何繪製階層式電路圖

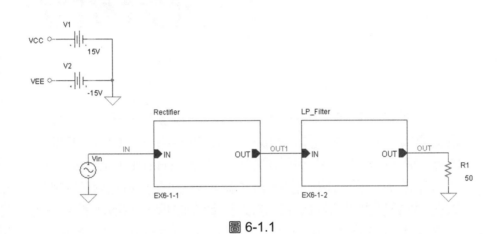

圖 6-1.1

電路圖的編繪

改變元件符號屬性

Vin：DC = 0　　AC = 1　　VOFF = 0　　VAMPL = 2　　FREQ = 1k

圖 6-1.1 所示為一簡單的階層式電路圖，由全波整流器及低通濾波器兩個不同功能的電路方塊構成。整個電路的作用在於將輸入的交流訊號（此例為正弦波）轉成直流訊號輸出。以下我們便逐步說明如何繪置這種階層式電路圖。

主圖的繪置

此處所謂的「主圖」即是我們之前提到的「方塊圖」，對本例而言，也就是圖 6-1.1。我們只在「主圖」上展現此電路由幾個子電路構成、子電路之間如何連接⋯⋯等問題，對於子電路圖的架構，則另外用「子圖」做詳細描述。繪置「主圖」的步驟如下：

1. 點選 **Place/Hierarchical Block** 或其對應的智慧圖示 ，出現如圖 6-1.2 的對話盒。

2. 在 **Reference:** 空格中填入此階層式方塊的名稱 Rectifier。

3. 在 **Implementation Type** 中點選 Schematic View 選項，表示我們設定此方塊
   對應到另一張電路圖；**Implementation name:** 空格中則填入此電路圖的名稱
   （本例為 Ex6-1-1）。

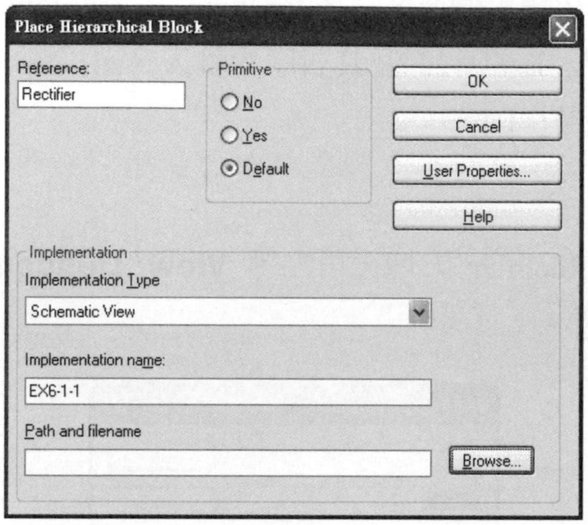

圖 6-1.2

4. 點選 **OK** 鍵後，出現一個十字型的游標，您可以按著滑鼠左鍵「拉」出一個適
   當大小的「方塊」（日後您更可以點選方塊的任何一角，同樣按著滑鼠左鍵直
   接修改方塊的大小）。

5. 在方塊被選定的狀態下（此時方塊會變成粉紅色）點選 **Place/Hierarchical
   Pin** 或其對應的智慧圖示 ，出現如下的對話盒。

圖 6-1.3

6. 在 **Name:** 空格中填入 IN 並在 **Type:** 中點選 Input 選項，表示我們定義此接
   腳為輸入接腳且其名稱為 IN。至於 **Width** 中的 **Scalar**、**Bus** 選項則分別代
   表「單一訊號接腳」及「匯流排接腳」。

7. 點選 **OK** 鍵後，畫面上會出現一個浮動的接腳符號，此時，您便可以在適當位置點選滑鼠左鍵設定接腳的位置（只能設定在方塊的邊緣內側）。

8. 重覆步驟 5~7 設定另一支輸出接腳 OUT（**Type:** 為 Output）。

9. 重覆步驟 1~8 畫出第二個方塊（**Reference:** 及 **Implementation name:** 分別設定為 LP_Filter 及 Ex6-1-2）及其對應的輸入、出接腳，並呼叫圖 6-1.1 中的其他元件，最後得圖 6-1.1。

📁 子圖的繪置

1. 點選圖 6-1.1 的 Rectifier 方塊後再點選 **View/ Descend Hierarchy**，出現如圖 6-1.4 的對話盒。

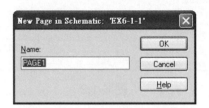

圖 6-1.4

2. 在 **Name:** 空格中填入「子圖」電路圖的頁次名稱 PAGE1。

3. 點選 **OK** 後即進入子電路圖的編繪。此時可在子圖的左上角和右上角分別看到如圖 6-1.5 的 PORTRIGHT-R 及 PORTLEFT-L 符號，其名稱分別對應主圖中 Rectifier 方塊的接腳名稱。

圖 6-1.5

4. 以圖 6-1.5 為基礎，呼叫各元件符號編繪如圖 6-1.6 的全波整流器子電路圖。

5. 關閉子電路圖編輯視窗並儲存之。

6. 重覆步驟 1~5 編繪低通濾波器子電路圖如圖 6-1.7（電路圖名稱定為 Ex6-1-2，當然可以用其他檔名），其中由 uA741 構成之緩衝器（Buffer）乃是降低前級整流器增益損失（Loss）之用。

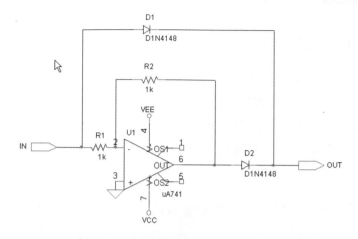

圖 6-1.6

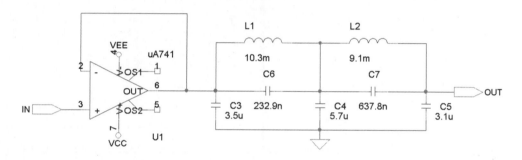

圖 6-1.7

分析參數的設定

交流分析

掃瞄方式：Decade　　　　Points/Decade：100

範圍：100 到 10K

暫態分析

Run to time：5ms

Start saving data after：0s　　　　Maximum step size：10us

利用 Probe 觀察模擬結果

　　在兩個子視窗上分別呼叫 V(IN)、V(OUT1)、V(OUT) 及 DB(V(OUT))，得圖 6-1.8 的畫面。左邊視窗所示為此電路的頻率響應，右邊則分別為輸入弦波、整流波及經低通濾波器後的輸出，我們可以看出：此輸出在一段時間後，暫態響應漸漸減小而趨進穩態，也就是原先所期望的直流輸出（當然會有不可避免的漣波（Ripple），只是此細節並非本書討論重點，不再贅述）。

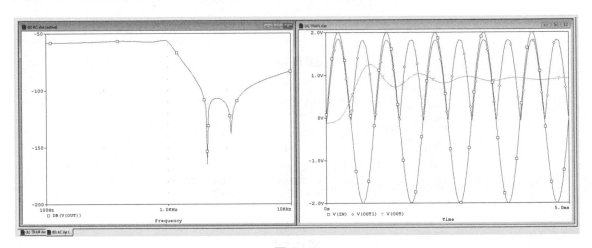

圖 6-1.8

6-2 類比行為模型分析

目標

學習──

■ 學習類比行為模型的意義及其應用

在上一節中我們提到，電路系統的設計有兩大方向，其中的「由上而下」是先做整個系統的規劃設計後，再進入子電路的細部設計。這種方式最常碰到的問題就是：有時針對某一部份的子電路（如濾波器、比較器……等），設計者並不急於完成其詳細架構，而只希望能藉其電氣特性先模擬出整個系統的輸出－輸入間的關係。為因應此類需要，**PSpice A/D** 引進了「類比行為模型」（Analog Behavioral Model）的概念。其最大的好處在於使用者可以藉由一些簡單的數學式或用「描點」方式來敘述一個電路的特性，而不需要真正做電路上的設計。如此一來，便可以大大節省電路在系統層次（System Level）上的設計時間，進而縮短設計週期。以下我們便來介紹 **PSpice A/D** 所提供幾種類比行為模型的意義及其應用範圍。

■ **頻率響應描點方式：（符號名稱：EFREQ）**

此種方式顧名思義就是將電路的頻率響應特性「描」出來，每一個點則必須依序包含三個資料：頻率值（以 Hz 為單位）、振幅響應值（以 dB 為單位）及相角值（以 Degree 為單位）。任兩點間的振幅響應值以「對數方式」做內插（Interpolation）計算而得，相角值則以「線性方式」做內插計算。注意！以下所舉的例子，所用的類比行為模型元件均以電壓控制的電壓源（Voltage-Controlled Voltage Source）為主，即是取電壓訊號為輸入，經類比行為模型計算後再以電壓訊號輸出。事實上，您也可以用電壓控制的電流源（Voltage-Controlled Current Source）做相同功能的模擬，只是輸出訊號變成電流而已，同時元件符號名稱的第一個字母也要改成 G。

以圖 6-2.1 為例，E1 將輸入的電壓訊號經過本身所設定的頻率響應後輸出到負載 R1 上，至於其電阻值則可視需要任意訂定。設定「描點」資料的步驟如下：

1. 兩次點選 E1 符號，出現其屬性對話盒。
2. 在 **TABLE** 屬性中填入 (0,0,0) (3K,−1.1,−50) (10K,−9,−135) (30K,−30,−215) 四點資料，表示我們將此 EFREQ 元件設定成低通濾波器。

3. 結束屬性對話盒的編輯

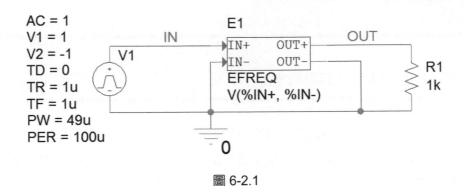

AC = 1
V1 = 1
V2 = -1
TD = 0
TR = 1u
TF = 1u
PW = 49u
PER = 100u

圖 6-2.1

接下來，我們以交流、暫態兩項分析來驗證 EFREQ 的特性，其分析參數分別設定如下：

交流分析

掃瞄方式：Decade　　　Points/Decade：10　　　範圍：1 k 到 100 k

暫態分析

Run to time：200 us　　　Maximum step size：0.1 us

最後的模擬結果如圖 6-2.2 所示。

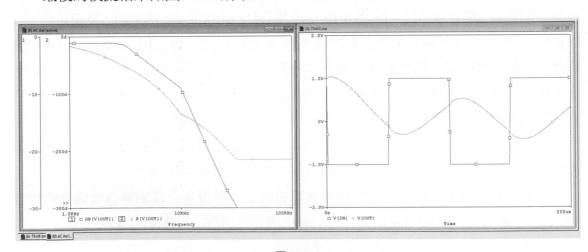

圖 6-2.2

由圖 6-2.2 的暫態響應輸出波形可以看出，圖 6-2.1 所設定的 EFREQ 元件確實表現出低通濾波器的特性，只是頻率響應的準確度並不是很好，很明顯的，這是受到描點個數的限制。所以除非您無法由頻率響應圖反推其拉普拉斯（Laplace）轉換式，一般並不建議您用此種方式做類比行為模擬。

■ 拉普拉斯轉換方式：（符號名稱：ELAPLACE）

此種方式直接將電路的特性用拉普拉斯轉換式描述出來，所以相較於 EFREQ 來說，其準確度是比較高的。ELAPLACE 的元件符號如圖 6-2.3 所示，我們同樣以圖 6-2.1 的電路來驗證其響應，將 ELAPLACE 的 **XFORM** 屬性設定為 1/PWRS((1+S/(6.28*10K)),3)，其中的 PWRS(X,Y)為乘冪函數。

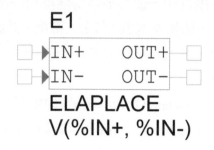

圖 6-2.3

最後的輸出響應如圖 6-2.4 所示：我們可以清楚地看出此處的頻率響應曲線較圖 6-2.2 準確。

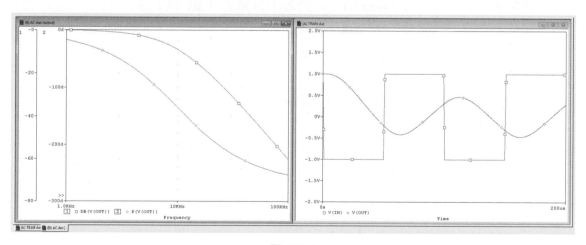

圖 6-2.4

■ Chebyshev 濾波器：（符號名稱分別為　BANDPASS --- 帶通

BANDREJ ----- 帶拒

HIPASS -------- 高通

LOPASS ------- 低通）

　　經過以上的說明，相信您已經了解 **EFREQ** 及 **ELAPLACE** 在描述電路的頻率響應時所帶給使用者的方便。但在濾波電路這個特殊的範疇裡，往往許多電子工程師一開始所得到的資料只是其頻率響應規格（Specifications）而已，若是要從這些規格再推導出其 Laplace 轉換式，就又得大費一番心血。為此，**PSpice A/D** 提供了一個 Chebyshev 濾波器的類比行為模型。使用者在呼叫出其元件符號後，只要將規格中對應的頻率及其衰減值輸入其屬性中，便可很輕易地得到一個符合該規格的濾波器電路模型。為配合濾波器電路的四種基本型態（帶通、帶拒、低通、高通），**PSpice A/D** 也提供了四種不同的元件符號，其元件屬性分別說明如下：

BANDPASS 及 BANDREJ：

RIPPLE　　　導通帶（pass band）的漣波量（dB 值）。

STOP　　　　截止帶（stop band）的最小衰減值（dB 值）。

F0,F1,F2,F3　轉折頻率。

LOPASS 及 HIPASS：

RIPPLE　　　導通帶（pass band）的漣波量（dB 值）。

STOP　　　　截止帶（stop band）的最小衰減值（dB 值）。

FP　　　　　導通帶的臨界轉折頻率。

FS　　　　　截止帶的臨界轉折頻率。

　　以下我們用圖 6-2.5 的帶拒濾波電路做進一步的說明：

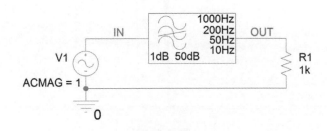

圖 6-2.5

上圖中 **BANDREJ** 的元件屬性分別設定為 RIPPLE＝1dB、STOP＝50dB、F0～F3 則分別設為 10、50、200 及 1000。這表示此帶拒濾波器在頻率 10Hz 以下、1000 Hz 以上為導通帶，漣波量為 1dB；而在 50Hz 到 200Hz 之間則為截止帶，衰減值為 50dB。

交流分析

掃瞄方式：Decade　　　Points/Decade：100　　　範圍：1 到 10 k

圖 6-2.5 的模擬結果如圖 6-2.6 所示。

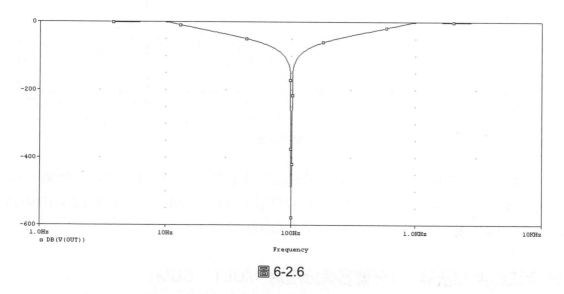

圖 6-2.6

點選 **Plot/Axis Settings**，出現如下的對話盒。

圖 6-2.7

依圖 6-2.7 設定 Y 軸的範圍爲 −2dB～0dB，點選 **OK** 鍵後即得圖 6-2.8 的畫面，可以清楚地看出此濾波器電路在導通帶漣波量爲 1dB 的特性。

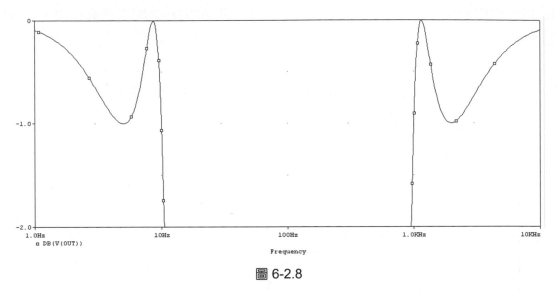

圖 6-2.8

特別值得一提的是：這四個轉折頻率值的設定次序與 F0～F3 的次序無關，其次序完全取決於其值的大小。舉例來說，若我們設定 F0 = 100K、F1 = 100、F2 = 10MEG、F3=500，則其截止帶仍落在 500Hz 到 100KHz 之間。

■ 乘法器與加法器：（符號名稱分別爲 MULT、SUM）

「乘（加）法器」的功能就是將兩個或數個輸入訊號相乘（加）後再輸出。一般最常見的應用是調幅電路（Amplitude Modulation Circuits），以下我們舉一個調幅電路的示意電路來說明 MULT 的用法，SUM 因爲用法類似，讀者可以自行類推，不再贅述。

圖 6-2.9 中的 E1 將 V1（訊號）及 V2（載波，Carrier）兩個輸入訊號相乘後輸出到負載電阻 R1。V1、V2 的頻率分別爲 10K 及 100K，E1 由於本身已定義爲兩個輸入的乘法器，故不須再改變任何屬性值。

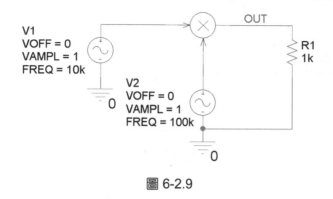

圖 6-2.9

暫態分析

Run to time：100 us　　　Maximum step size：0.1 us

最後的模擬結果如圖 6-2.10 所示，振幅調變的特性相當清楚。

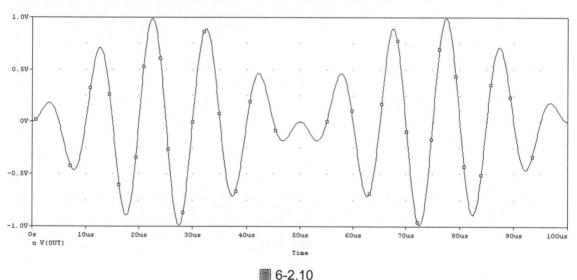

圖 6-2.10

■ 輸出－輸入特性曲線描點方式：（符號名稱：ETABLE）

通常描述一個電路的特性，除了其頻率響應外，輸出－輸入特性曲線也算是相當常用的描述方式。**PSpice A/D** 自然不會放棄這種方便又常用的方法，以下我們便以此方式模擬一個比較器（Comparator）電路。

我們在圖 6-2.11 中 E1 的 **TABLE** 屬性中填入 $(-0.1,-5)\,(0.1,5)$，這表示當輸入振幅超過 $-0.1V$ 和 $0.1V$ 時，輸出電壓便會分別限制在 $-5V$ 和 $5V$，相當於一個比較器的特性。

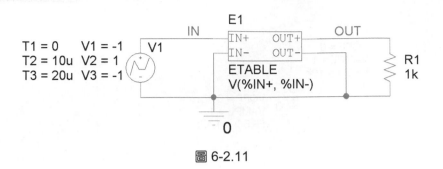

圖 6-2.11

暫態分析

Run to time：20 us　　　Maximum step size：0.01 us

其模擬結果如圖 6-2.12 所示。

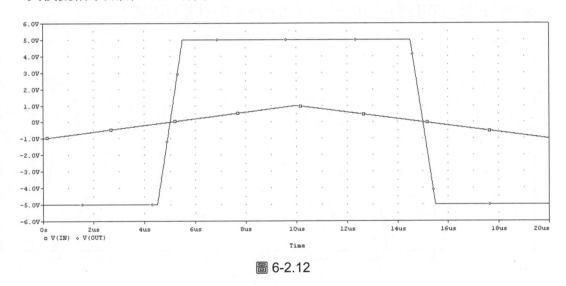

圖 6-2.12

📖 數學式表示法：（符號名稱：EVALUE）

此種方式與 ETABLE 類似，也是用於描述電路的輸出－入特性，只是它直接將該特性曲線的函數（至於可用的函數請參考本節末表格中的 Math Functions 部份）寫出來。至此，讀者一定可以聯想到：EVALUE 與 ETABLE 的關係其實和 ELAPLACE 與 EFREQ 的關係是相同的，所以在模擬時到底要用那一種全看情況而定。

我們同樣利用圖 6-2.11 的電路，只是將 ETABLE 換成 EVALUE，並在其 **EXPR** 屬性中填入 ABS(V(%IN+,%IN－))，表示要對輸入訊號做絕對值運算，則此電路就變成一個全波整流器了。若我們以正弦波輸入，最後的模擬結果便如圖 6-2.13 所示：

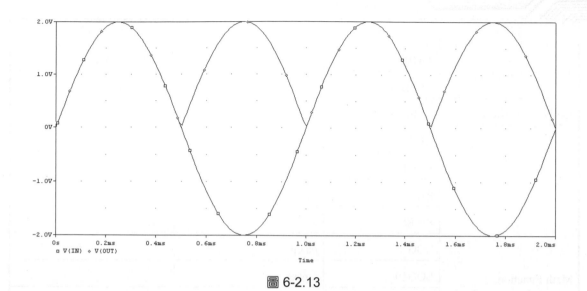

圖 6-2.13

　　除了上述幾種「類比行為模型」外，為了使用上的方便，**PSpice A/D** 還提供了其他許多的函數，列表說明如下：

類別	符號名稱	功能描述	屬性
Basic Components	CONST	Constant	VALUE
	SUM	Adder	
	MULT	Multiplier	
	GAIN	Gain block	GAIN
	DIFF	Subtracter	
Limiters	LIMIT	Hard limiter	LO, HI
	GLIMIT	Limiter with gain	LO, HI, GAIN
	SOFTLIM	Soft (tanh) limiter	LO, HI, GAIN
Chebyshev Filters	LOPASS	Lowpass filter	FP,FS,RIPPLE,STOP
	HIPASS	Highpass filter	FP,FS,RIPPLE,STOP
	BANDPASS	Bandpass filter	F0,F1,F2,F3,RIPPLE,STOP
	BANDREJ	Band reject (notch) filter	F0,F1,F2,F3,RIPPLE,STOP
Integrator and Differentiator	INTEG	Integrator	GAIN, IC
	DIFFER	Differentiator	GAIN

類別	符號名稱	功能描述	屬性
Table Look-Ups	TABLE	Look-up table	ROW1...ROW5
	FTABLE	Frequency look-up table	ROW1...ROW5
Laplace Transform	LAPLACE	Laplace expression	NUM, DENOM
Math Functions (where 'x' is the input)	ABS	$\|x\|$	
	SQRT	$x^{1/2}$	
	PWR	$\|x\|^{EXP}$	EXP
	PWRS	X^{EXP}	EXP
	LOG	$ln(x)$	
	LOG10	$log(x)$	
	EXP	E^x	
	SIN	$sin(x)$	
	COS	$cos(x)$	
	TAN	$tan(x)$	
	ATAN	$tan^{-1}(x)$	
	ARCTAN	$tan^{-1}(x)$	
Expression Functions	ABM	no inputs, V out	EXP1...EXP4
	ABM1	1 input, V out	EXP1...EXP4
	ABM2	2 inputs, V out	EXP1...EXP4
	ABM3	3 inputs, V out	EXP1...EXP4
	ABM/I	no inputs, I out	EXP1...EXP4
	ABM1/I	1 input, I out	EXP1...EXP4
	ABM2/I	2 inputs, I out	EXP1...EXP4
	ABM3/I	3 inputs, I out	EXP1...EXP4

6-3 Implementation 屬性的應用

目標

學習──

■ 學習應用 Implementation 屬性

■ 學習 Project Manager 的使用

在 6-1 節中我們模擬了一個以階層式電路圖描述的整流電路，上節又介紹了類比行為模型的用法。在本節中我們將兩者合併，比較看看以類比行為模型模擬的結果，會和用詳細電路模擬的結果有多大差異？既然提到「合併」，想當然爾就是「對同一個方塊電路，分別用兩種不同方式來描述」了。此時就必須介紹「階層方塊」元件的 **Implementation** 屬性。這項屬性的最大好處在於提供使用者一個可以隨時用最簡便方式更換電路系統「方塊圖」中各方塊內的「子圖」，如此一來，使用者便可以在最短時間內評估不同的子電路架構對系統所可能造成的影響。

以下我們將以 6-1 節的整流電路配合上節介紹的類比行為模型為例，說明應用 **Implementation** 屬性的操作步驟。

電路圖的編繪

截至目前為止，6-1 節所舉範例的各個方塊都只有對應一張「子圖」（其實也只能對應一張，因為我們根本也還沒編繪第二張「子圖」）。所以在正式進入操作步驟前，有必要要先了解如何「新增」一張「子圖」以供日後選擇。此時就必須介紹 **PSpice A/D** 的檔案管理中心──**Project Manager**，我們以 6-1 節的 EX6-1.opj 為範例（如圖 6-3.1）做進一步的說明。

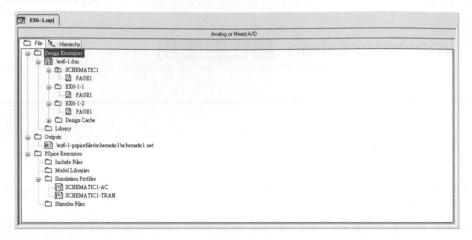

圖 6-3.1

　　從上圖中可以清楚地看到，**Project Manager** 中有兩個頁籤：**File** 頁籤以「樹狀結構」的形式顯示整個專案所用到的各類檔案資源（包括電路圖檔、符號和模型元件庫檔及模擬設定檔……等重要檔案）；**Hierarchy** 頁籤則用以顯示各電路圖及所用元件的階層從屬關係（如圖 6-3.2 所示）。如果使用者想要對某一個項目做進一步的設定或編輯，只需在該項目上點選滑鼠右鍵並從功能選項中點選適當的指令即可。以下我們便針對如何「新增」一張「子圖」的操作步驟做進一步的介紹：

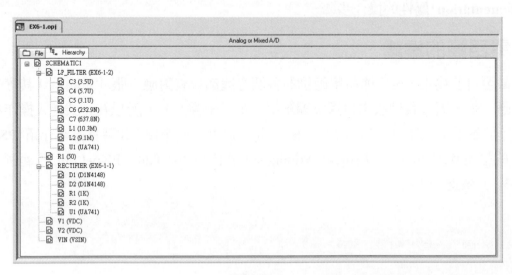

圖 6-3.2

1. 在圖 6-3.1 的 .\ex6-1.dsn 上點選滑鼠右鍵並從功能選項中再點選 **New Schematic**，出現如下的對話盒。

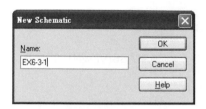

圖 6-3.3

2. 在 **Name:** 空格中填入 EX6-3-1，此為新增子圖的名稱。點選 **OK** 鍵後，您隨即可看到 **Project Manager** 中增加了 EX6-3-1 這個項目。

3. 在 EX6-3-1 上點選滑鼠右鍵並從功能選項中再點選 **New Page**，再出現如下的對話盒。

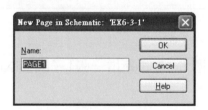

圖 6-3.4

4. 直接點選 **OK** 鍵後，您隨即可看到 EX6-3-1 這個項目前多了一個內含「＋」號的小方格，這表示 EX6-3-1 這個項目之下還有東西。當您再點選這個小方格，它就會變成「－」號，同時 EX6-3-1 之下會多出了一個 PAGE1 的項目，顯示您剛剛在 EX6-3-1 之下所新增的一頁空白電路圖。

5. 兩次點選 EX6-3-1 之下的 PAGE1，畫面上會出現一個左上角標示著「EX6-3-1：PAGE1」的 **Schematic Page Editor** 子視窗頁籤，此時您便可以開始編繪新的「子圖」了。

6. 依圖 6-3.5 編繪 EX6-3-1，其中 EVALUE 的 **EXPR** 屬性設定為 0.9*ABS(V(%IN+,%IN−))，輸入、出埠的符號分別是 PORTRIGHT-R 及 PORTLEFT-L（由 **Place/Hierarchical Port** 呼叫）。

7. 關閉 EX6-3-1 的編輯子視窗頁籤，此時又會出現如圖 6-3.6 的對話盒。此對話盒只是提醒您這張電路圖已做過修改，除非您要放棄剛才所做的編輯，否則您

只需點選＜是＞鍵即可。

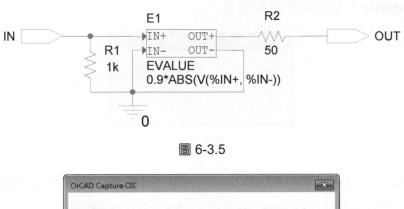

圖 6-3.5

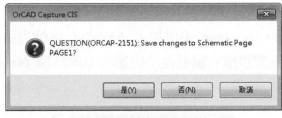

圖 6-3.6

8. 重覆步驟 1～7，並依圖 6-3.7 再新增一張「子圖」EX6-3-2，其中 ELAPLACE 的
   XFORM 屬性為：

   (8.46m*PWRS(s,4)+9.63Meg*PWRS(s,2)+1.47e15)/
   (PWRS(s,4)+11.1K*PWRS(s,3)+103Meg*PWRS(s,2)+509G*s+1.48e15

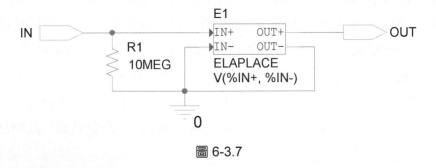

圖 6-3.7

9. 回到 Project Manager 視窗中的 **File** 頁籤，兩次點選 SCHEMATIC1 下的
   PAGE1，出現「主圖」的編輯視窗。

10. 點選 Rectifier 方塊，使其變成粉紅色後，再點選 **Edit/Properties**，出現該方
    塊的屬性編輯對話盒。

11. 將 **Implementation** 屬性值改爲 EX6-3-1，如此一來，再次執行模擬時，**PSpice A/D** 便會以 EX6-3-1 的電路取代原先設定的 EX6-1-1 電路，達到先前我們所提到的『隨時用最簡便方式更換電路系統「方塊圖」中各方塊內的「子圖」』的功能。當然，您可以在點選該方塊符號後，隨即點選滑鼠右鍵並從功能選項中點選 **Descend Hierarchy** 即可確認所連結的「子圖」是否爲 EX6-3-1。

12. 重覆步驟 10、11 將 LP_Filter 方塊的 **Implementation** 屬性值改爲 EX6-3-2。

分析參數的設定

分析參數的設定同 6-1 節。

利用 Probe 觀察模擬結果

分別呼叫交流與暫態輸出響應波形如圖 6-3.8 所示。與 6-1 節的模擬結果比較可以發現：兩者在增益和高頻部份的頻率響應上有些許的不同，造成了暫態響應中漣波效應的不同。其中的詳細原因不在我們的討論範圍內，但可以確定的是：若我們將「類比行爲模型」的數學式再做適當的修正，當可使「類比行爲模型」的模擬結果儘可能地趨近實際電路的模擬結果。對系統模擬的層次而言，這可是一個大好的消息，因爲這暗示了我們可以用較簡單的模型、較短的模擬時間來評估一個電路系統之電氣特性的優劣，這在模擬大型電路系統時尤其重要，值得使用者多加練習。

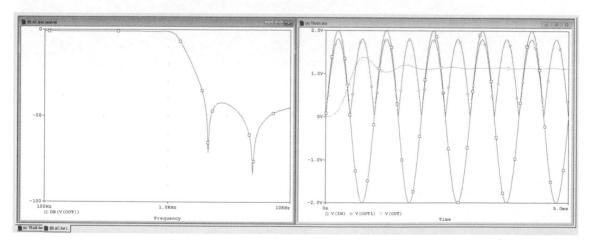

圖 6-3.8

6-4 類比－數位混合式電路的模擬

學習——

■ 學習如何模擬類比－數位混合式電路

　　前面稍有提過：隨著電子科技的日新月異，在同一個電路裡同時處理類比與數位訊號的情形可以說愈來愈多。但站在電路模擬軟體的角度看，唯有利用「混合模式模擬」（Mixed-Mode Simulation，也就是類比電路部份以類比方式處理；數位部份以數位方式模擬），才得以使整個模擬的效率達到最高。而 **PSpice A/D** 正提供了這樣的功能，再加上其方便的繪圖輸入方式，相信一定能夠提供電子工程師在面對愈來愈多的類比－數位混合電路時一個有力的輔助工具。

　　本節我們將要舉一個在許多方面均有應用的 555 計時器 IC 的例子。我們之所以舉此例的原因在於：555 本身即是一顆類比／數位混合 IC，您可以利用任何文書編輯器呼叫 \Cadence\SPB_17.2\tools\pspice\library 這個子目錄下的 EVAL.LIB 檔案，便可看到此 IC 模擬參數的內容如下：

```
* Mixed a/d model for Cmos version of 555.
*
.subckt 555d 1 2 3 4 5 6 7 8
+ params:maxfreq=3e6
  r1 8       5      13k
  r2 5       botm 13k
  r3 botm  0      13k
  m1 7 qb 0 0 nchan l=2u w=1000u
  otop 6       5    cmp dgtlnet=r io_std
  obot botm  2    cmp dgtlnet=s io_std
  ud1 dlyline 8 1 s sd dlymod io_std
  ud2 dlyline 8 1 r rd dlymod io_std
  u1 srff(1) 8 1 strt 4 hi sd rd 3 qb t_srff io_555
  uhigh stim(1,1) 8 1    hi io_stm 0s 1
  ustrt stim(1,1) 8 1    strt io_stm 0s 0 1ns 1
.model nchan nmos cgbo=1p cgdo=1p cgso=1p
.model dlymod udly(dlymn={.5/maxfreq}
+ dlyty={.5/maxfreq}
+ dlymx={0.5/maxfreq})
```

```
.model cmp doutput(
+ s0name=0 s0vlo=-500 s0vhi=0
+ s1name=1 s1vlo=    0 s1vhi=500)
.model io_555 uio (
+          drvh=96.4             drvl=104
+          atod1="atod_555"           atod2="atod_555"
+          atod3="atod_555"           atod4="atod_555"
+          dtoa1="dtoa_555"           dtoa2="dtoa_555"
+          dtoa3="dtoa_555"           dtoa4="dtoa_555")
.model t_srff ugff (tppcqlhty=120ns)
.ends
.subckt atod_555    a d    dpwr dgnd
+          params: capacitance=0
*
   o0   a dgnd do555 dgtlnet=d io_std
   c1   a 0 {capacitance+0.1pf}
.ends
.subckt dtoa_555    d a    dpwr dgnd
+          params: drvl=0 drvh=0 capacitance=0
*
   n1   a dgnd dpwr din555 dgtlnet=d io_std
   c1   a 0 {capacitance+.1pf}
.ends
.model din555 dinput (
+   s0name="0" s0tsw=0.7ns s0rlo=100    s0rhi=1meg
+   s1name="1" s1tsw=0.7ns s1rlo=1meg  s1rhi=300
+   s2name="x" s2tsw=0.7ns s2rlo=200    s2rhi=200
+   s3name="r" s3tsw=0.7ns s3rlo=200    s3rhi=200
+   s4name="f" s4tsw=0.7ns s4rlo=200    s4rhi=200
+   s5name="z" s5tsw=0.7ns s5rlo=200k  s5rhi=200k
+   )
.model DO555 doutput (
+   s0name="X" s0vlo=0.8        s0vhi=2.0
+   s1name="0" s1vlo=-1.5       s1vhi=0.8
+   s2name="R" s2vlo=0.8        s2vhi=1.4
+   s3name="R" s3vlo=1.3        s3vhi=2.0
+   s4name="X" s4vlo=0.8        s4vhi=2.0
+   s5name="1" s5vlo=2.0        s5vhi=50.0
+   s6name="F" s6vlo=1.3        s6vhi=2.0
+   s7name="F" s7vlo=0.8        s7vhi=1.4
+   )
```

　　由上面所示的內容，可看出要「做」出一個元件的模擬參數，使其得以模擬出正確的電氣特性並不是一件簡單的事。事實上，對所有模擬軟體而言，元件模型的建立可說是最難的部份。所幸 **PSpice A/D** 已經提供了許多現成的元件模型（專業版有一萬多個），您只要直接呼叫使用即可。

　　以下我們便以一個 555 的基本操作模式（非穩模式）電路為例來說明 **PSpice A/D** 如何處理此類電路的模擬。

555 計時器非穩模式（Astable Mode）操作電路

　　我們先對此電路的基本動作原理做個簡單介紹：此電路利用電容 C2 的充放電觸發輸出端點 OUT 改變狀態。當 V(C2) 一低於 VCC/3 時，V(OUT) 便由低位準升到高位準，同時 VCC 開始經由 Ra、Rb 對 C2 充電；充電至 V(C2) = 2*VCC/3，V(OUT) 便再由高位準降到低位準，使得 C2 進入放電狀態。如此周而復始，輸出一週期性方波，其頻率可以下式表示：

$$f = \frac{1.44}{(Ra + 2Rb)C2}$$
（式 6-4.1）

電路圖的編繪

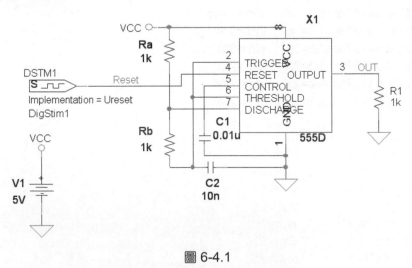

圖 6-4.1

元件的呼叫與編修

　　555 計時器符號名稱：555D。

　　C1：**IC** = 0，表示將此電容的初始電壓值設定為 0V。

📁 數位輸入訊號的編輯

以 5-2 節「使用 Stimulus Editor 編輯非週期性數位訊號」的步驟編輯訊號源檔案如下：

```
.STIMULUS Ureset STIM(1,1)
+ 0s 0
+ 0.1us 1
```

🗂 分析參數的設定

📁 暫態分析

Run to time：500us　　　　　　　　Maximum time step：1us

提醒：請記得檢查「暫態分析參數設定對話盒」中的 **Data Collection** 頁籤，並將此頁籤中 **Digital:** 下拉示選單改為 All，這樣 **PSpice A/D** 系統才會在模擬結果中儲存所有的數位訊號，方便我們檢視其結果。

🗂 利用 Probe 觀察模擬結果

模擬後呼叫 OUT$DtoA、V(X1:TRIGGER) 及 V(X1:CONTROL) 波形如下，此結果與理論分析完全吻合。

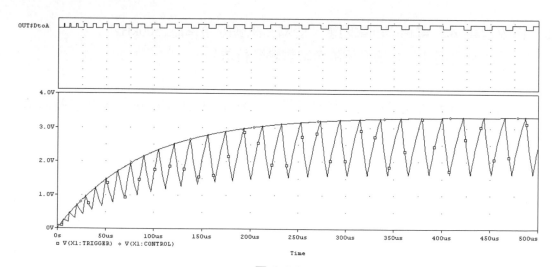

圖 6-4.2

習 題

6.1 試分別以 EFREQ 和 ELAPLACE 描述一個運算放大器，其中開迴路增益 （Open-Loop Gain） Av = 10^5，主極點（Dominant Pole）p1 = 10Hz，輸入電阻 Rin = 100MEG，輸出電阻 Rout = 75。以 **PSpice A/D** 驗證並比較兩者的異同。

6.2 利用圖 6-2.9 中的 MULT 模擬一個倍頻器。
（提示：$cos(2x) = 1 - 2sin^2(x)$）

6.3 利用 ETABLE 模擬一個半波整流器。

6.4 利用（式 6-1）求出使圖 6-4.1 輸出頻率為 100KHz 的各元件值，並以 **PSpice A/D** 驗證之。

6.5 試用版光碟中有一個範例專案 osc.opj （安裝後儲存在 \Cadence\SPB_17.2\tools\pspice\Demo_samples\mixsim\osc 子目錄下），此圖檔包含了一個簡單的非穩電路（Astable Circuit），試求出此電路之輸出訊號的頻率。

6.6 修改習題 **6.5** 電路中的電阻值，使輸出訊號的頻率為 500kHz
（提示：可用４－２節介紹的參數調變分析法）。

6.7 試將習題 **6.5** 的電路改為「單穩電路」（Monostable Circuit），並模擬驗證之。

7

建立自己的元件庫

從第二章到第六章，我們介紹了 **PSpice A/D** 各項功能的意義、操作步驟及其應用，相信您已經可以很熟練地使用 **PSpice A/D** 完成各種電路的模擬。但隨著應用範圍的日漸擴大，模擬所需要的元件種類也愈來愈多，再好的模擬軟體也無法提供全世界所有元件的模擬參數模型。此時只好靠使用者自行建立合乎自己需求的元件庫資料，如此才能真正達到模擬軟體的最大效用。本章所要介紹的重點，便是集中在 **PSpice A/D** 元件庫的基本概念及如何編輯一個新的元件符號（包含一般元件及階層式元件）以方便日後的使用。

7-1 PSpice A/D 元件庫基本概念

目標

學習——

■ 學習 PSpice A/D 元件庫的基本概念及其管理

■ 學習如何編修元件模型參數

　　PSpice A/D 的元件庫檔案基本上可以分成兩大類：

一、符號元件庫（*.OLB）：儲存繪製電路圖（**OrCAD Capture CIS**）所需的元件符號。

二、模型參數元件庫（*.LIB）：儲存模擬（**PSpice A/D**）所需的元件參數。

　　針對這兩種元件庫檔案，**OrCAD Capture CIS** 均提供了修改方法以便讓使用者可以編輯合乎自己需求的元件庫。以下我們依序針對符號元件庫及模型參數元件庫做介紹。

符號元件庫

　　談到符號元件庫，就必須談到「元件符號編輯器」（**Part Editor**），這是 **OrCAD Capture CIS** 用來建立新元件或是編輯現有元件的工具。**PSpice A/D** 提供使用者三個管道進入元件編輯器，分述如下：

一、您可以在現有的符號元件庫檔案或已開啓的新符號元件庫檔案（如在 **Project Manager** 視窗點選 **File/New/Library**，系統會將新增的符號元件庫檔案的檔名內定爲 library1.olb）上點選滑鼠右鍵並從功能選項中點選 **New Part**，如圖 7-1.1。

二、在 **Project Manager** 視窗將元件所屬的符號元件庫檔案展開，在該元件上點選滑鼠右鍵並從功能選項中點選 **Edit Part**，如圖 7-1.2。

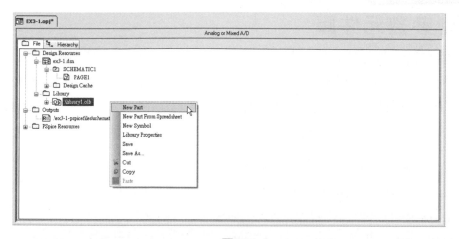

圖 7-1.1

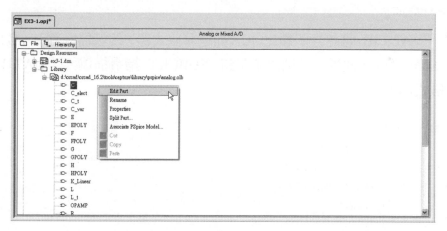

圖 7-1.2

三、直接在 **Schematic Page Editor** 視窗中點選所要編輯的元件，使其變成粉紅色，隨後點選 **Edit/Part** 即可。

2-1 節中曾經提過，在新增 Project 的過程中，**OrCAD Capture CIS** 會要求使用者自行選擇所要參考的範例專案（如圖 2-1.4 中的 **Create based upon an existing project** 選項），**OrCAD Capture CIS** 也會視不同的選擇呼叫一部份不同的符號元件庫檔案。另外，也提到在 Project 電路圖編輯過程中亦可隨時自由增減所需的符號元件庫檔案（如圖 2-1.11 至圖 2-1.13）。

注意！**OrCAD Capture CIS** 試用版每個使用者自訂的 .OLB 檔中只能容納 15 個以下的元件。至於元件符號的編修，將在後兩節中做進一步的介紹。

模型參數元件庫

此類檔案包含各元件在模擬時所需的參數（詳細參數列表請參考附錄），以文字檔方式儲存。以試用版為例，所有元件的模型參數都儲存在 EVAL.LIB 內，其中的類比元件（如二極體、電晶體…等）與數位元件（如 74 系列…等）的時序模型，均以 .MODEL 指令描述，以雙載子電晶體 Q2N2222 為例，其格式為：

```
.model Q2N2222    NPN(Is=14.34f Xti=3 Eg=1.11 Vaf=74.03
+Bf=255.9 Ne=1.307 Ise=14.34f Ikf=.2847 Xtb=1.5 Br=6.092
+Nc=2 Isc=0 Ikr=0 Rc=1 Cjc=7.306p Mjc=.3416 Vjc=.75 Fc=.5
+Cje=22.01p Mje=.377 Vje=.75 Tr=46.91n Tf=411.1p Itf=.6
+Vtf=1.7 Xtf=3 Rb=10)
```

另外，EVAL.LIB 也包含了類比 IC（如運算放大器、比較器…等）、數位 IC（如 7402、74LS05…等），此種元件則以子電路 .SUBCKT 指令描述，以 uA741 及 7402 為例，其格式為：

```
* connections:    non-inverting input
*                 | inverting input
*                 | | positive power supply
*                 | | | negative power supply
*                 | | | | output
*                 | | | | |
.subckt uA741      1 2 3 4 5
*
  c1    11 12 8.661E-12
  c2    6   7 30.00E-12
  dc    5 53 dx
  de    54   5 dx
  dlp   90 91 dx
  dln   92 90 dx
  dp    4   3 dx
  egnd 99  0 poly(2) (3,0) (4,0) 0 .5 .5
  fb    7 99 poly(5) vb vc ve vlp vln 0 10.61E6 -10E6 10E6 10E6 -10E6
  ga    6   0 11 12 188.5E-6
  gcm   0   6 10 99 5.961E-9
  iee  10   4 dc 15.16E-6
  hlim 90   0 vlim 1K
```

```
q1    11   2 13 qx
q2    12   1 14 qx
r2     6   9 100.0E3
rc1    3 11 5.305E3
rc2    3 12 5.305E3
re1   13 10 1.836E3
re2   14 10 1.836E3
ree   10 99 13.19E6
ro1    8    5 50
ro2    7 99 100
rp     3    4 18.16E3
vb     9    0 dc 0
vc     3 53 dc 1
ve    54    4 dc 1
vlim   7    8 dc 0
vlp   91    0 dc 40
vln    0 92 dc 40
.model dx D(Is=800.0E-18 Rs=1)
.model qx NPN(Is=800.0E-18 Bf=93.75)
.ends
```

```
* 7402    Quadruple 2-input Positive-Nor Gates
*
* The TTL Data Book, Vol 2, 1985, TI
* tdn    06/23/89              Update interface and model names

.subckt 7402    A B Y
+          optional: DPWR=$G_DPWR DGND=$G_DGND
+          params: MNTYMXDLY=0 IO_LEVEL=0
U1 nor(2) DPWR DGND
+          A B    Y
+D_02 IO_STD MNTYMXDLY={MNTYMXDLY} +IO_LEVEL={IO_LEVEL}
.ends

.model D_02 ugate (
+        tplhty=12ns        tplhmx=22ns
+        tphlty=8ns         tphlmx=15ns
+          )
```

如您要修改這些模型參數的話，可用一般的文書編輯器直接加以編輯，或者依下列步驟進行模型參數的編修（以 3-1 節中的電晶體元件為例）。

📂 編修元件模型參數

1. 點選電晶體元件 Q1。

2. 點選 **Edit/PSpice Model** 出現如圖 7-1.3 的 **PSpice Model Editor** 視窗。視窗左邊的列表代表目前所編輯的模型參數元件庫檔案（如本例的 ex3-1.lib）中所儲存的元件清單；右邊則是所選定之元件的模型參數內容，供使用者直接編修其中的模型參數值。

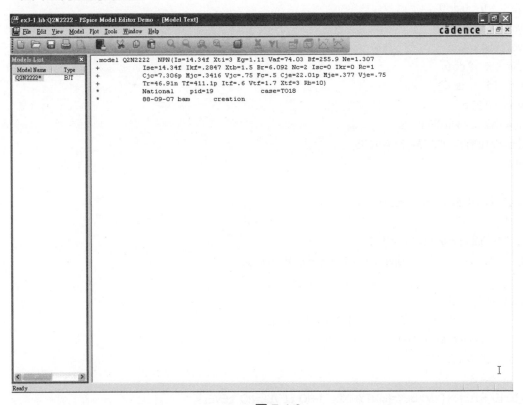

圖 7-1.3

3. 編修完畢後，點選 **File/Save** 並關閉 **PSpice Model Editor** 視窗。則此電晶體的模型參數將會以 EX3-1.lib 的檔名存入該專案目錄中的 PSpiceFiles 子目錄中（以本例來說，即是 D:\OrCAD Examples\EX3-1\EX3-1-PSpiceFiles），而此資訊也會顯示在 **Project Manager** 視窗中，如圖 7-1.4 所示。當然，您也可以其他檔名或路徑儲存之。

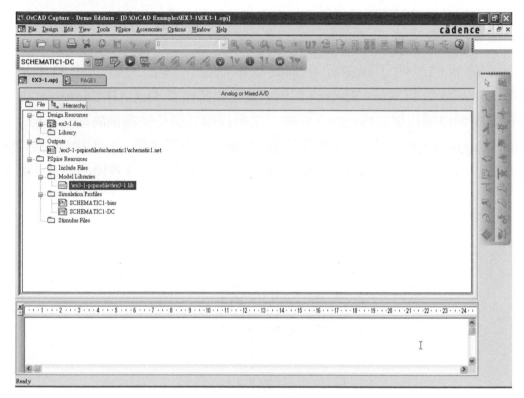

圖 7-1.4

由於所有的模型參數元件庫檔案都是以文字檔形式儲存，當元件數量日漸增加，勢必造成搜尋上的困難。為了減短搜尋的時間，專業版 **PSpice A/D** 提供了一個 NOM.LIB 檔（其中包含了許多重要且常用的模型參數元件庫）同時建立了對應的指標檔 NOM.IND，其作用是成為 **PSpice A/D** 搜尋元件模型時的輔助指標。本書所使用的試用版 **PSpice A/D** 則是以 NOMD.LIB 檔提供類似的功能，只是試用版 **PSpice A/D** 並沒有連結到太多的模擬參數元件庫檔案。值得注意的是：當 NOM.LIB 檔或 NOMD.LIB 中所包含各個 *.LIB 的元件模型參數有改變時，這個指標檔便會重新編譯。通常編譯所需的時間都不算短，所以筆者的建議是：**如有需要修改的元件模型參數，最好以另外一個檔名儲存，不要動到原有的 LIB 檔。**

7-2 元件符號編輯器（Part Editor）

目標

> **學習——**
>
> ■ 學習利用元件符號編輯器編輯屬於自己的符號元件庫

　　上一節我們說明了關於元件庫的基本概念，本節將以「壓控電流源」（Voltage-Controlled Current Source）為例來說明如何利用 **OrCAD Capture CIS** 中的元件符號編輯器編輯屬於自己的元件庫。之所以用這個符號為例的理由在於：原先 **OrCAD Capture CIS** 所提供的壓控電流源符號G有四個接腳（分別接到控制電壓與輸出負載），如果用這個符號來畫雙載子電晶體的簡單小訊號等效模型便會如圖 7-2.1 所示：

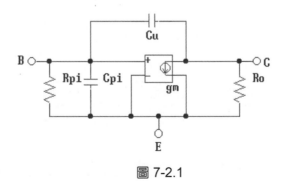

圖 7-2.1

此圖顯然與一般常見的畫法（如圖 7-2.2）並不相同

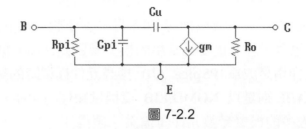

圖 7-2.2

　　而且當控制電壓和受控電壓源間的距離拉大時，將使此符號在編繪電路圖時變得不好用。為了克服這個困難而能畫出如圖 7-2.2 的電路圖，便可利用元件符號編輯器

經由以下介紹的步驟編輯出新的壓控電流源符號，至於其它元件符號的編輯則可用類似的步驟來達成。

▶ 複製舊有元件以供編輯

　　由於我們是要修改原來的壓控電流源符號 G，最簡單的方式就是將原有的符號複製後再做修改即可，其步驟如下：

1. 由於本範例的主要目的是「編輯符號元件庫」，您可以在不需呼叫或新增任何專案的情形下點選 **File/New/Library**，出現如圖 7-2.3 的 **Project Manager** 視窗。

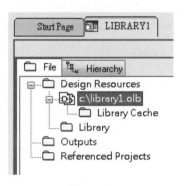

圖 7-2.3

2. 在 Library 資料夾上點選滑鼠右鍵並從功能選項中點選 **Add File**，並從隨後出現的對話盒中開啟 \Cadence\SPB_17.2\tools\capture\library\pspice 資料夾中的 analog.olb 檔案，此時 Library 資料夾下會多出一個 analog.olb，如圖 7-2.4 所示。

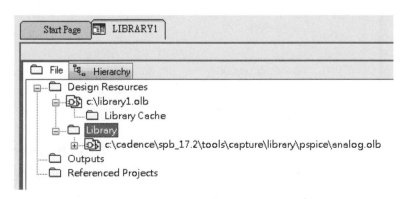

圖 7-2.4

3. 將 analog.olb 展開 (點選該檔案前的「+」)，從中點選壓控電流源符號 G。

4. 點選 **Edit/Copy**，隨後在 library1.olb 上點選 **Edit/Paste**，如此便完成元件符號的複製。此時 library1.olb 資料夾下會多出一個壓控電流源符號 G，如圖 7-2.5 所示。

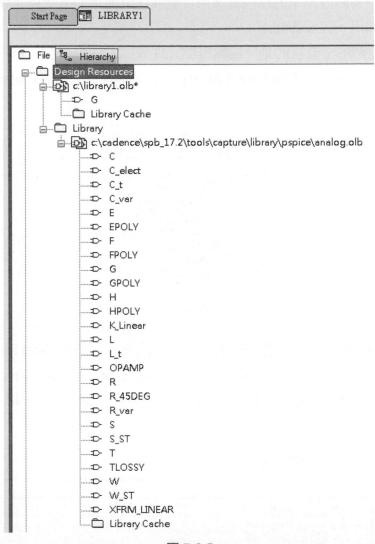

圖 7-2.5

5. 在符號名稱 G 上點選滑鼠右鍵，並從功能選項中點選 **Rename**，在隨後出現的對話盒空格中填入 G_USR (此名稱可任意設定，只要方便日後辨識即可)，代表我們將該元件重新命名為 G_USR，避免與原來的壓控電流源元件符號混淆而被 **OrCAD Capture CIS** 視為同一個元件。

6. 在符號名稱 G_USR 上點選滑鼠右鍵並從功能選項中點選 **Edit Part**，即出現如下的元件符號編輯畫面。

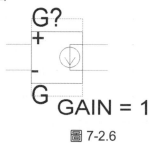

圖 7-2.6

元件符號的編繪

1. 因我們將重新編繪新元件符號，故請先將整個符號、連同所有文字以滑鼠框起來後，點選 **Edit/Cut** 或按 <Del> 刪除。您會發現畫面上只剩下一個虛線框，我們將利用這個虛線框來定義元件符號的編繪範圍。

2. 在虛線框的任何一角點選滑鼠左鍵，在虛線框變成粉紅色後，按著滑鼠左鍵將該框拉成適當大小（參考圖 7-2.8）。接著點選 **Place/Line** 或其對應的智慧圖示 ，畫出一菱形。

3. 點選上方工具列中的智慧圖示 ，此時該智慧圖示會變成紅色 ，表示接下來的繪圖動作將不會「自動對齊」到格點上。

4. 再次點選 **Place/Line** 畫出一箭號（參考圖 7-2.8）。畫完箭號後，再次點選智慧圖示 使該圖示再度回到灰色，表示接下來的繪圖動作又會「自動對齊」到格點上。

5. 點選 **Place/Pin** 或其對應的智慧圖示 ，出現如下的對話盒。

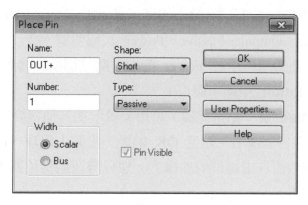

圖 7-2.7

其中各個選項的意義說明如下：

Name：接腳名稱。通常顯示在虛線框的內側，**OrCAD Capture CIS** 系統內定所有接腳均會顯示其接腳名稱，但對本範例而言，若在這麼小的元件符號上顯示接腳名稱，反而會看不清楚整個符號的全貌，所以使用者可以利用稍後會提到之圖 7－2·9 的 **User Properties** 對話盒，將接腳名稱「隱藏」起來。如果此接腳用來連接 Bus，則名稱應定為 Bus 名稱（如 5-2 節的 Q[3-0]）。至於反相接腳名稱（如 $\overline{\text{CLEAR}}$）則應定為 C\L\E\A\R\。

Number：接腳號碼（顯示在虛線框的外側）。

Width：如果此接腳用來連接 Wire，則選 **Scalar**；如果用來連接 Bus，則選 **Bus**。

Shape：接腳形狀，計有下列九種形狀。

　　Clock：用於數位元件的時脈訊號接腳。

　　Dot：用於數位元件的反相輸出／入接腳。

　　Dot-Clock：用於數位元件的反相時脈訊號接腳。

　　Line：長度為三格（Grid）的直線型接腳。

　　Short：長度為一格的短線型接腳。

　　Short Clock：長度為一格的數位時脈訊號接腳。

　　Short Dot：長度為一格的數位反相輸出／入接腳。

　　Short Dot Clock：長度為一格的數位反相時脈訊號接腳。

　　Zero Length：只有接點的接腳。

Type：接腳型態，計有 3-state、Bidirectional、Input、Open Collector、Open Emitter、Output、Passive、Power 八種型態。

Pin Visible：此選項僅用於 Power 接腳，用以切換該接腳在 **Schematic Page Editor** 中顯示與否。

User Properties 鍵：點選此鍵，可用來再增加其他接腳屬性。

6. 依圖 7-2.7 設定各個選項。點選 **OK** 鍵後，畫面上出現一個浮動的接腳符號，而且它只能被放置在虛線框的外緣上。您只需在適當位置上點選滑鼠左鍵即可完成接腳的放置。

7. 放置完一支接腳後，您會發現原來的浮動接腳符號還在，此時可以點選滑鼠右鍵並從功能選項中點選 **Edit Properties** 再次進入圖 7-2.7 的對話盒。

8. 將 **Name** 改為 OUT-，**Number** 改成 2，點選 **OK** 鍵。以此完成第二支接腳的放置後，按＜**ESC**＞鍵結束 **Place/Pin** 指令而得如圖 7-2.8 的畫面。

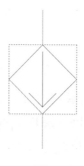

圖 7-2.8

編輯元件符號屬性

1. 點選 **Options/Part Properties**，出現如圖 7-2.9 的 **User Properties** 對話盒。您會發現其中的 **Pin Names Visible** 及 **Pin Numbers Visible** 這兩項屬性值都是 False，代表「接腳名稱」和「接腳號碼」這兩項屬性都會被隱藏起來 (如果有需要，您也可以點選該項屬性，並於對話盒下方的下拉式選單中選擇 True，即可讓該項屬性顯示出來，只是本範例的這兩項屬性暫時無此需要)。

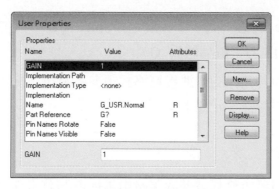

圖 7-2.9

2. 點選 **Properties** 列表中的 Part Reference 選項，再點選右側的 **Display...** 鍵，出現如圖 7-2.10 的 **Display Properties** 對話盒，將其中的 Display Format 選項改為 Value Only，以便日後您可以在電路圖上看到這項屬性值。

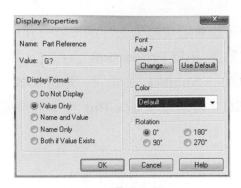

圖 7-2.10

　　完成了符號的繪製，接下來便是事關此元件符號真正在模擬中所代表意義的「屬性」編輯步驟，其中最重要的就是 PSpiceTemplate 這項屬性了！以下我們將特別針對 PSpiceTemplate 這項屬性的寫法及設定步驟做更進一步的介紹。至於元件屬性的各個構成要素，我們已在 1-3 節中概略介紹了其個別意義，請您自行參閱 1-3 節，此處不再贅述。

　　正如 1-3 節所提到的：PSpiceTemplate 屬性是 **OrCAD Capture CIS** 將 **Schematic Page Editor** 視窗中各元件符號轉換成電路串接檔（*.NET）時所依據的格式型態，它必須依循下列三大原則：

一、PSpiceTemplate 所定義的接腳名稱必須與元件符號上對應的接腳名稱相同。

二、PSpiceTemplate 所定義的接腳數目及次序必須與對應之 .Model 與 .Subckt 的定義相同。

三、PSpiceTemplate 的第一個字母必須是 **PSpice A/D** 內定之元件的英文簡寫（例如壓控電流源為 G；電晶體為 Q）。

　　至於電路串接檔中各元件的標準書寫格式請參考附錄。另外，在 PSpiceTemplate 的語法中有幾個常用的特殊字元如下：

　　　　@　&　?　~　#　^　%　\n

各特殊字元適用的寫法及其轉換成電路串接檔後的意義如下：

@<字串>　　　以<字串>的內容取代，如果屬性中無此<字串>或<字串>內容未設定則視為錯誤。

&<字串>　　　如<字串>內容有設定則以該內容取代之。

?<字串>|…|　　如<字串>內容有設定則以 |…| 中的文字取代之。

~<字串>|…|　　　如<字串>內容未設定則以 |…| 中的文字取代之。

?<字串>|…1||…2|

　　　　　　　如果<字串>內容有設定則以|…1| 中的文字取代，否則便以 |…
　　　　　　　2| 中的文字取代之。

~<字串>|…1||…2|

　　　　　　　如果<字串>內容未設定則以|…1| 中的文字取代，否則便以 |…
　　　　　　　2| 中的文字取代之。

#<字串>|…|　　　如果<字串>內容有設定則以|…1| 中的文字取代，如果<字串>
　　　　　　　內容未設定則刪除此項之後的其他 PSpiceTemplate 屬性。

^　　　　　　　用於階層式電路圖。基本上所有的元件的 PSpiceTemplate 屬性
　　　　　　　在其代表該元件的英文簡寫字元後均需加此特殊字元。

%　　　　　　　此字元後面為元件接腳名稱。

\n　　　　　　　表示換行。

我們舉一個電壓源的例子，讓讀者能更清楚 PSpiceTemplate 的寫法：

　　V^@REFDES %+ %- ?DC|DC=@DC||DC=15| ?AC|AC=@AC|

此例若有設定 DC=5 及 AC=1 等屬性，則其在電路串接檔中會轉換成：

　　V_V1 $N_0001 0 DC=5 AC=1

此例若沒有設定 DC 及 AC 等屬性，則其在電路串接檔中會轉換成：

　　V_V1 $N_0001 0 DC=15

有了以上的說明，我們便可以開始進行元件屬性的修改。

3. 繼續點選圖 7-2.9 對話盒 **Properties** 列表中的 PSpiceTemplate 選項，將下方
   PSpiceTemplate 空格中的內容修改如下：

　　G^@REFDES %OUT+ %OUT- @CTRL_NODE1 @CTRL_NODE2 @Gm

點選 **OK** 鍵確認這個修改

4. 再次點選 **User Properties** 對話盒中的 **New** 鍵，出現如圖 7-2.11 的 **New Property** 對話盒。在 **New Property** 對話盒中的 **Name:** 空格填入 CTRL_NODE1，**Value:** 空格中則保持空白，點選 **OK** 鍵後會多一列屬性 CTRL_NODE1，且此屬性可以在編繪電路圖的過程中修改。這樣做還有一個好處：就是此控制接腳所連接的節點名稱可以由使用者自行設定。如此一來，即使是距離較遠的節點也可以經由自行設定而成為控制電壓節點。

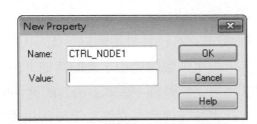

圖 7-2.11

5. 重覆步驟 4 再新增一列 CTRL_NODE2 的屬性。

6. 再重覆步驟 4，新增一列 Gm 的屬性，並將其值設定為 1m，表示我們內定此壓控電流源的轉導值（Iout/Vin）為 1m。當然，此值也是可以由使用者自由修改。

如果您希望日後在使用這個壓控電流源符號時，同時要顯示其轉導值的話，您可以在選定 **User Properties** 對話盒中的 **Gm** 這列屬性時，點選 **Display** 鍵，將隨後出現的 **Display Properties** 對話盒，如圖 7-2.10 中的 **Display Format** 選項改為 **Name and Value**，表示我們設定轉導值這個屬性將會顯示在未來所編繪的電路圖上。

7. 點選 **OK** 結束 **User Properties** 對話盒，至此便完成新元件符號的屬性編輯，最後的結果如圖 7-2.12 所示。

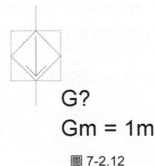

G?
Gm = 1m

圖 7-2.12

■ 元件符號的儲存

1. 點選 **File/Save**，OrCAD Capture CIS 隨即將此元件符號儲存到 library1.olb 中。

2. 關閉 **Part Editor** 子視窗頁籤，完成新元件符號的編輯。此時您應該可以在 **Project Manager** 子視窗頁籤中看到 library1.olb 下多了一個 G_USR，如圖 7-2.13 所示。

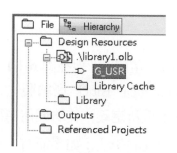

圖 7-2.13

最後，有一點必須要說明：本範例在一開始新增符號元件庫時，**OrCAD Capture CIS** 系統將檔案名稱內定儲存為 library1.olb。如果您想要更改檔案名稱或是將檔案改存到其他資料夾的話，您可以點選 **File/Save As**，並在隨後出現的 **Save As** 對話盒中選擇您所要儲存的資料夾路徑並重新命名檔案名稱（例如將系統內定產生的檔名 Library1.olb 改為 usr.olb，並將檔案儲存在 \Cadence\SPB_17.2\tools\capture\library \pspice 這個 **PSpice A/D** 試用版內定用來儲存模擬專用之符號元件庫檔案的資料夾之下），方便日後不論是開啟新專案前或電路圖編繪中符號元件庫檔案的呼叫，接下來您便可以依照 2-1 節所介紹之「符號元件庫的新增」操作步驟，將這個新增的 USR.OLB 符號元件庫連結到 **OrCAD Capture CIS** 系統中。

■ 呼叫新的元件符號

一旦完成 USR.OLB 的編輯與儲存後，接下來便可依正常步驟呼叫此新元件符號編繪電路圖了。我們將在「實例篇」第九章中舉幾個實例，用以說明如何應用這個新元件符號。

7-3 元件式的階層結構

目標

學習──
- 學習編輯具有階層結構的元件符號
- 學習編輯「子電路」元件符號
- 學習如何連結元件模型參數檔

在 6-1 節中我們介紹了階層式電路圖，但在圖 6-1.1 中隱藏了一個問題：就是該圖的兩個階層式方塊均是由 Hierarchical Block 所繪製。一旦其他的電路圖也要用到同樣的方塊時，就要在該電路圖上重新定義，徒增使用時間上的浪費。

此時，相信您會與筆者有同樣的想法：如果能有一個符號，可以「永久代表」某一個階層式電路，以後就不會再有重覆定義的麻煩了。這個「永久代表」的符號便是所謂的「**階層式元件符號**」。

這類符號可以幫助您在設計完某一子電路後，將該電路列入元件庫中，不但方便日後呼叫使用，同時也可累積個人的設計經驗、建立完全屬於自己的「模組化」元件庫。正由於這個優點，筆者認為有必要詳加介紹其用法。本節便要針對這個問題介紹編輯具有階層結構之元件符號（以圖 6-1.6 的全波整流器電路為例）的方法；其次則是利用 **Tools/Creat Netlist** 先將電路圖轉譯成子電路文字檔，再用元件符號編輯器編輯其對應的「子電路」元件符號。我們將這兩種方法的操作步驟分述如下：

一、編輯具有階層結構之元件符號

1. 點選 **File/Open/Library** 再次開啓 usr.olb，同時也開啓圖 6-1.6 的全波整流器電路所儲存的專案 Ex6-1.opj。在 EX6-1.opj 的 **Project Manager** 子視窗頁籤中將 .\ex6-1.dsn 資料夾展開，點選 Ex6-1-1（如圖 7-3.1）後再點選 **Edit/Copy**。

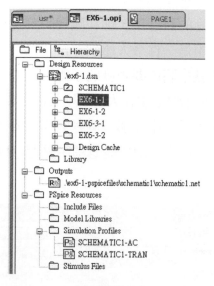

圖 7-3.1

2. 回到 usr.olb **Project Manager** 子視窗頁籤，在 usr.olb 上點選 **Edit/Paste** 將 Ex6-1-1 複製到 usr.olb 中，如圖 7-3.2。

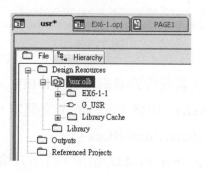

圖 7-3.2

到目前為止，您可能會覺得奇怪：為什麼需要步驟 1、2 的程序？原因就在於 **OrCAD Capture CIS** 階層式元件雖然容許使用者連結不同專案或符號元件庫的電路圖做為其對應的子電路圖，但以筆者的使用經驗，在一個大型專案計劃下，通常都建議參與該專案計劃的所有設計工程師一起共用一組元件資料庫。除非該專案計劃有非常專職且認真負責的元件庫檔案管理負責人，否則很可能會出現「**某個階層式元件符號所對應的子電路圖從原先所儲存的資料夾被移走，卻沒人知道！**」這種稍微有點烏龍的事！各位請不要小看這種事的重要性，在現今電子產業「時間就是金錢」的高度要求下，您應該不難想像：當您要用

到某個階層式元件在您的設計中，卻在關鍵時刻還得花一堆時間去找它對應的電路圖在哪裡？這豈不是一件令人感到非常「無力」且浪費時間的事嗎？所以筆者建議最好的方法就是將所要對應的子電路圖直接複製到同一個符號元件庫中；如果自行定義的元件數量實在太多，甚至有必要依照其電氣特性進行分類。如此一來，日後不論此元件用在那一個專案都會方便很多。

3. 在 usr.olb 上點選滑鼠右鍵並從功能選項中點選 **New Part**，出現如下的對話盒。

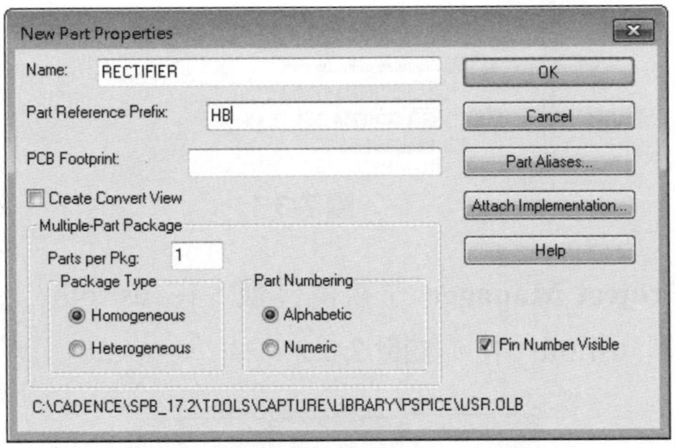

圖 7-3.3

4. 在 **Name:** 空格中填入新元件的名稱 RECTIFIER。

5. 在 **Part Reference Prefix:** 中填入元件的英文簡寫，由於此元件為階層式元件，我們建議填入 HB（Hierarchical Block）。

6. 點選右下角的 **Pin Number Visible** 選項，將小方格中的 ∨ 取消，如此接腳號碼將不會出現在電路圖上。

至於其他選項的意義如下：

PCB Footprint：元件包裝型式名稱（佈局用）。

Create Convert View：點選此項，可編繪該元件的第二種元件符號外觀。此項設定通常應用於數位電路中的 De Morgan 轉換，可在電路佈局階段節省可能的 IC 元件數量。

Multiple-Part Package

　　Parts per Pkg.：每一個包裝內所含的元件數。

　　Package Type：點選 **Homogeneous** 表示同一包裝內各個元件的符號外觀均

相同；**Heterogeneous** 則表示同一包裝內各個元件具有不同
的符號外觀。

Part Numbering：同一包裝內各元件的編號方式。**Alphabetic** 及 **Numeric**
分別表示依字母及數字編排，如 U?A 及 U?1（U? 為元
件稱號）。

Part Aliases 鍵：點選此鍵，可在隨後出現的 **Part Aliases** 對話盒中新增
或刪除使用者自訂的元件別名。

7. 點選 **Attach Implementation** 鍵，出現如下的對話盒。

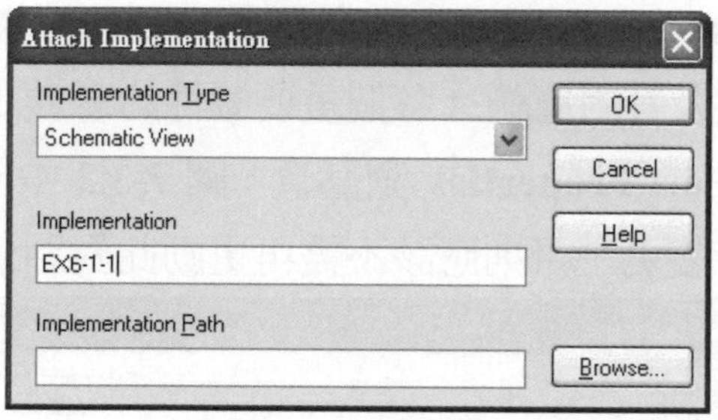

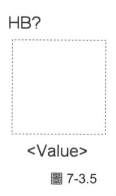

圖 7-3.4

8. 在 **Implementation Type** 選表中點選 Schematic View 選項，表示此元件將會
參考某一張電路圖，而另一個 **Implementation** 空格即是填入此電路圖的名
稱。**Implementation Path** 表示此電路圖所儲存的路徑及其專案檔名，不填表示
和目前所要儲存的路徑及專案名稱相同。

9. 依圖 7-3.3、圖 7-3.4 設定各個選項後結束 New **Part Properties** 及 **Attach**
Implementation 對話盒，隨後即出現如下的 **Part Editor** 子視窗頁籤。

HB?

<Value>

圖 7-3.5

10. 利用 7-2 節介紹的元件符號編輯方法，依圖 7-3.6 畫出 RECTIFIER 元件符號的外觀。

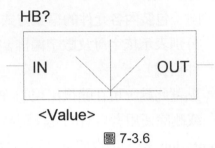

圖 7-3.6

11. 點選 **Options/Part Properties**，出現如圖 7-3.7 的對話盒。此對話盒主要描述元件中重要的屬性及其對應值（各個重要屬性的意義請參考 1-3 節），一般來說，由於在 **New Part Properties** 對話盒，圖 7-3.3 中已針對幾個常用的屬性做設定，除非有臨時變更，否則應該不需再更動此對話盒的內容。

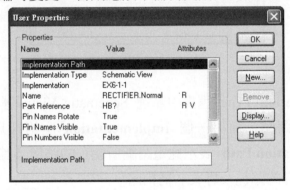

圖 7-3.7

12. 點選 **File/Save**，將此元件符號存入 usr.olb 中。

13. 再度開啟 EX6-1.opj，依照 2-1 介紹之「符號元件庫的新增」步驟，在此專案下加入 usr.olb，最後在 **Schematic Page Editor** 中呼叫 RECTIFIER，便會得如圖 7-3.8 的符號。

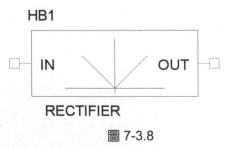

圖 7-3.8

14. 將此符號代換圖 6-1.1 的全波整流器方塊，並將元件屬性中的 **Primitive** 選項改為 NO（表示設定此元件不再被視為一個「基本元件」，此時 **View/Descend Hierarchy** 便會 Enable，讓使用者得以瀏覽所連結的「子圖」），最後再執行 **PSpice** 模擬，便可得與 6-1 節完全相同的模擬結果。

您可能會覺得很奇怪：剛才所新增的 RECTIFIER 元件在編輯過程中不是已經設定為「階層式元件」了嗎？為何還要在畫電路圖時，再次修改 **Primitive** 屬性以確定該元件是「階層式元件」或「基本元件」？其實這是 **OrCAD Capture CIS** 給使用者在未來做電路佈局（Layout）轉換時預留的彈性做法。如果設定 **Primitive** = NO，則會連同其「子圖」中所有的元件一起做轉換；反之，則直接將此 RECTIFIER 元件當做一個單獨的元件（當然必須賦予它元件包裝型式名稱 PCB Footprint），這種做法特別適用於「包裝模組化」的電路系統。至於電路佈局轉換的詳細操作步驟請參考附錄 A。

二、Tools/Create Netlist 的應用

早期 DOS 版時代的 **PSpice** 使用者對 Netlist File 和「子電路」指令（.SUBCKT）一定不會太陌生。當然，在現今圖形介面如此進步的視窗作業環境下，相信已經不太會有人透過 Netlist File 來描述電路串接方式了。但依筆者多年來設計電路的經驗，Netlist File 有時在「電路偵錯」上仍然有其好用之處，畢竟當我們在看電路圖的時候，常常會不經意地忽略某些小細節而不自知，這其中的甘苦實在難以用筆墨形容，真的只能說：「如人飲水，冷暖自知」了......

既然提到了 Netlist File 及 .SUBCKT 指令，我想就有必要向大家介紹 **PSpice A/D** 產生 Netlist File 的各種方式及如何將 .SUBCKT 指令所描述的「子電路」文字檔與元件符號連結的步驟。

PSpice A/D 產生 Netlist File 的途徑有兩個：一個是由 **Schematic Page Editor** 視窗中點選 **PSpice/Create Netlist**。我們若再度以圖 6-1.1 的電路為例，其所產生的 Netlist File 如下：

```
* source EX6-1
V_Vin           IN 0 DC 0 AC 1
+SIN 0 2 1k 0 0 0
D_Rectifier_D1          IN OUT1 D1N4148
```

D_Rectifier_D2	Rectifier_N00435 OUT1 D1N4148	
R_Rectifier_R2	Rectifier_N00425 Rectifier_N00435	1k
R_Rectifier_R1	IN Rectifier_N00425	1k
X_Rectifier_U1	0 Rectifier_N00425 VCC VEE Rectifier_N00435 uA741	
C_LP_Filter_C3	LP_Filter_N00643 0	3.5u
C_LP_Filter_C4	LP_Filter_N00677 0	5.7u
C_LP_Filter_C6	LP_Filter_N00643 LP_Filter_N00677	232.9n
C_LP_Filter_C7	LP_Filter_N00677 OUT	637.8n
L_LP_Filter_L1	LP_Filter_N00643 LP_Filter_N00677	10.3m
L_LP_Filter_L2	LP_Filter_N00677 OUT	9.1m
C_LP_Filter_C5	OUT 0	3.1u
X_LP_Filter_U1	OUT1 LP_Filter_N00643 VCC VEE LP_Filter_N00643 uA741	
R_R1	OUT 0 50	
V_V1	VCC 0 15V	
V_V2	VEE 0 -15V	

表 7-3.1

看了以上的結果，您可能會浮現一個想法：圖 6-1.1 的「主圖」中明明只有兩個階層式方塊和少數幾個元件符號，為什麼產生的 Netlist File 中卻有這麼多元件？原因就在於 **PSpice/Create Netlist** 指令是以「平面化」的方式將整個電路（包含階層式方塊內的電路）展開在同一層，這樣的作法當然對於 **PSpice A/D** 主程式來說是比較方便的，但對於一般的使用者來說，此種格式的「可讀性」卻偏低。所以 **PSpice A/D** 便提供了第二種產生 Netlist File 的方法——利用 **Project Manager** 中的 **Tools/Create Netlist** 指令，以下我們仍以圖 6-1.1 的電路為例，針對其操作步驟做一簡介。

1. 開啟 EX6-1.opj 檔案，並點選 **Project Manager** 檔案列表中的「主圖」檔案名稱（本例為 ./Ex6-1.dsn/SCHEMATIC1）。

2. 點選 Tools/Create Netlist，出現如下的對話盒。

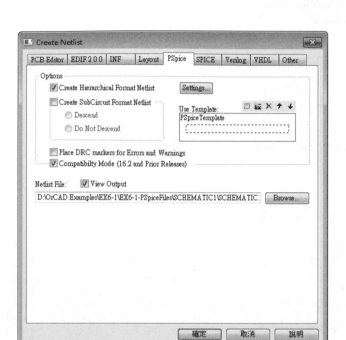

圖 7-3.9

3. 首先，請點選 Create Hierarchical Format Netlist 選項
   至於 **Create SubCircuit Format Netlist** 選項，我們將在以下的內容中分別針對
   這些選項不同組合所產生的結果做一詳細說明，希望能讓您對這部份的功能有
   更清楚的認識。

4. 點選對話盒下方的 **View Output** 選項，表示系統會立即顯示轉換後的電路串接
   文字檔（以本例而言即是 SCHEMATIC1.NET，其檔案儲存資料夾為 D:\OrCAD
   Examples\EX6-1\EX6-1-PSpiceFiles\SCHEMATIC1）的內容。點選＜確定＞鍵後
   即可得如下的結果：

```
* source EX6-1
V_Vin            IN 0 DC 0 AC 1
+SIN 0 2 1k 0 0 0
X_Rectifier IN OUT1 EX6-1-1
X_LP_Filter OUT1 OUT EX6-1-2
R_R1             OUT 0    50
V_V1             $G_VCC 0 15V
V_V2             $G_VEE 0 -15V
```

```
.SUBCKT EX6-1-2 IN OUT
C_C3           N00643 0    3.5u
C_C4           N00677 0    5.7u
C_C6           N00643 N00677    232.9n
C_C7           N00677 OUT    637.8n
L_L1           N00643 N00677    10.3m
L_L2           N00677 OUT    9.1m
C_C5           OUT 0    3.1u
X_U1           IN N00643 $G_VCC $G_VEE N00643 uA741
.ENDS


.SUBCKT EX6-1-1 IN OUT
D_D1           IN OUT D1N4148
D_D2           N00435 OUT D1N4148
R_R2           N00425 N00435    1k
R_R1           IN N00425    1k
X_U1           0 N00425 $G_VCC $G_VEE N00435 uA741
.ENDS
```

表 7-3.2

由此結果可得知，**Create Hierarchical Format Netlist** 選項乃是**將電路圖**中「**階層式」的概念忠實且完整地轉換成文字檔格式**。您可以比較一下表 7-3.1 與表 7-3.2 的內容，即可很明顯的看出其不同之處，表 7-3.2 中的第四、五行均是以 X 開頭的元件，這在 **PSpice A/D** 中即表示該元件是一個「子電路」，所以我們也可以在檔案的後半段看到兩組「子電路」指令（.SUBCKT）的敘述文字，而這兩組「子電路」即對應了圖 6-1.1 中的兩個階層式方塊。

接下來，我們來嚐試第二種轉換方式。

5. 點選 **Create SubCircuit Format Netlist** 選項，並將 **Create Hierarchical Format Netlist** 選項取消。您會發現，**Create SubCircuit Format Netlist** 選項下尚有兩個子選項，但只有 **Descend** 選項可以選擇，此時其所產生的文字檔為 SCHEMATIC1.LIB（其檔案儲存資料夾也是 D:\OrCAD Examples\EX6-1\EX6-1-PSpiceFiles\SCHEMATIC1）。確認無誤後即可點選＜確定＞鍵，得如下的結果：

```
* source EX6-1
.SUBCKT SCHEMATIC1
V_Vin              IN 0 DC 0 AC 1
+SIN 0 2 1k 0 0 0
D_Rectifier_D1              IN OUT1 D1N4148
D_Rectifier_D2              Rectifier_N00435 OUT1 D1N4148
R_Rectifier_R2              Rectifier_N00425 Rectifier_N00435    1k
R_Rectifier_R1              IN Rectifier_N00425    1k
X_Rectifier_U1              0 Rectifier_N00425 VCC VEE Rectifier_N00435 uA741
C_LP_Filter_C3              LP_Filter_N00643 0    3.5u
C_LP_Filter_C4              LP_Filter_N00677 0    5.7u
C_LP_Filter_C6              LP_Filter_N00643 LP_Filter_N00677    232.9n
C_LP_Filter_C7              LP_Filter_N00677 OUT    637.8n
L_LP_Filter_L1              LP_Filter_N00643 LP_Filter_N00677    10.3m
L_LP_Filter_L2              LP_Filter_N00677 OUT    9.1m
C_LP_Filter_C5              OUT 0    3.1u
X_LP_Filter_U1              OUT1 LP_Filter_N00643 VCC VEE LP_Filter_N00643 uA741
R_R1              OUT 0    50
V_V1              VCC 0 15V
V_V2              VEE 0 -15V
.ENDS
```

表 7-3.3

　　表 7-3.3 和表表 7-3.1 之間除了檔案的前後多了一組 .SUBCKT 指令以外，其餘內容全部相同。由此可知，**Create SubCircuit Format Netlist** 選項乃是**將整張電路圖轉成一個「子電路」文字檔格式**，至於 **Descend** 選項則是表示系統仍是以「平面化」的方式將整個電路（包含階層式方塊內的電路）展開在同一層。

　　接下來，我們來嚐試第三種轉換方式。

6. 同時點選 Create Hierarchical Format Netlist 及 Create SubCircuit Format Netlist 兩個選項，並點選 Descend 子選項，此時其所產生的文字檔為 SCHEMATIC1.LIB。確認無誤後即可點選＜確定＞鍵，得如下的結果：

```
* source EX6-1
.SUBCKT SCHEMATIC1
V_Vin              IN 0 DC 0 AC 1
+SIN 0 2 1k 0 0 0
```

```
X_Rectifier IN OUT1 EX6-1-1
X_LP_Filter OUT1 OUT EX6-1-2
R_R1              OUT 0    50
V_V1              $G_VCC 0 15V
V_V2              $G_VEE 0 -15V
.ENDS


.SUBCKT EX6-1-2 IN OUT
C_C3              N00643 0    3.5u
C_C4              N00677 0    5.7u
C_C6              N00643 N00677    232.9n
C_C7              N00677 OUT    637.8n
L_L1              N00643 N00677    10.3m
L_L2              N00677 OUT    9.1m
C_C5              OUT 0    3.1u
X_U1              IN N00643 $G_VCC $G_VEE N00643 uA741
.ENDS


.SUBCKT EX6-1-1 IN OUT
D_D1              IN OUT D1N4148
D_D2              N00435 OUT D1N4148
R_R2              N00425 N00435    1k
R_R1              IN N00425    1k
X_U1              0 N00425 $G_VCC $G_VEE N00435 uA741
.ENDS
```

表 7-3.4

由表 7-3.4 和表 7-3.2 的內容可清楚得知,這兩種轉換方式的基本概念是相同的,差異之處只是在表 7-3.4 的「主電路」也整個被轉成一個大的「子電路」。當然,其中還包括了兩個小的「子電路」;另外,系統也同時列出這兩個小「子電路」的內容。

最後,我們來嚐試第四種轉換方式。

7. 同時點選 **Create Hierarchical Format Netlist** 及 **Create SubCircuit Format Netlist** 兩個選項,並點選 **Do Not Descend** 子選項,此時其所產生的文字檔仍為 SCHEMATIC1.LIB。確認無誤後即可點選<確定>鍵,得如下的結果:

```
* source EX6-1
```

```
.SUBCKT SCHEMATIC1
V_Vin              IN 0 DC 0 AC 1
+SIN 0 2 1k 0 0 0
X_Rectifier IN OUT1 EX6-1-1
X_LP_Filter OUT1 OUT EX6-1-2
R_R1               OUT 0    50
V_V1               $G_VCC 0 15V
V_V2               $G_VEE 0 -15V
.ENDS
```

表 7-3.5

　　表 7-3.5 和表 7-3.4 的差異僅在於：系統並不列出 EX6-1-1 及 EX6-1-2 這兩個「子電路」的內容。

　　在表 7-3.2 到表 7-3.5 中，我們多次看到 .SUBCKT 指令。早期 DOS 版時代的 **PSpice** 透過 .SUBCKT 這個指令，讓使用者可以不需一再重覆地描述某一電路，而僅僅以一行類似先前「方塊」的寫法，再確定對外接腳的數目、次序及子電路名稱（關於子電路的描述格式請參考附錄 C）後即可呼叫該子電路進行模擬。

　　曾有讀者問到：「若我想要以利用上述方式所轉出來的子電路文字檔，或是經由其他途徑取得的子電路元件模型文字檔為基礎，建立對應的元件符號，該如何進行？」。以下筆者便將針對這個問題，再度以 6-1 節的例子（以 EX6-1-1 這個「子電路」為例）來說明其操作步驟。

　　首先，您必須先確定您所要用的「子電路」名稱及其對應檔案的檔名是什麼？以本例而言，最簡單的方式就是直接引用表 7-3.4 這個檔案（檔名為 SCHEMATIC1.LIB，同時您可以看到 EX6-1-1 這個「子電路」的名稱即被定為 EX6-1-1。另外，這個子電路的對外接腳有兩支，分別對應到 EX6-1-1 電路圖中的 IN 及 OUT 接腳。此部份的接腳數目及名稱次序要先請您特別留意，待會兒還會用到）。接著再利用 **Part Editor** 編繪一個新的元件符號，經過一些程序即可將該符號與子電路文字檔連結，方便往後的使用。以下為其操作步驟：

1. 再度開啟 usr.opj，在 usr.olb 中新增一個元件 RECTIFIER_SUBCKT，並將 **Part Reference Prefix** 設定為 X（這是「子電路」的 **PSpice** 英文簡寫），並取消 **Pin Number Visible** 選項。

2. 依圖 7-3.6 編繪元件符號外觀及接腳。

3. 點選 **Options/Part Properties**，將 **Implementation** 屬性設為此符號對應之子電路文字檔的子電路名稱（如先前 SCHEMATIC1.LIB 中的 EX6-1-1 或自行修改的名稱），並將 **Implementation Type** 屬性設為 PSpice Model。

4. 新增 **PSpiceTemplate** 屬性，並將其值設定如下：

    X^@REFDES %IN %OUT @MODEL

    上列 **PSpiceTemplate** 屬性的設定必須和 EX6-1-1 子電路中的接腳數目及其對應順序完全相同，否則將造成電路圖轉譯上的嚴重錯誤。

5. 結束元件屬性的設定後，將此元件符號儲存起來，即完成「子電路」元件符號的編輯。

📁 連結元件模型參數檔

最後特別需要一提的是：「子電路」元件符號（如前述的 RECTIFIER_SUBCKT）本身真的就只是一個符號，如果沒有連結 7-1 節所介紹的「模型參數元件庫（*.LIB）」檔案（如前述表 7-3.4 的 SCHEMATIC1.LIB），是沒有辦法進行模擬的！接下來我們將繼續說明在模擬的過程中，如何連結自行新增及定義的 *.LIB 檔，以確保此類「子電路」元件能正確地對應到所需的模型參數。

以前面提到的 SCHEMATIC1.LIB 為例，操作步驟如下：

1. 在您要執行模擬的專案中開啟「分析參數設定對話盒」，並在 **Configuration Files** 頁籤的 **Category:** 列表中點選 **Library** 選項，出現如圖 7-3.10 的畫面。

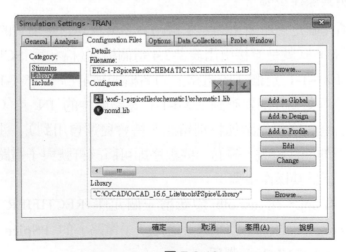

圖 7-3.10

2. 點選圖 7-3.10 中的 **Browse** 鍵，出現如圖 7-3.11 的對話盒。接下來您必須依照該「模型參數元件庫（*.LIB）」檔案所儲存的資料夾路徑及檔名找到該檔案（以本例而言，即是 \OrCAD Examples\EX6-1\EX6-1-PSpiceFiles \SCHEMATIC1 資料夾下的 SCHEMATIC1.LIB），確認無誤後即可點選＜開啟＞鍵。

在此補充一點：若是站在檔案管理的角度來看，筆者仍建議您將日後所有新增的模型參數集中儲存在幾個模型參數元件庫檔案中（如 usr.lib，若數量太多還可自行分類）再存至 \Cadence\SPB_17.2\tools\PSpice\Library 資料夾下，方便日後查詢與呼叫使用。

3. 點選圖 7-3.10 中的 **Add to Design** 鍵，則 SCHEMATIC1.LIB 檔即會出現在圖 7-3.10 中央的 **Configured** 列表中。這表示我們設定此模型參數元件庫檔案（*.LIB）與**目前編輯的專案**連結（注意是只與**一個專案**連結）；若使用者希望所有專案都能用到此模型參數元件庫檔案，則必須點選 **Add as Global** 鍵。

4. 點選＜確定＞鍵結束圖 7-3.10 的對話盒，完成元件模型參數檔案的連結，接下來您便可以依照實際的需要，參考前述章節的操作步驟繼續進行後續的模擬設定。

既然已經介紹了「子電路」元件，筆者認為有必要在此提醒一件事：**PSpice A/D** 試用版嚴格限制在模擬電路的過程中，呼叫「子電路」（即以英文字母 X 為首的元件）的次數必須在兩次（含）以內（當然，專業版並沒有這個限制！），如果超過限制，系統會在文字輸出檔（*.out）中顯示下列的錯誤訊息：

ERROR -- Circuit Too Large!

EVALUATION VERSION Limit Exceeded for "X" Devices!

由於前述 EX6-1-1 和 EX6-1-2 這兩個「階層式方塊」中都各有一個 uA741，如果我們將其中任何一個轉換成「子電路」元件（意即以 X 為首的元件）再套入 EX6-1 的「主圖」進行模擬，則 **PSpice A/D** 在模擬過程中呼叫「子電路」的次數就會超過兩次，導致模擬無法完成，這點請使用 PSpice A/D 試用版的讀者特別留意。

至此，我們已經介紹了編輯「具有階層結構之元件符號」及「子電路」元件符號的操作步驟。此時，您可能會有一個疑問，這兩種方法之間各有什麼優缺點嗎？關於這點，我們做如下的解釋：

第一種方法基本上是將「階層方塊」符號做些符號外型上的改變，但其「階層方塊」的本質都沒有改變。也就是說，以這種方法修改的符號仍然可以對應到「某一個子圖」。這樣對使用者來說，可以很輕易的經由 **Descend Hierarchy** 指令了解此「階層方塊」內的詳細電路結構。

第二種方法則完全不同，它直接將「子電路」的文字檔內容對應到元件符號，所以使用者沒辦法經由 **Descend Hierarchy** 指令了解此「子電路」內的詳細電路結構。但對於一個現成的子電路文字檔來說，這卻是最快可以模擬其電氣特性的做法，而不需重繪整張電路圖。

所以我們可以說：兩種方法都各有優缺點，至於要選用那一種方法就全看您的決定了！希望藉由此兩種方法的靈活運用，帶給您設計電路時最大的幫助，如此我們的「辛苦整理」也算有價值了！祝您使用愉快！

習 題

7.1 一般常見的運算放大器可以用下圖這樣的簡單電路概略描述，其中

1. 輸入、輸出電阻分別為 Rin 及 Ro

2. 壓控電流源與 Vd 之間的關係如下所述：

   $$I(Gm) = Isat \qquad \text{for } Vd > Vth$$
   $$gm * Vd \qquad \text{for } Vth > Vd > -Vth$$
   $$-Isat \qquad \text{for } -Vth > Vd$$

3. 開迴路增益（Open-Loop Gain）Av = gm * R1

4. 增益－頻寬積（Gain-Bandwidth Product）

   GBW = Av / (2*pi*R1*C1)

5. 延遲率（Slew Rate）SR = Isat / C1

6. 壓控電壓源 Eo 為電壓隨耦器（Voltage Follower），故增益為 1

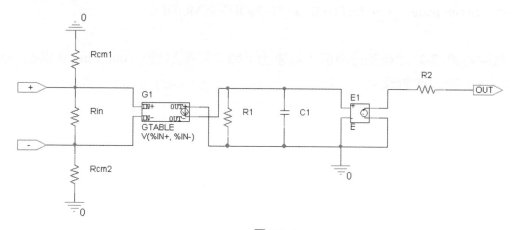

圖 P7.1

UA741 典型的規格特性如下所示：

Av = 200,000 　　　　Rin = 2M Ohms 　　　　Ro = 75 Ohms

GBW = 1M Hz 　　　　SR = 0.5 V/us

試以上述的等效電路為基礎，求出可以模擬 UA741 特性的各個元件值。

7.2 試以 7-2 節的步驟編輯如下的運算放大器元件符號。

圖 P7.2

其元件符號屬性如下：

Part Reference = X?

Name = OP

Implementation Type = PSpice Model

Implementation = OP

PSpiceTemplate = X^@REFDES %+ %- %OUT @MODEL

7.3 利用習題 **7-2** 所得的運算放大器求出下圖中電壓增益（Vout/Vin）對參數 a（0 < a < 1）的函數曲線。

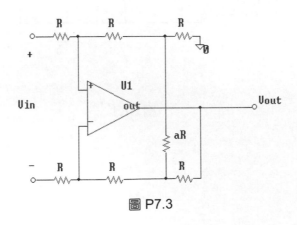

圖 P7.3

提示：因 7-2 節所介紹的新壓控電流源符號並不適用於階層式電路圖，所以如果
　　　您要完成類似本習題之運算放大器電路的模擬，建議您先用文書編輯器編
　　　輯一個子電路檔如下：

*OP MODEL + - OUT

.SUBCKT OP 1 2 3

Rin 1 2 [輸入電阻值]

G1 0 4 TABLE {V(1,2)} =

+[轉換曲線的描點，此部份請參考 6-2 節]

R1 4 0 [R1 電阻值]

C1 4 0 [C1 電容值]

Eo 5 0 4 0 1

Ro 4 3 [輸出電阻值]

.ENDS

將此檔儲存後，再以 7-1 節中所介紹的方法將其加入所要模擬之電路的圖檔中即
可。

7.4　圖 P7.4 為 KHN 二階濾波器電路，Vhp、Vbp 及 Vlp 分別為「高通」、「帶通」
及「低通」輸出節點。試利用習題 **7.2** 所得的運算放大器模擬此電路，求出其
中心頻率值並利用參數調變分析判斷各電阻、電容值與中心頻率值之間的關係。

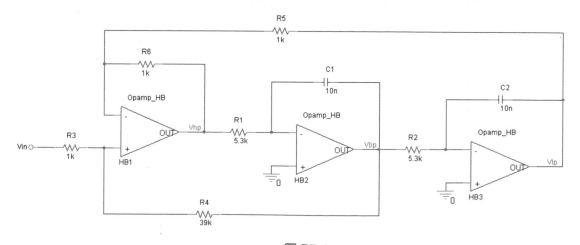

圖 P7.4

實例篇

8

電子學應用範例

　　只要是修過電子學及電路學的學生，相信都有過這樣的經驗：為了導出某一電路的輸出響應（不論是頻率響應或是時間響應），往往都要費盡心力、「手力」甚至「眼力」，才能算出一個答案；更常令人扼腕的是：如果此時又沒有任何解答可供參考時，還無法確定自己到底有沒有算錯？許多的學生就是在這一次又一次的挫折後漸漸喪失對「電子科技」的興趣，這實在非常可惜！有鑑於此，我們在本書最末的實例篇中列舉一些在前幾章未提及，但在電子學、電路學……等課程中常見的電路，並利用 **PSpice A/D** 加以分析。修習這些課程的學生可以藉助這些例子反覆地練習前幾章介紹的各項功能，更可藉由 **PSpice A/D** 的協助，算出某些複雜電路的答案；讓學生們在經過冗長的計算過程後，有一個正確的答案可以參考，將其與在課堂上所學的互相驗證，相信必能大大提高學習興趣。除此之外，對於已經踏入業界的電子工程師而言，這些範例也可以提供您在利用 **PSpice A/D** 完成「計畫」的過程中，一些使用及操作細節上有力的參考資料。

8-1 橋式整流器（Bridge Rectifier）

圖 8-1.1 所示為一橋式整流器電路，試以 **PSpice A/D** 求出其轉換特性 (Transfer Characteristic) 曲線。

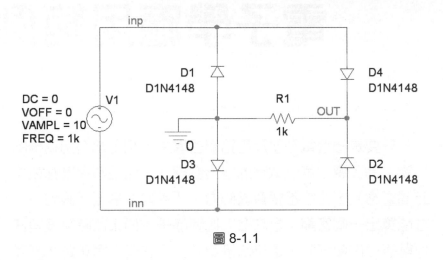

圖 8-1.1

■ 元件屬性的設定

Vin：DC=0V、VOFF=0V、VAMPL=10V、FREQ=1k

■ 直流分析參數的設定

Sweet variable：Voltage source　　　**Name**：V1

Sweep type：Linear

範圍：-10V 到 10V，增量為 0.01V

■ 暫態分析

Maximum step size：10us　　　　　Run to time：4ms

📁 結果

　　呼叫 V(OUT) 得圖 8-1.2，可以清楚看到此橋式整流器「全波整流」的特性。圖 8-1.3 則是其暫態分析的結果，其中的 I(D1) 及 I(D3) 電流波形清楚顯示此橋式整流器動作過程中，電流方向的變化情形完全吻合電子學教科書上的學理說明。

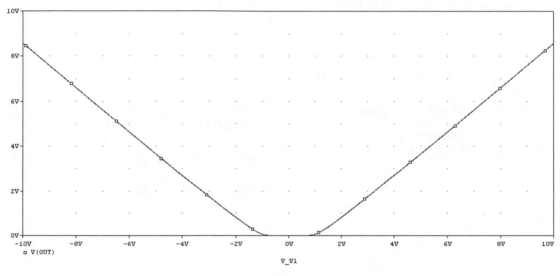

圖 8-1.2

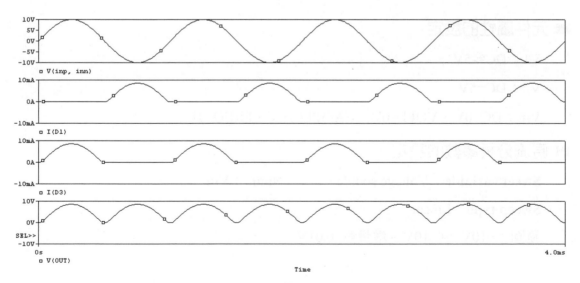

圖 8-1.3

8-2 限制器電路 (Limiter Circuits)

在許多電路的應用中，太大的電壓振幅往往容易造成元件的損壞，此時便需要限制其電壓振幅的大小，限制器電路也就應運而生。圖 8-2.1 為一典型的限制器電路，試以 **PSpice A/D** 求出其轉換特性 (Transfer Characteristic) 曲線。

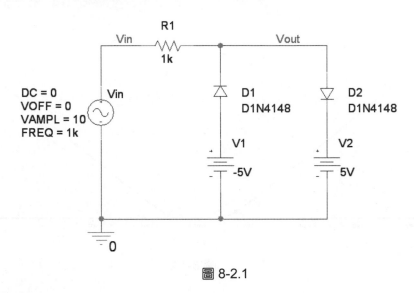

圖 8-2.1

■ 元件屬性的設定

V1：DC=-5V

V2：DC=5V

Vin：DC=0V、VOFF=0V、VAMPL=10V、FREQ=1k

■ 直流分析參數的設定

Sweet variable：Voltage source　　　**Name**：Vin

Sweep type：Linear

範圍：−10V 到 10V，增量為 0.01V

結果

　　呼叫 V(Vout) 得圖 8-2.2，可以清楚看到此限制器電路在輸入電壓約 −5.7V ～ 5.7V 之間，輸出電壓 Vout 會等於輸入電壓，即轉換曲線的斜率等於 1；一旦超出上述範圍，便分別被限制在 −5.7V 與 5.7V 左右，正確地呈現限制器電路的特性。

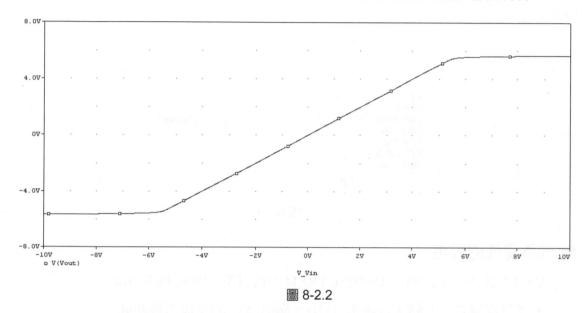

圖 8-2.2

　　您也可以執行暫態分析，得到如圖 8-2.3 的結果。該輸出波形也同樣顯示此電路將輸出電壓限制在正負 5.7V 左右的範圍。

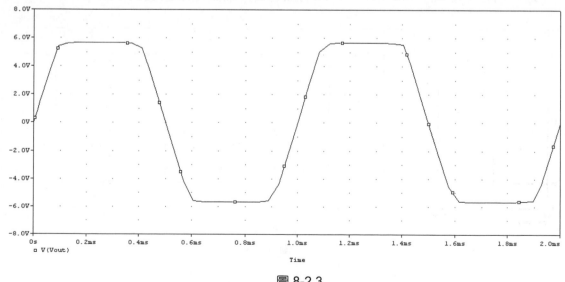

圖 8-2.3

8-3 箝位電路 (Clamping Circuits)

箝位電路常被應用在恢復交流訊號的直流成份，也因此常被稱為「直流重建器」
(DC Restorer)。圖 8-3.1 為一無負載的箝位電路，試以 **PSpice A/D** 求出其輸出電壓的
波形。

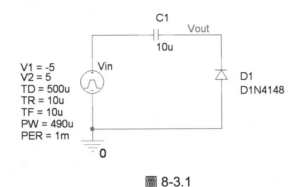

圖 8-3.1

📁 元件屬性的設定

Vin：V1=-5V, V2=5V, TD=500u, TR=TF=10u, PW=490u, PER=1m

上述設定值表示此輸入為頻率 1kHz、振幅 5V 的交流方波訊號

📁 結果

最後的結果如圖 8-3.2 所示，可以明顯看出其輸出電壓已經上移到 0～10V。

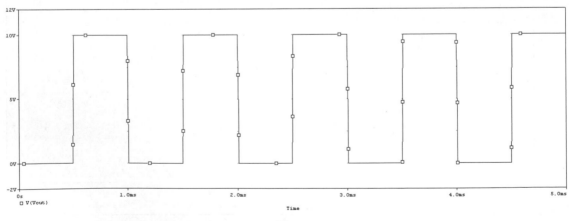

圖 8-3.2

　　您可以進一步模擬包含電阻負載的箝位電路(如圖 8-3.3)，圖 8-3.4 即是其輸出波形。可以清楚地看出因 R-C 充放電所造成的暫態響應，不過此暫態響應大約在兩個週期以後便衰減消失。

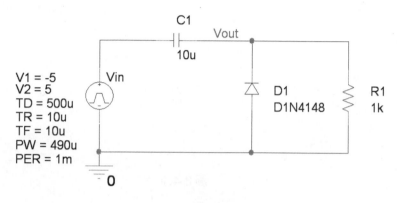

圖 8-3.3

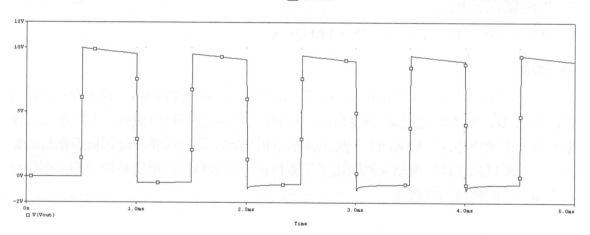

圖 8-3.4

8-4 倍壓器 (Voltage Doubler) 電路

圖 8－4·1所示為一倍壓器電路，試以 **PSpice A/D** 求出其輸出電壓。

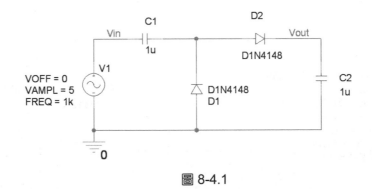

圖 8-4.1

📂 元件屬性的設定

V1：VOFF=0V、VAMPL=5V、FREQ=1k

📂 結果

分別呼叫 V(Vin)、V(Vout)、I(D1) 及 I(D2) 的波形，得圖 8-4.2 的畫面。可以清楚地看出 D1 及 D2 這兩個二極體元件分別在不同的時段導通，使得輸出電壓得以愈來愈高，最後將趨近於輸入訊號振幅的兩倍（但仍需扣除二極體本身順向偏壓時的壓降）。您可以利用此模擬結果對照電子學教科書中所解釋的倍壓器動作原理，相信會有更深一層的體會與收穫。

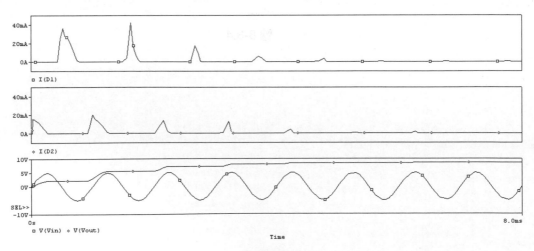

圖 8-4.2

8-5　穩壓 (Voltage Regulator) 電路

　　圖 8-5.1 為一利用 Zener Diode 所設計的穩壓電路，其中的 Zener Diode（型號 1N750，元件符號名稱為 D1N750）在 $I_Z = 20mA$ 時的 V_Z 等於 4.7V（I_Z 及 V_Z 參數的定義，請自行參閱電子學教科書）。試以 **PSpice A/D** 求出：

1. 此穩壓電路在 10V ± 1V 之範圍內的「電源調節率 (Line Regulation)」，以 mV/V 表示。

2. 若此穩壓電路原訂的標準輸出負載電流為 1mA，試求其在 1mA ± 10% 之範圍內的「負載調節率 (Load Regulation)」，以 mV/mA 表示「電源調節率」與「負載調節率」的定義，亦請自行參閱電子學教科書。

▣ 計算「電源調節率」

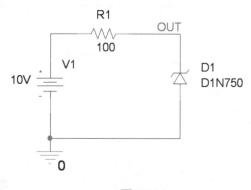

圖 8-5.1

▣ 直流分析參數的設定

　　Sweet variable：Voltage source　　**Name**：V1

　　Sweep type：Linear

　　範圍：0V 到 11V，增量為 0.01V

▣ 結果

　　呼叫 V(OUT)、啟動游標功能並將游標 1 移到輸入電壓 6.7V 處，得圖 8-5.2 的畫面，由此結果可以算出此 Zener Diode 在 $I_Z = 20mA$ 時，V_Z 確實等於 4.7V。

　　將游標 1 移到輸入電壓 11V 處，再按住滑鼠右鍵將游標 2 拉到輸入電壓 9V 處，如圖 8-5.3，即可計算出「電源調節率」等於 22.355mV/2V = 11.1775mV/V。

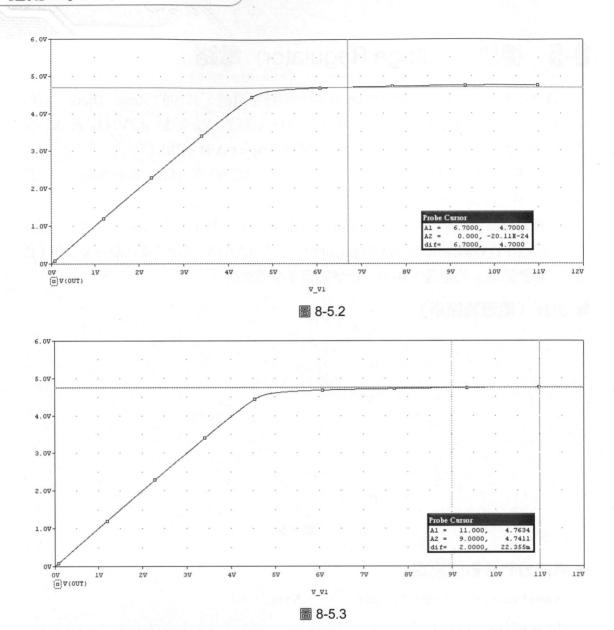

圖 8-5.2

圖 8-5.3

▇ 計算「負載調節率」

將電路改成如圖 8-5.4 的畫法，其中的 I1 即代表「負載電流」。接下來只要利用「直流分析」改變此負載電流的值，即可計算出「負載調節率」。

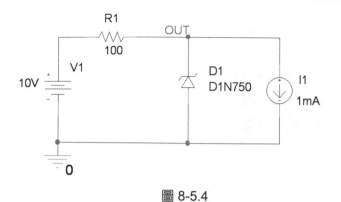

圖 8-5.4

直流分析參數的設定

Sweet variable：Current source　　**Name**：I1

Sweep type：Linear

範圍：0.9mA 到 1.1mA，增量為 10uA

結果

呼叫 V(OUT)、啟動游標功能並分別將游標 1、游標 2 移到負載電流 0.9mA 及 1.1mA 處，得圖 8-5.5 的畫面，即可計算出「負載調節率」等於 224.590uV/-200uA = 1.12295mV/mA。

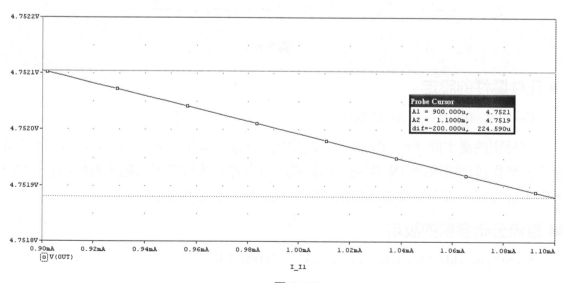

圖 8-5.5

8-6 負阻抗轉換器 (NIC)

圖 8-6.1 為一利用 uA741 運算放大器所設計的負阻抗轉換器 (Negative Impedance Converter，簡稱 NIC) 電路。由電子學相關書籍中很容易可以查到：此負阻抗轉換器電路的等效輸入電阻值為 –R3 * (R1/R2)。試以 **PSpice A/D** 求出其等效輸入電阻值。

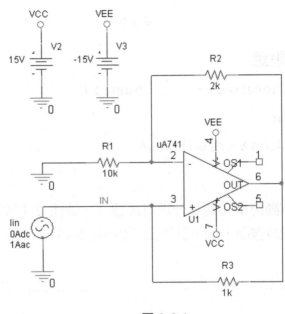

圖 8-6.1

■ 元件屬性的設定

Iin：DC=0V　　　　ACMAG=1

請特別注意！此 Iin 電流源的正端接地，負端則接在 IN 節點。這表示 Iin 的電流方向是從接地端流向 IN 節點。由於電流方向會直接影響等效輸入阻抗的相位值，絕對不能接反，否則將會造成對輸出結果的誤判，不可不慎！

■ 直流分析參數的設定

Sweet variable：Current source　　　**Name**：Iin

Sweep type：Linear

範圍：–1mA 到 1mA，增量為 0.1mA

結果

呼叫 V(IN)，得圖 8-6.2 的畫面。由於圖 8-6.2 中的X軸變數為輸入電流 Iin，而Y軸變數為輸入電壓 V(IN)；由基本電子學的定義可知：等效輸入電阻即是「輸入電壓對輸入電流的微分」，也就是圖 8-6.2 中 V(IN) 曲線的斜率。您只要啟動游標功能，再經由簡單的計算，即可求得此電路的等效輸入電阻值為 −5KΩ，完全吻合前述的公式所計算的結果。

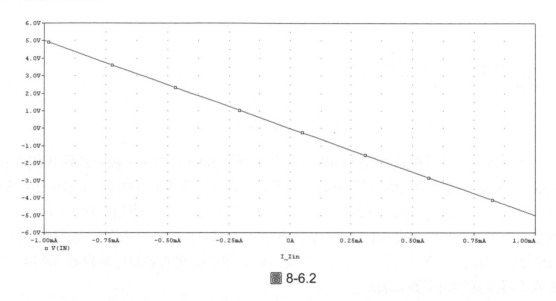

圖 8-6.2

不過，圖 8-6.2 的結果只能顯示此電路的 DC 靜態特性。若您想了解圖 8-6.1 的負阻抗轉換器電路能夠在多大的頻率範圍內正常操作（也就是維持其「負阻抗轉換」的特性）？就必須進一步分析此電路的頻率響應，以下說明其相關設定及模擬結果。

交流分析參數的設定

掃瞄方式：Decade　　　Points/Decade: 10　　　範圍：1 到 1Meg

結果

執行完交流分析的模擬後，點選 **PSpice/Markers/Plot Window Templates**，再選擇對話盒列表中的 **Bode Plot – separate**，最後將探針點在 IN 節點上，即可得到如圖 8-6.3 的畫面。

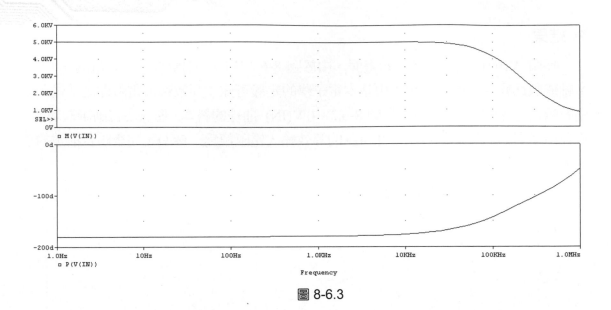

圖 8-6.3

　　從圖 8-6.3 可以看到此電路在輸入訊號頻率約 10kHz 以內，輸入節點 V(IN) 的振幅（請注意！此處的振幅是電壓絕對值，不是 dB 值）與其相位幾乎分別保持在 5kV 及 −180°，表示其等效輸入電阻值也是 -5KΩ，與前述直流分析的結果完全符合。這個結果表示：圖 8-6.1 的負阻抗轉換器電路只能在 10kHz 的頻率範圍內維持其「負阻抗轉換」的特性。當然，您一定很容易聯想到此頻率範圍的限制是來自於 uA741 運算放大器本身的頻率響應限制。

8-7 積分器與微分器

積分器

　　圖 8-7.1 為一利用 uA741 運算放大器所設計之米勒積分器 (Miller Integrator) 電路。試以 **PSpice A/D** 求出其頻率響應及暫態響應。

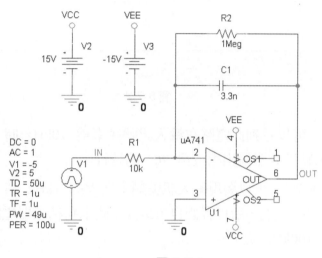

圖 8-7.1

交流分析參數的設定

　　掃瞄方式：Decade　　　　Points/Decade: 10　　　　範圍：1 到 10Meg

結果

　　執行完交流分析的模擬後，點選 **PSpice/Markers/Plot Window Templates**，再選擇對話盒列表中的 **Bode Plot dB – separate**，最後將探針點在 OUT 節點上，即可得到如圖 8-7.2 的畫面。

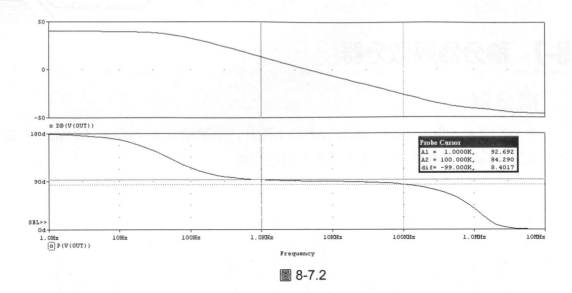

圖 8-7.2

　　啓動游標功能，可以看到此電路在輸入訊號頻率為 10kHz 時，輸出訊號的相位為 89.699°，符合米勒積分器輸出相位為 90° 的特性。

　　進一步檢視圖 8-7.2，可以發現輸入訊號頻率在大約 1kHz 到 100kHz 這個範圍內，輸出相位都在 90° 左右，所以我們也可以說：此米勒積分器電路的適用頻率範圍大約就在 1kHz 到 100kHz 之間。

　　接下來，我們就輸入一個頻率為 10kHz 的方波，觀察其輸出波形是否符合積分器的特性。

■ 暫態分析參數的設定

　　Run to time：20ms

■ 結果

　　執行完暫態分析的模擬後，分別呼叫 V(IN) 及 V(OUT) 的波形，得到如圖 8-7.3 的畫面。

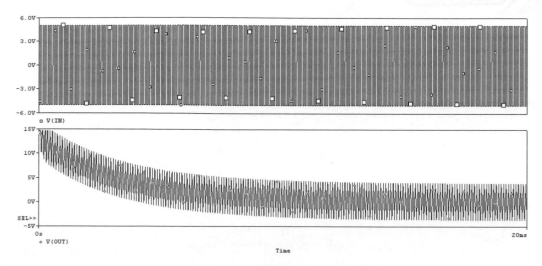

圖 8-7.3

　　圖 8-7.3 的結果顯示此積分器電路有明顯的暫態響應，為方便觀察此電路在穩態時的行為，請點選 **Plot/Axis Setting...**，將 X 軸的顯示範圍改成 19ms 到 20ms，如圖 8-7.4 所示。

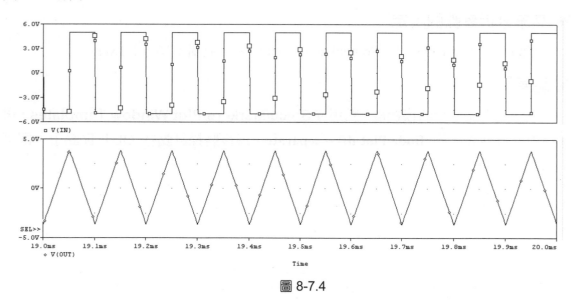

圖 8-7.4

　　由圖 8-7.4 可以看到輸出波形是三角波，完全吻合方波函數經過積分運算以後，變成三角波函數的特性。

微分器

圖 8-7.5 為一利用 uA741 運算放大器所設計之微分器 (Differentiator) 電路。試以 **PSpice A/D** 求出其頻率響應及暫態響應。

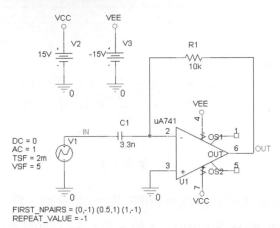

圖 8-7.5

交流分析參數的設定

掃瞄方式：Decade　　　　Points/Decade: 100　　　　範圍：10 到 1Meg

結果

執行完交流分析的模擬後，點選 **PSpice/Markers/Plot Window Templates**，再選擇對話盒列表中的 **Bode Plot dB – separate**，最後將探針點在 OUT 節點上，即可得到如圖 8-7.6 的畫面。

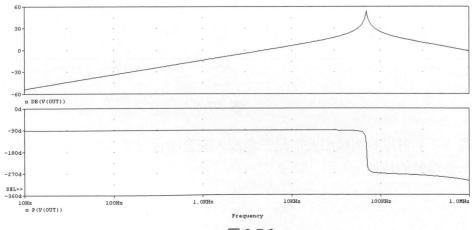

圖 8-7.6

　　啓動游標功能，可以看到此電路在輸入訊號頻率約 30kHz 以內，輸出相位幾乎都在 –90° 左右，符合理想微分器電路輸出相位 –90° 的特性，同時也表示此微分器電路的適用頻率範圍大約就在 30kHz 以內。

　　接下來，我們就輸入一個頻率爲 500Hz 的三角波，觀察其輸出波形是否符合微分器的特性。

■ 元件屬性的設定

　　V1：TSF=2m, VSF=5, FIRST_NPAIRS=(0,-1) (0.5,1) (1,-1)

　　REPEAT_VALUE= –1

　　相關參數的意義請參考 2-3 節

■ 暫態分析參數的設定

　　Run to time：6ms

■ 結果

　　執行完暫態分析的模擬後，分別呼叫 V(IN) 及 V(OUT) 的波形，得到如圖 8-7.7 的畫面。

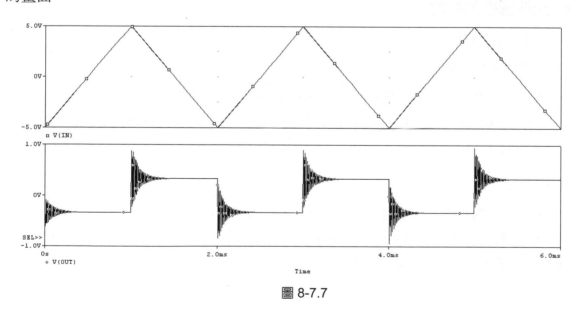

圖 8-7.7

　　圖 8-7.7 的結果顯示此積分器的確已將輸入的三角波「微分」成方波輸出，只是在高低位準轉態的過程中有明顯的暫態響應。

8-8 史密特觸發器

圖 8-8.1 為史密特觸發器電路,試以 **PSpice A/D** 解出其遲滯(Hysteresis)曲線。

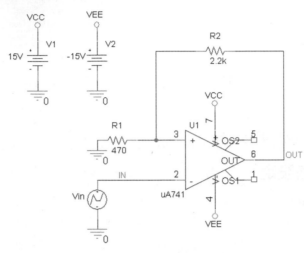

圖 8-8.1

元件屬性的設定

V1:DC=15V

V2:DC= −15V

Vin:t1=0、v1= −10、t2=2m、v2=10、t3=4m、v3= −10

此設定相當於一三角波,其目的在於提供模擬過程兩個方向的輸入訊號掃瞄,如此才能計算其遲滯曲線。

結果

呼叫 V(IN) 及 V(OUT) 得圖 8-8.2,由此圖已經可以看出輸出波形由「高位準」到「低位準」及「低位準」到「高位準」各有不同的臨界輸入電壓值。我們再執行下列步驟,便可得到遲滯曲線圖。

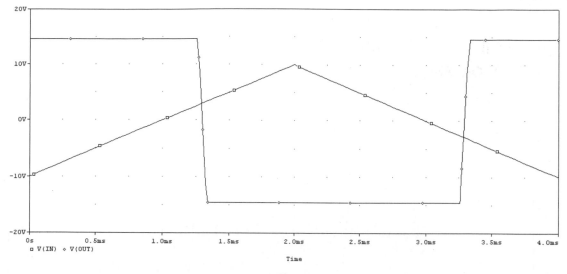

圖 8-8.2

1. 先刪除 V(IN) 波形。

2. 點選 **Plot/Axis Settings...**，出現如圖 8-8.3 的對話盒。

圖 8-8.3

3. 點選對話盒左下角的 **Axis Variable...** 鍵。

4. 在變數列表中點選 V(IN) 為橫軸變數。

5. 點選 **OK** 鍵結束設定，即可得圖 8-8.4 的遲滯曲線圖。

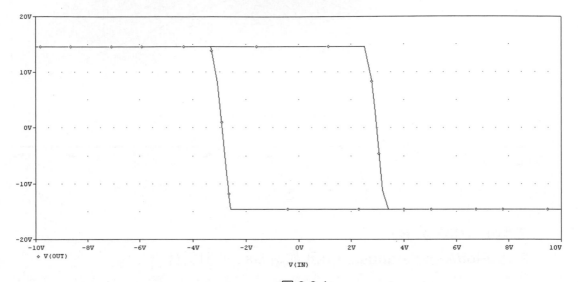

圖 8-8.4

8-9 LC 振盪器電路

　　圖 8-9.1 為一包含耦合電感的 LC 振盪器。一般來說，振盪器電路的模擬是需要一點技巧的。因為實際的振盪器可以藉由放大電路雜訊而產生振盪，但在 **PSpice A/D** 中這樣的雜訊是不存在的。為了解決這個問題，就必須「製造一個雜訊」，然而此「雜訊」卻不能因而影響整個電路正常動作時的架構，筆者以親身經驗建議您選用下列方法中的一種來進行模擬：

一、將任一電源供應器（如 VCC）代換成折線波電壓源（VPWL），並設定其為「模擬開機狀態」：即啟始電壓為零，經過一極短時間後恢復為正常電壓，例如設定其屬性為 t1=0 v1=0V t2=10ns v2=10V。

二、在任一接地點接上一個極短時間的脈波電壓，製造一個「虛擬雜訊」。以圖 8-9.1 的電路為例：可在 BJT 電晶體的基極端接上 VPWL，並設定屬性為 t1=0 v1=0 t2=10n v2=5 t3=20n v3=0。

三、設定電容或電感元件的初始值（Initial Condition）。

　　本例中我們設定 V1 的屬性為 t1=0 v1=0 t2=10n v2=10，V2 的屬性則為 DC= −10。另外值得一提的是圖 8-9.1 的耦合電感元件（符號名稱 XFRM_LINEAR）。我們由電路學中可以得知描述此類元件的幾個參數：初級線圈電感值 L1、次級線圈電感值 L2、互感值 M 及耦合係數 K，各係數間的關係又可以下式表示：

$$K = M / \sqrt{(L1 \cdot L2)}$$

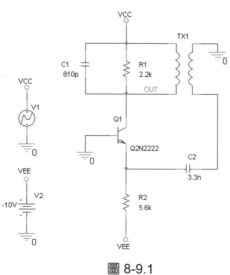

圖 8-9.1

本例中我們設定此耦合電感的屬性為：L1_VALUE=27u、L2_VALUE=270n、COUPLING=1（即 K=1）。

■ 暫態分析

Maximum step size：0.01us　　　　Run to time：40us

最後的結果如圖 8-9.2 所示，可以看出其明顯的暫態效應。

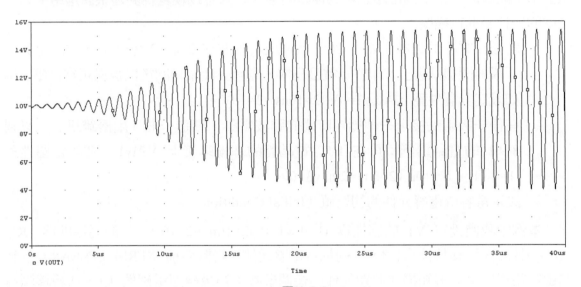

圖 8-9.2

8-10　CMOS 電路直流偏壓點的計算

　　在現今的積體電路（Integrated Circuits）技術中，CMOS 製程以其低功率消耗、高電路集積度的優點，成為當前積體電路製程的主流，且在所有的電子學教科書中，也早已將 CMOS 電路的分析列入標準課程之中。但包括「如何編輯自己專用的 PMOS 及 NMOS 符號」及「如何依照 **PSpice A/D** 的格式編輯電子學教科書中提到的 CMOS 元件製程參數」……等操作步驟，卻也是許多讀者在使用過程中常遭遇的問題。為了使更多的讀者能更方便地利用 **PSpice A/D** 分析日漸增加的 CMOS 電路，我們特別以三節的篇幅，從如何利用 **PSpice A/D** 協助計算其直流偏壓點，再延伸到 CMOS 製程在數位（以反相器電路為例）與類比（以放大器電路為例）電路兩大領域的應用，與廣大讀者一起來探討如何模擬 CMOS 電路，期盼藉此將模擬結果與在課堂上所學的學理相互驗證，進而提高學習興趣。

　　首先我們必須要知道的是－－－**PSpice A/D** 提供了那些與 CMOS 電路有關的符號。當您點選 **Place/Part**，再從 **Libraries** 列表中找到 BREAKOUT 這個檔案，如圖 8-10.1。

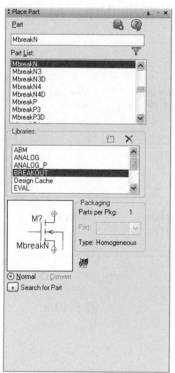

圖 8-10.1

breakout.olb 中包含了所有常用電路元件的符號，這時您可能又會產生一個疑問———所有常用的元件不是已經有其元件符號了嗎？為什麼還需要 breakout.olb 呢？答案就在於我們平常呼叫的元件符號大多都已經有對應的元件模型參數，但對一般我們所接觸的 CMOS 電路而言，其製程參數通常都是由書本、IC 製造廠商或晶圓廠取得，而非內建好的。所以 **PSpice A/D** 就提供了一些僅有符號，而元件模型參數是完全空白的元件符號，方便使用者自行編修元件模型參數。

從圖 8-10.1 中可以看到 breakout.olb 中各有五個 NMOS 及 PMOS 符號，其中 MbreakN 及 MbreakN4，MbreakP 及 MbreakP4 在使用上完全相同，均為「源極」(Source) 與「基極」(Substrate，亦有人稱 Bulk) 分開標示的情形，使用者只要直接在 **Schematic Page Editor** 上將該接腳連到希望連接的節點上即可。至於「源極」與「基極」接在一起的情形（避免 Body Effect）則可使用 MbreakN3 及 MbreakP3。至於字尾加「D」的則代表是「空乏型」（Depletion Mode）的金氧半電晶體（接腳方式相同）。以下我們就以這些符號編繪一個簡單的 CMOS 電路，用以說明如何利用 **PSpice A/D** 幫助您計算 CMOS 電路的直流偏壓點。

圖 8-10.2 所示為一簡單的 CMOS 電路，其中所有 NMOS 元件的 W/L 值均為 20u/1u，VDD=5V，試求 M4 的汲極 (Drain) 端電壓與汲極電流 ID(M4)。

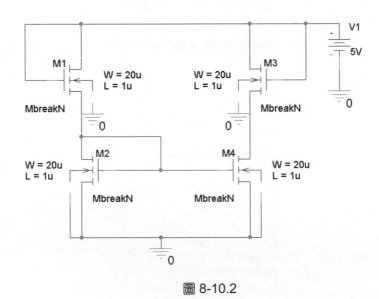

圖 8-10.2

▶ 元件屬性的設定

V1：DC=5V　　　　M1～M4：W=20u、L=1u

▶ 編修元件模型參數

1. 在 **Schematic Page Editor** 視窗中點選任意一個 MbreakN 元件符號,即圖 8-10.2 中的 MbreakN 元件後,再點選 **Edit/PSpice Model**,進入如圖 8-10.3 的 **Model Editor** 視窗。

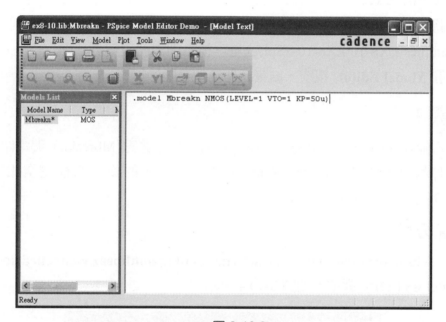

圖 8-10.3

2. 將 MbreakN 的元件模型參數編修如下：(格式如圖 8-10.3 所示)

    .model MbreakN NMOS(LEVEL=1 VTO=1 KP=50u)

    以下說明各個元件模型參數的意義：

    LEVEL：此參數用以選擇 **PSpice A/D** 在分析 MOS 元件時所要使用的公式層級。由於 MOS 是一個非線性元件,需要靠許多數學公式才得以儘可能的描述其各項電氣特性。截至目前為止,已有許多的專家學者提出高達數十種的方式,這些不同的方式均被分類在不同的 LEVEL 中,使用者可以自行決定要使用哪一個 LEVEL 的模型參數。此處所使用的 LEVEL 1 模型參數,乃是 H. Shichman 及 D. A. Hodges 這兩位學者在 1968 年所發表的,其所使用的公式即是目前大家所熟知,已出現在電子學教科書中的 MOS 電流－電壓公式。雖

然 LEVEL 1 的模型參數已經無法正確的呈現當今 MOS 元件真實的電氣特性，但由於其公式簡單易懂（至於公式的部份，請讀者自行參閱電子學教科書，此處不再贅述），且容易計算，所以仍然被許多人用來快速評估 MOS 電路的特性，這也是為什麼我們在這個範例使用 LEVEL 1 模型參數的原因。

VTO：Threshold Voltage，臨界電壓或稱臨限電壓。

KP：Process Transconductance Parameter，製程轉導參數。

3. 點選 **File/Save** 儲存所編修的元件模型參數，除非您另行指定，否則系統將內定將此檔案儲存在專案工作目錄中（以此範例來說，即是 \OrCAD Examples\EX8-10\EX8-10-PSpiceFiles，檔名則依循專案名稱內定為 ex8-10.lib）。

4. 關閉 **Model Editor** 視窗，結束元件模型參數的編修。

注意！

您必須確定 ex8-10.lib 中的元件模型名稱（在此處為 Mbreakn）與電路圖上 M1 ～M4 元件符號屬性中 **Implementation** 屬性所設定的模型名稱完全相同，如此 **PSpice A/D** 才得以正確的進行模擬。

偏壓點分析

勾選 **Include detailed bias point information for nonlinear controlled sources and semiconductors (.OP)** 選項，如圖 8-10.4 所示。

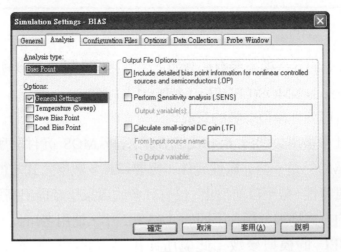

圖 8-10.4

■ 連結元件模型參數檔

請依 7-3 節所介紹的「連結元件模型參數檔」操作步驟，將前述的 ex8-10.lib 檔案連結到此專案中（如圖 8-10.5），便可以繼續進行模擬。

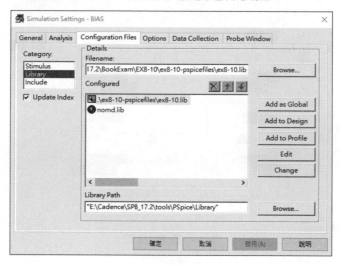

圖 8-10.5

呼叫模擬結果

模擬結束後，點選 **Schematic Page Editor** 視窗中的 **PSpice/Bias Points/Enable Bias Voltage Display** 或其對應的智慧圖示 ，即可看到此電路所有的節點電壓值，如圖 8-10.6 所示。

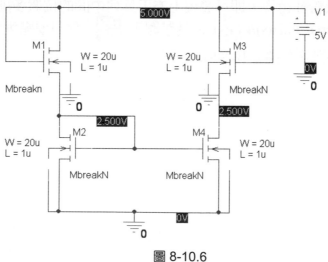

圖 8-10.6

　　另外，您也可以點選 **PSpice/Bias Points/Enable Bias Current Display** 或其對應的智慧圖示 ⓘ，即可看到此電路所有的分支電流值，如圖 8-10.7 所示。

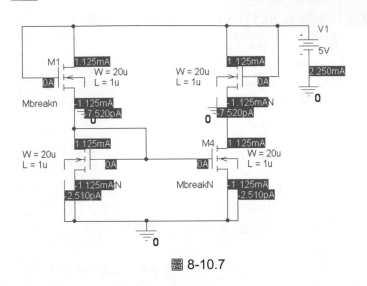

圖 8-10.7

　　前面曾經提到：LEVEL 1 的模型參數所使用的即是電子學教科書中的公式，您可以將前面所設定的 VTO 及 KP 代入 MOS 電流－電壓公式，即可用手算得到與模擬完全一樣的結果。

　　值得一提的是：圖 8-10.7 將此電路中所有的分支電流值（包括理想上電流為零的閘極端 (Gate) 電流及電流值非常小的基極 (Substrate) 端電流）全部顯示出來，難免造成在視覺上有點混亂的感覺。此時您可以用滑鼠點選某一個電流標記（如 ⓞⒶ），當該電流標記變成粉紅色後，即可發現上方工具列中間的位置多顯示了一個 **Toggle Currents On Selected Part(s)/Pin(s)** 的智慧圖示 Ⓘ，您只要點選此智慧圖示即可將該電流標記加以隱藏，如圖 8-10.8 所示。

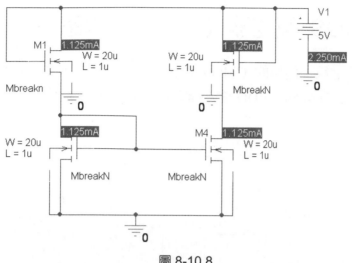

圖 8-10.8

如果您稍後希望再次顯示所隱藏的電流標記，只要在您希望顯示電流的元件接腳上點選滑鼠左鍵（如圖 8-10.9 中 MOS 閘極端的虛線框），隨後再次點選 **Toggle Currents On Selected Part(s)/Pin(s)** 的智慧圖示 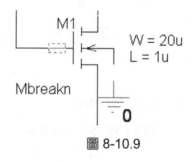，即可重新顯示該電流標記。

圖 8-10.9

8-11 CMOS 反相器（Inverter）電路

圖 8-11.1 所示為一簡單的 CMOS 反相器，其中 PMOS 及 NMOS 的 W/L 值分別為 15u/0.5u 及 5u/0.5u，VDD=3V，試求其 Vout-Vin 曲線

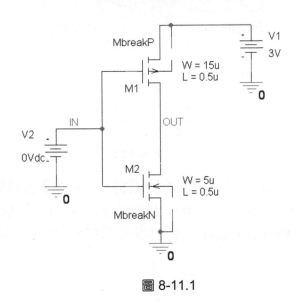

圖 8-11.1

📂 元件屬性的設定

V1：DC=3V   V2：DC=0V

M1：W=15u、L=0.5u   M2：W=5u、L=0.5u

📂 直流分析參數的設定

Sweet variable：Voltage source

Sweep type：Linear   **Name**：V2

範圍：0V 到 3V，增量為 1mV

至於 M1、M2 所需的元件模型參數，您可參照 8-10 節中「**編修元件模型參數**」所介紹的步驟編輯如下的參數：

.model Mbreakp PMOS(VTO=-0.5 KP=100u LAMBDA=0.03)

.model Mbreakn NMOS(VTO=0.5 KP=300u LAMBDA=0.02)

注意！

1. 因為有兩個不同的元件（PMOS、NMOS），所以必須執行兩次 **Edit/PSpice Model** 指令，將兩次的編輯結果都儲存在同一個檔案之下（如 EX8-11.LIB）。

2. 您必須確定 EX8-11.LIB 中 M1、M2 模型名稱（在此處分別為 Mbreakp 及 Mbreakn）與電路圖上 M1、M2 元件符號屬性中 **Implementation** 屬性所設定的模型名稱完全相同，如此 **PSpice A/D** 才得以正確的進行模擬。

■ 連結模擬參數元件檔

　　請參考 8-10 節中的步驟，確定已將 EX8-11.LIB 加在 **Library** 列表中。

■ 結果

　　呼叫 V(OUT) 波形，得圖 8-11.2 的畫面。可以清楚地看出此電路輸出訊號為輸入訊號「反相」的特性，您可以將此模擬結果與電子學教科書中分析所得的曲線做比較，看兩者是不是相同？

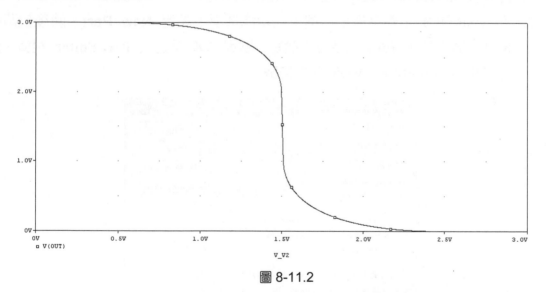

圖 8-11.2

　　以上我們利用兩個範例（包括 8-10 節及本節的反相器電路）介紹了如何利用 **PSpice A/D** 模擬 CMOS 電路。但由於半導體元件的模型參數會隨著製程的不同而有所改變，為了辨識上的方便，在筆者的使用經驗中，往往會將不同的製程參數以不同的模型名稱加以儲存。此時就會出現一個問題：前述的 MbreakN、MbreakN3 及 MbreakN4 中 **Implementation** 屬性都是設定為 MbreakN，也就是說，他們都是參考相同的元件模型參數。

在這種情形之下，如果需要參考不同的模型名稱，使用者就必須要修改每一個元件符號的 **Implementation** 屬性。由於通常在同一晶片上的製程參數都是相同的，所以可想而知的是：同一個 **Implementation** 屬性必定會對應到許多不同的 MOS 電晶體符號上。此時若是一個一個慢慢地編修其屬性，自然是時間上的一大浪費！此時筆者的建議是：就以該模型名稱為新的元件符號名稱，重新編輯一個專屬的元件符號，如此便會大大地提高使用上的方便性。

假設我們現在有另一組 CMOS 的模型參數如下：

.model N1 NMOS(VTO=0.45 KP=250u LAMBDA=0.03

　　+GAMMA=1 CGSO=300p CGSO=300p)

.model P1 PMOS(VTO=-0.55 KP=80u LAMBDA=0.02

　　+GAMMA=0.8 CGSO=300p cgdo=300p)

我們以下列的步驟來說明如何編輯一個新的 NMOS 符號 N1。

1. 點選 **File/Open/Library** 並開啟 USR.OLB 檔。

2. 在 USR.OLB 上點選滑鼠右鍵並在功能選項中點選 **New Part**，隨後依照圖 8-11.3 填妥元件符號名稱及英文簡寫，點選 **OK** 鍵進入 **Part Editor** 視窗，便可準備開始編輯新的 MOS 元件符號。

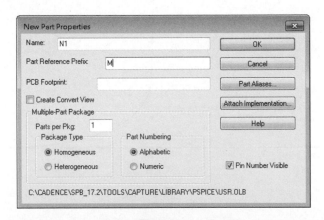

圖 8-11.3

3. 為了未來電路圖編輯上的美觀與整齊，筆者建議要儘量避免讓新的 MOS 元件符號彼此之間的落差（例如符號大小及外觀風格）太大，此時最好的方式就是「複製現有元件符號」。請您回到圖 8-11.1 電路的 **Schematic Page Editor** 視窗，點選 MbreakN 元件符號後，再點選 **Edit/Part**，出現如圖 8-11.4 的畫面。

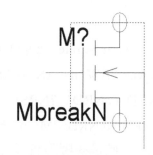

圖 8-11.4

4. 選取圖 8-11.4 中的整個 MbreakN 元件符號，點選 **Edit/Copy**，再將所複製的 MbreakN 元件符號貼到（**Edit/Paste**）[USR.OLB – N1] 的 **Part Editor** 視窗。過程中您會看到如圖 8-11.5 的提醒訊息，直接點選「是」即可繼續。

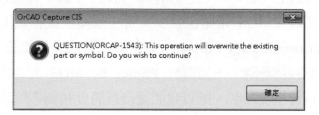

圖 8-11.5

5. 點選 **Edit/Cut** 將「基極」部份的線刪除後再依圖 8-11.6 編輯元件的外觀。

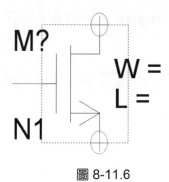

圖 8-11.6

6. 點選 Options/Part Properties，確認以將 Implementation 屬性改為 N1，表示日後模擬時所參考的模型名稱為 N1。

7. 將 **PSpiceTemplate** 屬性改為

M^@REFDES %d %g %s @Substrate @MODEL ?L/ \n+ L=@L/ ?W/ \n+ W=@W/ ?AD/ \n+ AD=@AD/ ?AS/ \n+ AS=@AS/ ?PD/ \n+ PD=@PD/ ?PS/ \n+ PS=@PS/ ?NRD/ \n+ NRD=@NRD/ ?NRS/ \n+ NRS=@NRS/ ?NRG/ \n+ NRG=@NRG/ ?NRB/ \n+ NRB=@NRB/ ?M/ \n+ M=@M/

上列屬性看來複雜，但由於我們是複製現有元件來修改，所以使用者只要將原來第四支接腳「%b」改成一個可修改的字串「@Substrate」即可。

在此我們要特別說明為何要對 **PSpiceTemplate** 屬性做這樣的修改？其原因在於：一般的 CMOS 電路在設計時，除非有特殊的需要（為降低因 body effect 所造成之影響，將「源極」及「基極」接在一起），否則通常「基極」都是接到 VDD（對 PMOS 而言）或 VSS（對 NMOS 而言）。為了方便往後編繪電路圖（一般我們所看到的 CMOS 電路也較少有將「基極」接腳畫出來的），我們便讓此接腳在 **Schematic Page Editor** 上「消失」（做法就是如圖 8-11.6 直接在 **Part Editor** 上將該接腳刪除）。但對於 **PSpice** 的 MOS 元件描述格式來說，又不容許 MOS 只有三支接腳，所以我們便自行將此接腳刪除後的「遺缺」用一個字串 @Substrate 取代，至於字串的內容則定為 VSS，表示我們設定此接腳一直是連結到 VSS 節點，當然您也可以任意修改此節點名稱以符合當時的需要。

8. 新增一個字串屬性 **Substrate** = VSS。

9. 選擇 **W** 屬性，再點選 **Display** 鍵，依圖 8-11.7 完成設定，方便日後可以直接顯示並修改 **W** 屬性。

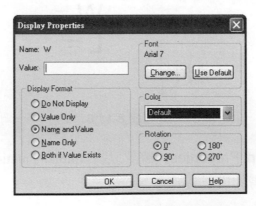

圖 8-11.7

10. 重覆步驟 9 設定 **L** 屬性。結束屬性編輯對話盒後即可得圖 8-11.6 的畫面，最後儲存此元件符號。

11. 重覆步驟 1～10 編輯新的 PMOS 符號 P1。

　　至此，您便擁有兩個新的 MOS 元件符號供您設計 CMOS 電路。但最後還有一個問題要解決，就是這兩個符號所對應的元件模型參數要從那裡呼叫？在這個時候，4-1 節所提到的 **Edit/PSpice Model** 指令已不能再用！因為**這個指令是在現存與目前編輯中的圖檔有連結**（即在模擬設定對話盒之 **Libraries** 頁籤內的 **Library** 列表中有列入者）的所有 **.LIB** 檔中尋找相同模型名稱的元件出來修改，既然 N1、P1 是新的元件符號，所以當我們點選 **Edit/PSpice Model** 時，**PSpice A/D** 會找不到此模型供您編輯。

　　解決此問題的方法很簡單，只要您將前面所列關於 N1、P1 的元件模型參數利用文書編輯器加入某一個 .LIB 檔（如 EX8-11.LIB），再將該 .LIB 檔加入 **Library** 列表中即可。

　　好了！您已經完成了編輯新 MOS 符號的工作，現在您只要將圖 8-11.1 依圖 8-11.8 加入另一對 CMOS 反相器，只是 M3、M4 所對應的模型名稱分別為 P1、N1 而已。最後的模擬結果如圖 8-11.9 所示，您可以比較出因模型參數的不同所造成的不同結果。

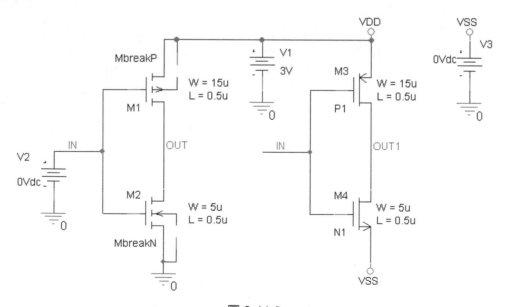

圖 8-11.8

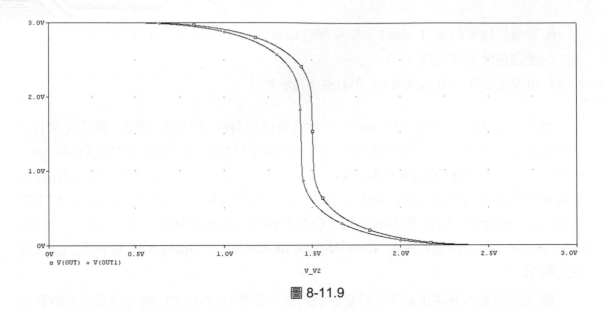

圖 8-11.9

最後，容我們再提醒您一次：如果您手邊有許多組不同的 CMOS 元件模型參數，建議您均以**不同的元件符號名稱**加以對應，如此在使用上會更加方便。

祝您－－－使用順利！

8-12　CMOS 放大器（Amplifier）電路

　　上一節我們介紹了 CMOS 反相器電路，對數位積體電路（Digital Integrated Circuits）來說，CMOS 反相器這個看似簡單的電路架構可說是一個相當重要的基本電路。而今天如果說 CMOS 反相器是數位積體電路的基礎，那麼對於類比積體電路（Analog Integrated Circuits）而言，這個基礎角色的最佳扮演者就非 CMOS 放大器莫屬了！在接下來的這一節中，我們便將與您一起來探討如何利用 **PSpice A/D** 模擬 CMOS 放大器電路重要的電氣規格，如增益頻寬積 (Gain-Bandwidth Product)、增益餘隙 (Gain Margin)、相位餘隙 (Phase Margin) 與 Slew Rate…等，使我們能夠進一步地掌握設計 CMOS 放大器電路的技巧。

電路圖的編繪

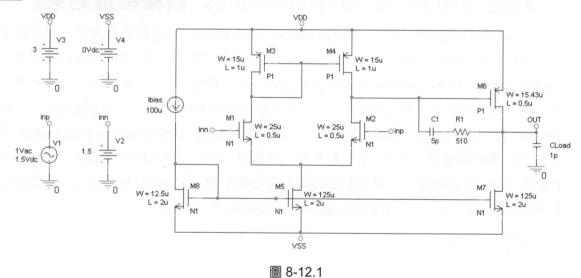

圖 8-12.1

　　圖 8-12.1 所示為一簡單的 CMOS 放大器，其中 PMOS 及 NMOS 符號均使用上一節所編輯的 P1 及 N1（模型參數亦如上一節所述），電源部份為 VDD=3V VSS=0V，偏壓電流 Ibias = 100uA，各個 MOS 的 W/L 值分別列表如下：

MOS 元件編號	W/L
M1、M2	25u/0.5u
M3、M4	15u/1u
M5	125u/2u
M6	15.43u/0.5u
M7	125u/2u
M8	12.5u/2u

■ 交流分析

掃瞄方式：Decade　　　　　　　　範圍：100 到 100G

Points/Decade = 10

利用 Probe 及 Measurements 觀察模擬結果

在 4-2 節我們曾經介紹了 **Measurement Expression** 的意義及其應用，為了使讀者對 **Measurement Expression** 有更清楚的概念，我們再一次地用實例讓讀者藉著實際的操作熟悉 **Measurement Expression** 的寫法及其應用。以本範例的 CMOS 放大器而言，我們將利用「增益頻寬積」（Gain-Bandwidth Product）、「增益餘隙」（Gain Margin）及「相位餘隙」（Phase Margin）三項重要規格的 **Measurement Expression** 來求出其對應的規格值。其中「增益頻寬積」的部份，由於這項規格的定義即相當於「當增益為 0dB 時的頻寬」，所以只要能夠找出振幅響應（Magnitude Response）曲線通過 0dB 的頻率即可，其 **Measurement Expression** 的寫法如下：

GBW (1) = x1

{

1| search forward le(0) !1;

}

將這部份的 **Measurement Expression** 也加入先前所儲存的 \Cadence\SPB_17.2\tools\pspice\Common\pspice.prb 檔中，再重新開啓 **PSpice A/D** 視窗（請注意！務必要重新開啓 **PSpice A/D** 視窗，這樣才能正確地讀取剛才新增的 **Measurement Expression**），並依圖 8-12.2 呼叫出對應的波形（至於新增 **Measurement Expression** 的詳細操作步驟請參考 4-2 節）。

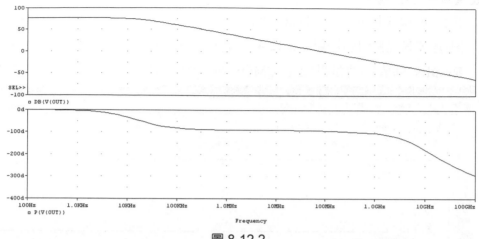

圖 8-12.2

1. 點選 **Trace/Evaluate Measurement** 或其對應的智慧圖示 ，出現如圖 8-12.3 的對話盒。

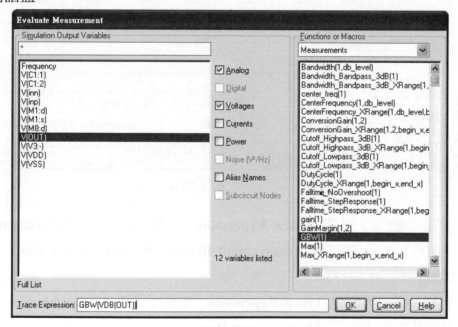

圖 8-12.3

2. 依圖 8-12.3 所示，在 **Trace Expression:** 空格中填入 GBW(VDB(OUT)) 後再點選 **OK** 鍵，即出現圖 8-12.4 的畫面，您可從波形下方出現的 **Measurement Results** 列表中清楚得知此 CMOS 放大器的增益頻寬積為 108.19967MHz。

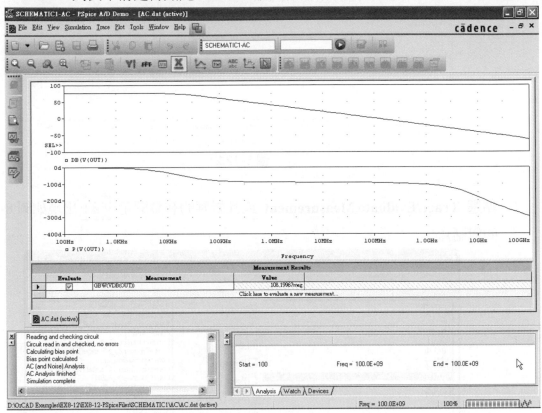

圖 8-12.4

3. 重覆步驟 2，但在 **Trace Expression:** 空格中改填入 GainMargin(VP(OUT), VDB(OUT))，即可從 **Measurement Results** 列表中得知此 CMOS 放大器的增益餘隙為 41.22133dB。

4. 重覆步驟 2，但在 **Trace Expression:** 空格中改填入 PhaseMargin(VDB(OUT), VP(OUT))，即可從 **Measurement Results** 列表中得知此 CMOS 放大器的相位餘隙為 84.53175°，最後的畫面如圖 8-12.5 所示。

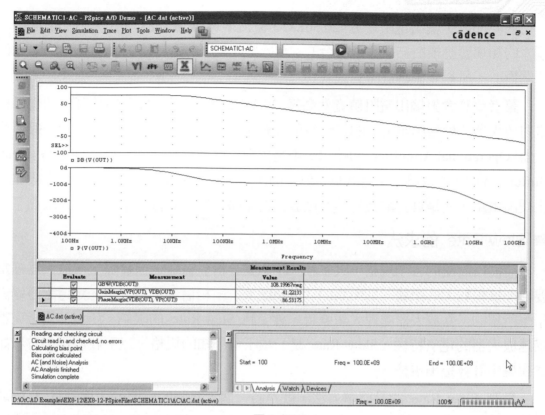

圖 8-12.5

其它重要規格的求法

前面我們已經分別就頻率響應層面的幾項重要規格做了一番實例說明與討論。事實上，放大器電路還有許多重要的規格，如輸出電阻、Slew Rate …等，以下我們便介紹如何利用 **PSpice A/D** 的模擬求出這幾項規格。

輸出電阻的求法

這項規格的求法比較簡單，請您參閱 3-3 節所介紹的「轉換函數分析」，以圖 8-12.1 的電路來說，只要設定 **From Input source name** 為 V1，**To Output variable** 為 V(OUT) 即可。模擬後，您可從文字輸出檔中看到如下的內容：

```
****        SMALL-SIGNAL CHARACTERISTICS

            V(OUT)/V_V1 =   6.868E+03

            INPUT RESISTANCE AT V_V1 =    1.000E+20

            OUTPUT RESISTANCE AT V(OUT) =   2.036E+04
```

很明顯的，輸出電阻等於 20.36KΩ，直流增益為 6.868K（相當於 76.74dB，與剛才的頻率響應模擬結果完全吻合）；至於輸入電阻，由於輸入端位於 MOS 元件的「閘極」，所以其值趨近無窮大（$10^{20}\Omega$）。

讀者或許會對輸出電阻值竟然高達 20.36KΩ 的結果感覺有些懷疑，總覺得和平常對放大器「低輸出電阻」的特性有所違背。我們在此特別做一些解釋：一般運算放大器（Operational Amplifier）的輸出級都是由理想增益為 1 的「輸出緩衝電路」（Output Buffer）構成，所以輸出電阻較低；但本節所討論的 CMOS 放大器，其輸出級並非輸出緩衝電路，而是具有增益的共源極放大器電路，自然其輸出電阻就會比較高了。

■ Slew Rate 的求法

前面所討論的各項規格，大多和「小訊號分析」有關，但實際上，放大器經常需要處理振幅較大的訊號（即所謂的「大訊號」）。相信各位讀者也一定還記得過去電子學所學的：當放大器處理大訊號時，會受到 Slew Rate 的限制。所以，為了完整的描述放大器的電氣特性，Slew Rate 是一項不可不知的規格，以下我們再來看看如何從模擬中計算這項規格。

量測 Slew Rate 的最簡單方法，就是將一個大訊號的方波輸入增益為 1 的非反相放大器，也就是將圖 8-12.1 中的節點 OUT 及 inn 接在一起（注意！接在一起後，節點名稱要改成一樣）。再將 V1 輸入訊號源的符號改成 Vpulse，並設定 V1 的波形參數如下：

V1 = 0.5   V2 = 2.5   TD = 0   TR = TF = 1n

PW = 99n   PER = 200n

修改後的電路圖應該如圖 8-12.6 所示。

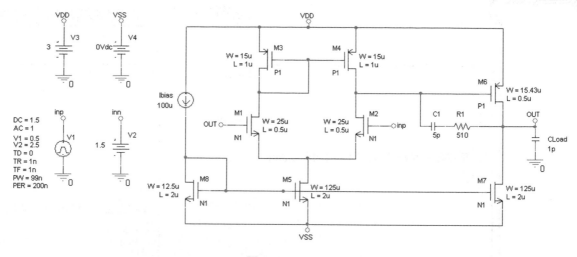

圖 8-12.6

■ 暫態分析

Maximum step size：0.1ns　　　　　　　　Run to time：400ns

最後的模擬結果如下圖所示

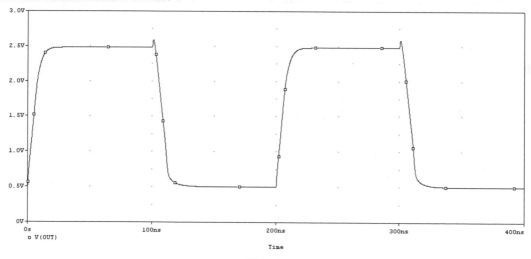

圖 8-12.7

　　不過，由於 Slew Rate 的定義是此輸出波形在轉態（由低位準到高位準，或是高位準到低位準）的過程中，輸出電壓對時間的變化率。所幸 **PSpice A/D** 提供了許多可以在 **Probe** 視窗中使用的數學函數，例如「微分函數」（其他函數請自行參閱附錄二），此時您只要依圖 8-12.8 呼叫 D(V(OUT))，即可得到圖 8-12.9 的畫面，再啓動游標功能便可求出 Slew Rate 分別約爲 196.3V/μs 及 −160V/μs。

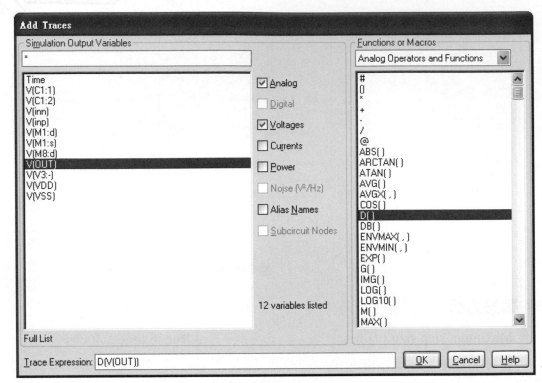

圖 8-12.8

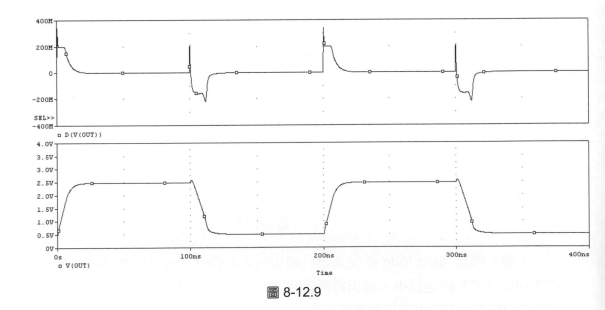

圖 8-12.9

電路學應用範例

9-1 Kirchhoff 定律與 Nodal/Mesh 分析

試求圖 9-1.1 中所有的節點電壓 (Node Voltage) 及分支電流 (Branch Current) 值，其中的壓控電流源 I(G1) = 2*V(Vop, Von)，此壓控電流源即為 7-2 節中所編輯的新元件符號。

一般我們解這類電路時，都會運用克希荷夫電壓/電流定律 (Kirchhoff's Voltage/Current Law) 或節點/網目分析法 (Nodal/Mesh Analysis)。以下我們就利用 **PSpice A/D** 來完成此類電路的計算。

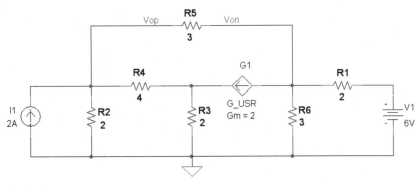

圖 9-1.1

📁 各元件屬性的設定

G1 Gm=2 CTRL_NODE1=Vop CTRL_NODE2=Von

📁 偏壓點分析

勾選 **Include detailed bias point information for nonlinear controlled sources and semiconductors (.OP)** 選項。

呼叫模擬結果

模擬後，點選 Schematic Page Editor 視窗中的 PSpice/Bias Points/Enable Bias Voltage Display 或其對應的智慧圖示 ，即可看到此電路所有的節點電壓值，如圖 9-1.2 所示。

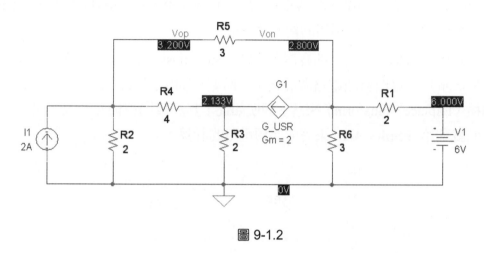

圖 9-1.2

另外，您也可以點選 PSpice/Bias Points/Enable Bias Current Display 或其對應的智慧圖示 ，即可看到此電路所有的分支電流值，如圖 9-1.3 所示。

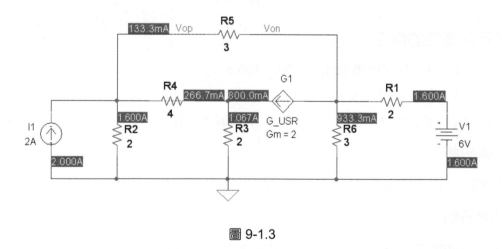

圖 9-1.3

9-2 線性非時變網路

　　試求圖 9-2.1 中電阻 R1 上的壓降（即 V(VA,VB)）波形。其中 I1（請注意！I1 的正端接地。這表示電流源的方向是由接地點流往 R1、R5）的 Ioff=10A、Iampl=4A、freq=100mHz；V1 的 Voff=5V、Vampl=3V、freq=100mHz；I(G1)=3*V(VA,VB)，此壓控電流源即為 7-2 節中所編輯的新元件符號。

　　一般我們解這類電路時，都會運用重疊（Superposition）、戴維寧（Thevenin）及諾頓（Norton）等定理對該電路做簡化；有時甚至尚需配合相量法（Phasor）或拉普拉斯轉換（Laplace Transform）來解。即使如此，其計算過程仍然令人「望之心寒」。以下我們就利用 **PSpice A/D** 來完成此類電路的計算。

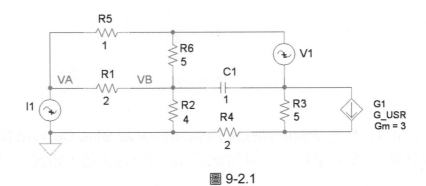

圖 9-2.1

📁 各元件屬性的設定

　　I1　DC=10 AC=4 Ioff=10 Iampl=4 freq=100m

　　V1 DC=5 AC=3 Voff=5 Vampl=3 freq=100m

　　G1 GAIN=3 CTRL_NODE1=VA CTRL_NODE2=VB

📁 交流分析

　　掃瞄方式：Decade　　　　範圍：1m 到 100　　　Points/Decade：10

📁 暫態分析

　　Maximum step size：0.1s　　Run to time：20s

📁 結果

模擬後，依圖 9-2.2 呼叫各輸出波形。

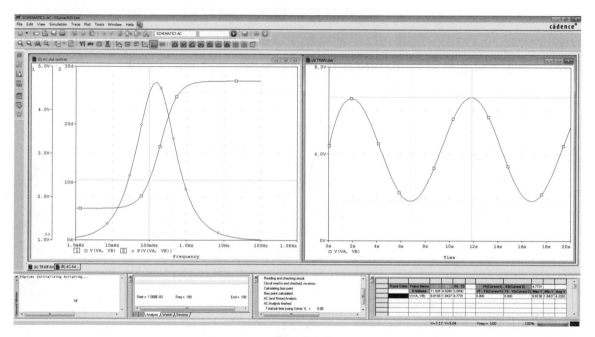

圖 9-2.2

利用游標功能（參考 4-2 節）可由暫態分析結果中得知 V(VA,VB) 的直流偏壓及振幅大小各約為 4.2292V 及 2.3866V 左右；由交流分析結果，則可得知在頻率為 100mHz 時 V(VA,VB) 的振幅大小及相位角各為 2.3869V 及 25.562°兩視窗的結果均互相吻合。

9-3 開關電路

圖 9-3.1 為一包含ＲＬＣ及壓控開關的二階電路，其中 $V_{C1}(0^-)$=5V 、$I_{L1}(0^-)$=5mA、V1=10V。開關 S1 受到電壓源 V2 的控制，且在 t=1us 時"關上"（即進入"導通"狀態），試以 **PSpice A/D** 求出此電路在 t=10ms 之前的 $V_{C1}(t)$ 及 $I_{L1}(t)$ 波形。

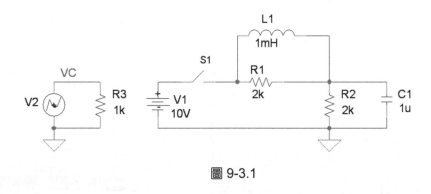

圖 9-3.1

📂 開關符號的編輯

PSpice A/D 原本提供的開關符號是一個四接腳的符號，在一般常見的電路圖中，此符號仍不適用。筆者建議您參考 7-2 節的步驟，編輯新的開關符號（如圖 9-3.2），且其屬性如下：

圖 9-3.2

PSpiceTemplate=S^@REFDES %1 %2 @ctrl_node1 @ctrl_node2 @model

Implementation=Sbreak

附註： 此項 **Implementation** 屬性即是我們所定義的開關元件模型名稱。不過為了方便後續「**編修元件模型參數**」的進行，筆者強烈建議您使用 Sbreak 這個名稱。

Implementation Type=PSpice Model

ctrl_node1=

ctrl_node2=

📂 元件屬性的編輯

L1　IC=5m

C1　IC=5

V2　t1=0 v1=0 t2=1u v2=5

S1　ctrl_node1=VC　ctrl_node2=0　Implementation=Sbreak

Sbreak 的模型參數則編輯如下：（步驟請參考 7-1 節）

.model Sbreak VSWITCH(Ron=1u Roff=1G Von=5 Voff=0)

📂 編修元件模型參數

1. 在 **Schematic Page Editor** 視窗中點選開關元件符號（即圖 9-3.1 中的 S1 元件）
   後，再點選 **Edit/PSpice Model**，進入圖 9-3.3 的 **Model Editor** 視窗。

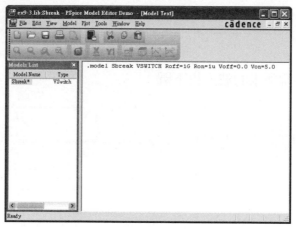

圖 9-3.3

2. 依前述「元件屬性的編輯」中所預定的 Sbreak 模型參數修改圖 9-3.3 右側列表
   中的所有模型參數。

3. 點選 **File/Save** 儲存所編修的元件模型參數，除非您另行指定，否則系統
   將內定將此檔案儲存在專案工作目錄中（以此範例來說，即是 D:\OrCAD
   Examples\EX9-3\EX9-3-PSpiceFiles，檔名則依循專案名稱內定為 ex9-3.lib）。

4. 關閉 Model Editor 視窗，結束元件模型參數的編修。

■ 暫態分析

    Run to time：10ms   Maximum step size：250ns

■ 連結元件模型參數檔

    請依 7-3 節所介紹的「連結元件模型參數檔」操作步驟，將前述的 ex9-3.lib 檔案連結到此專案中（如圖 9-3.4），便可以繼續進行模擬。

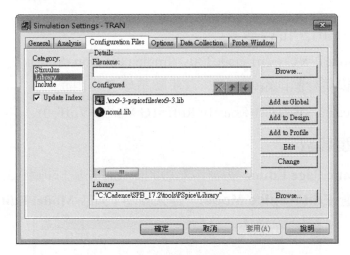

圖 9-3.4

模擬後，分別呼叫所求的波形得下圖：

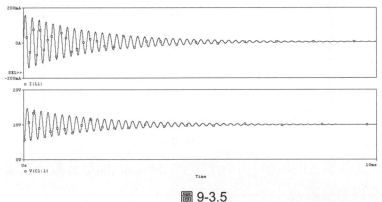

圖 9-3.5

    由上圖可以得知流經電感 L1 的電流及電容 C1 上的壓降均有弦波暫態響應，$I_{L1}(0^+)$=5mA、$V_{C1}(0^+)$=5V，且最後的穩定值分別趨近 5mA 及 10V。此與理論值吻合。

9-4　雙埠網路（Two-Port Network）

　　圖 9-4.1 為一雙埠網路，其中的壓控電流源 I(G1)=2*V(R3)。一般描述此類電路的方法中，雙埠參數 (Two-Port Parameter) 是最常見的方法，而雙埠參數又計有下列六種：

名稱	因變函數	自變函數	方程式
開路阻抗參數	V_1、V_2	I_1、I_2	$V_1=Z_{11}I_1+Z_{12}I_2$ $V_2=Z_{21}I_1+Z_{22}I_2$
短路導納參數	I_1、I_2	V_1、V_2	$I_1=Y_{11}V_1+Y_{12}V_2$ $I_2=Y_{21}V_1+Y_{22}V_2$
傳輸參數	V_1、I_1	V_2、I_2	$V_1=AV_2-BI_2$ $I_1=CV_2-DI_2$
反傳輸參數	V_2、I_2	V_1、I_1	$V_2=A'V_1-B'I_1$ $I_2=C'V_1-D'I_1$
混合參數	V_1、I_2	V_2、I_1	$V_1=h_{11}I_1+h_{12}V_2$ $I_2=h_{21}I_1+h_{22}V_2$
反混合參數	I_1、V_2	V_1、I_2	$I_1=g_{11}V_1+g_{12}I_2$ $V_2=g_{21}V_1+g_{22}I_2$

表 9-4.1

以下我們將利用 **PSpice A/D** 求出圖 9-4.1 的開路阻抗參數，至於其他參數的求法，則請讀者依其方程式自行練習。

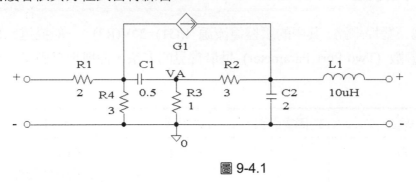

圖 9-4.1

■ 求 Z_{11} 及 Z_{21}

由表 9 − 4 · 1 的方程式可以得知：Z_{11} 及 Z_{21} 的求法乃是將 I_2 設定為零（相當於開路）後，再分別以 V_1、V_2 除以 I_1 而得。所以可以圖 9-4.2 的電路來求，其中兩電流源的屬性設定如下：

G1   Gm=2   CTRL_NODE1=VA   CTRL_NODE2=0

I1   AC=1

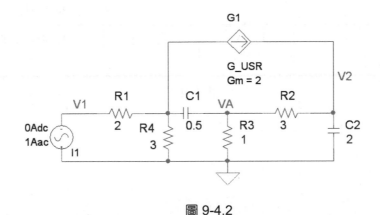

圖 9-4.2

最後得 $Z_{11}(V(V1)/I(I1))$、$Z_{21}(V(V2)/I(I1))$的響應波形如圖 9-4.3。利用游標可以得知在頻率爲 100mHz 時，其等效阻抗值分別爲 2.9205 及 429.214m。

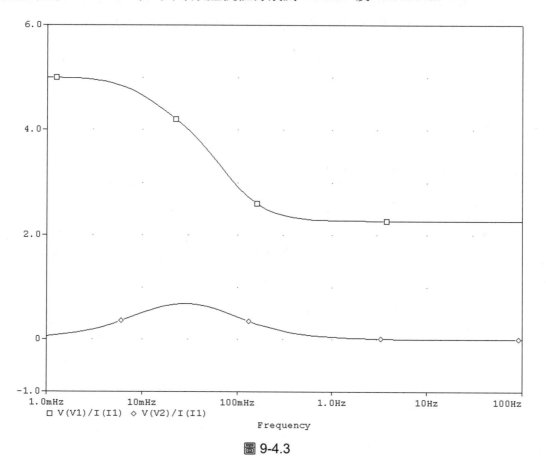

圖 9-4.3

■ 求 Z_{12} 及 Z_{22}

同理，我們亦可以利用圖 9-4.4 的電路求出 Z_{21}(V(V1)/I(I2)) 及 Z_{22}(V(V2)/I(I2)) 的波形如圖 9-4.5。頻率等於 100mHz 時，Z_{21}=395.138m，Z_{22}=722.936m。

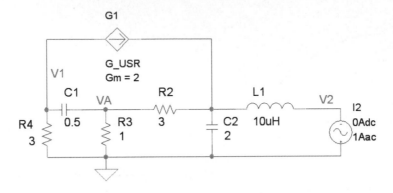

圖 9-4.4

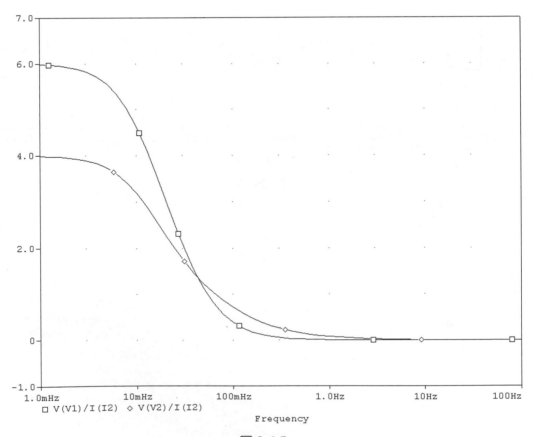

圖 9-4.5

9-5　三相電路

試求圖 9-5.1 所示的三相電路中各線電流的相量值及傳送至負載的總平均功率。

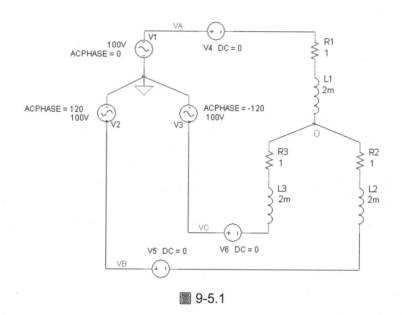

圖 9-5.1

元件屬性的設定

V4、V5、V6 的符號名稱：VDC。我們利用此符號代替電流計，兩端間的壓降為零

V1：ACMAG=100

V2：ACMAG=100、ACPHASE=120

V3：ACMAG=100、ACPHASE= −120。

此表示 V1、V2、V3 的振幅大小均為 100，相角則為 120 度的等差

交流分析參數的設定

掃描方式：Decade　　　　範圍：10Hz 到 100Hz

Points/Decade：100

■ 結果

模擬後，依圖 9-5.2 呼叫各波形（M 表絕對值大小、P 表相角），再利用游標即可知各線電流在頻率為 60Hz 的相量值分別為：

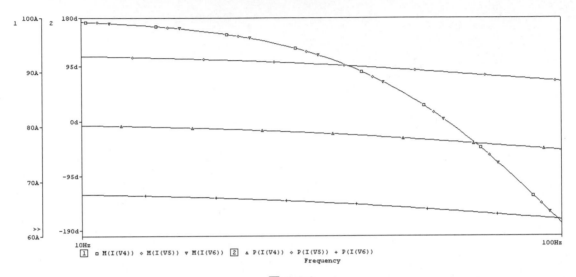

圖 9-5.2

I(V4)=79.847<−37.015 °

I(V5)=79.847<82.985 °

I(V6)=79.847<−157.015 °

（因為此電路為平衡三相電路）

接下來我們便要計算此電路傳送到負載的總平均功率，可用下列的公式計算：

$$P_T = 3 \cdot V_P \cdot I_L \cdot cos\,\theta$$

其中 V_P 為相電壓、I_L 為線電流、$cos\,\theta$ 為負載功率因數相角。

依此式我們可以在 **Probe** 視窗中將各變數經數學運算後顯示其結果，但若是每次要呼叫時都需重新鍵入一次運算式，則又嫌麻煩。幸好 **Probe** 提供了一個所謂「巨集」（Macro）的指令，讓使用者以自定的函數名稱來代表某特定數學運算式，待有需要時便直接呼叫該函數即可。以下為其設定步驟：

1. 點選 **Window/New Window** 加開一個 **Probe** 子視窗。
2. 點選 **Trace/Macros**，出現如圖 9-5.3 的對話盒。

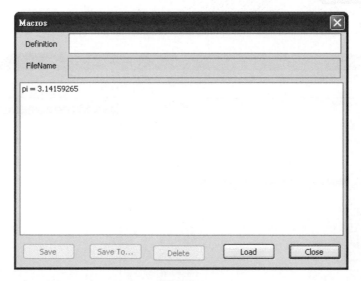

圖 9-5.3

3. 在 **Definition** 空格中填入：

TOTAL_POWER(A,B)=3*M(A)*M(B)*COS(-P(B)*3.141593/180)

　　此式相當於剛才所描述的式子，其中的變數 A、B 在此例中分別表示電壓、電流值，M(A) 表示取變數 A 的絕對值大小，P(B) 表示取變數 B 的相角值，COS(...) 為餘弦函數（括號中的變數式單位必須為徑度值）。除了 COS 函數外，**Probe** 還提供了許多特殊函數，請讀者自行參閱附錄 B。

4. 點選 **Save** 鍵後，**Probe** 會將此式存入目前專案工作目錄內的 ＜圖檔檔名＞.PRB 檔中（以本範例而言，即是 \OrCAD Examples\EX9-5\EX9-5-PSpiceFiles\SCHEMATIC1\ AC\AC.prb），您也可以用 **Save To** 鍵將此巨集指令存入指定的檔案（如 4-2 節所提到的 PSPICE.PRB），讓 **PSpice A/D** 在往後每次執行 **Probe** 時，一併讀入此檔供使用者利用。

5. 點選 **Close** 鍵結束對話盒。

6. 點選 **Trace/Add Trace**，再點選 **Add Traces** 對話盒右側 **Functions or Macros** 中的 Macros 選項，此時便可在右側列表中看到剛才所定義的巨集指令。

7. 依序點選巨集指令 TOTAL_POWER、V(VA) 及 I(V4)，**Trace Expression** 空格中會出現 total_power(v(va),i(v4))，如圖 9-5.4 所示。

8. 點選 **OK** 鍵即可得圖 9-5.5 中 B 視窗的結果。

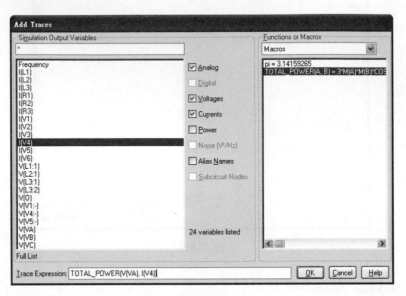

圖 9-5.4

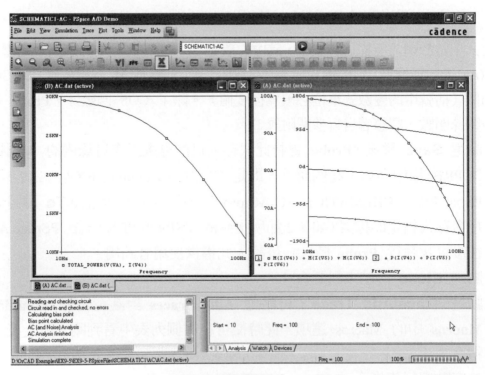

圖 9-5.5

9-6　非線性電阻電路

　　圖 9-6.1 所示為兩個非線性電阻的並聯電路，其個別的 i-V 特性曲線如圖 9-6.2，試求並聯後新的 i-V 曲線。

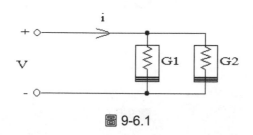

圖 9-6.1

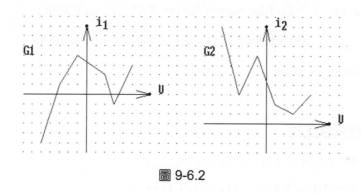

圖 9-6.2

我們以圖 9-6.3 來解此例

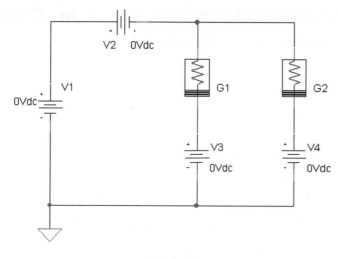

圖 9-6.3

圖中的非線性電阻 **PSpice A/D** 並未提供，故請您利用 **Symbol Editor** 依圖 9-6.4 編輯一個新的符號（詳細步驟請參考 7-2 節），並設定其屬性如下（元件名稱訂為 GTABLE_USR）：

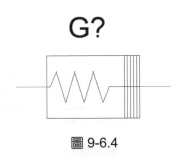

圖 9-6.4

PSpiceTemplate = G^@refdes %outp %outn TABLE {@EXPR}

\n+(@table)\nR^@refdes %outp %outn 1000G

EXPR=V(%outp, %outn)

table=

▆ G1、G2 屬性的設定

G1： table=(−5,−5) (−3,1) (−1,4) (2,2) (3,−1) (5,−3)

G2： table=(−5,10) (−3,3) (−1,7) (1,2) (3,1) (5,3)

▆ 結果

經直流分析模擬後，呼叫流經各個 VDC 符號（其 **DC** 屬性設定為 0，用以監看電流）的電流得圖 9-6.5，其中的 I(V2) 即為所求。

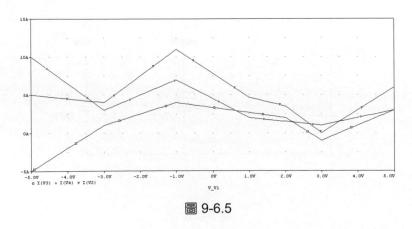

圖 9-6.5

A

OrCAD Capture
的電路佈局輸出

目標

學習——

■ 學習如何將 **OrCAD Capture CIS** 的電路圖轉換成佈局串接檔 *.MNL 輸出供 **OrCAD Layout** 繪製電路佈局圖

首先要再次恭喜您！因為您已經清楚且深刻地了解 **PSpice A/D** 的各項功能及其在電路模擬上的應用。今後在這千變萬化的電子電路世界裡，您將可以藉著「她」的輔助，排除許多不必要的困難及障礙而能真正全力投入設計原理的探討，進而達成提升設計能力的目標。

但有一點我們也必須在此特別提出說明：真實的世界有太多太多無法確定的變因，如印刷電路板上的寄生電容效應…等。是故您在使用電路模擬軟體時，就必須有「**模擬軟體提供我們簡單、易操作的實驗環境；也提供了清晰、易分析的結果，但畢竟其無法提供所有真實情況之解答**」的觀念。此時，我們就可以了解到「實作」仍有其必要性。提到「實作」，馬上想到的就是「印刷電路板」，同時也會想到設計佈局圖的痛苦。所幸 **OrCAD** 提供了一系列從電路圖編繪（**OrCAD Capture CIS**）、電路模擬（**PSpice A/D**）到最後的印刷電路板佈局圖編繪（**OrCAD Layout**）的整合設計環境，解決了此部份的困難。您只要利用 **OrCAD Capture CIS** 提供的「輸出電路佈局串接檔 *.MNL」功能，再將此檔輸入 **OrCAD Layout**，依 **OrCAD Layout** 的操作步驟即可得最後的電路佈局圖。如此一來，您便可以藉著 **OrCAD** 的整合環境，將您的電路從構思、規劃、設計、模擬到最後的實作一氣呵成，真正達到「電腦輔助工程」的最大效用。以下我們就來看看 **OrCAD Capture CIS** 是如何將電路圖轉換成電路佈局串接檔，請注意：此功能僅限專業版才可執行。

我們以圖 5-1.1 簡單的組合邏輯電路來說明此功能的操作步驟：

■ 電路圖的重新分配

細心的您可能會在編繪電路圖時發現到：有些元件符號（如電壓（流）源、受控電壓（流）源及其他特殊符號…等）的屬性中有一項 **PSpiceOnly**，當這項屬性的值為 TRUE 時表示此元件符號在實際電路上是不存在的，所以**僅能供模擬時使用**。而 **OrCAD Capture CIS** 要將電路圖轉成佈局格式輸出時，會自動判別這項屬性將這些符號做「區隔」。使用者只需將必要的訊號輸入／出埠（I/O CONNECTOR）定義好，即可直接進行佈局格式的轉換。

加入佈局用連接符號

一般的電路系統均有對外的連接埠（CONNECTOR），而這些連接埠符號均儲存在 .\Cadence\SPB_17.2\tools\capture\library\ CONNECTOR.OLB 中，所以在進行下列步驟前，您必須參考 2 − 1 節所介紹的「**符號元件庫的新增**」步驟，將 CONNECTOR.OLB 符號元件庫加入現在的專案中。隨後便可以下列的步驟在電路圖中編繪連接埠符號：（為避免因操作失誤造成不便，建議您先將原圖檔做備份）

1. 依所需接腳多寡選用適當的連接埠符號，針對圖 5-1.1 來說，有 X、Y、Z 三支輸入接腳及 C、S 兩支輸出接腳，所以我們選用 CON3 及 CON2，並放在適當位置（參考圖 A-1.1）。

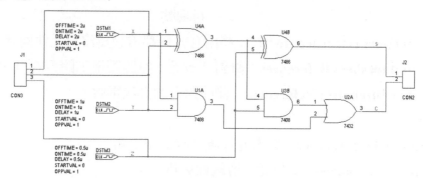

圖 A-1.1

2. 在 **Project Manager** 子視窗中點選 **Tools/Annotate**，出現圖 A-1.2 的對話盒。

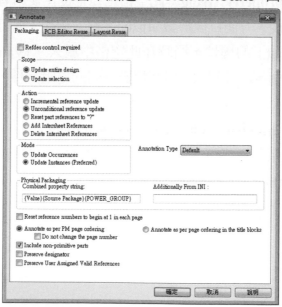

圖 A-1.2

其中各個選項的意義說明如下：

Scope

Update entire design：對同一個 *.DSN（Design File）中的所有電路圖做元件的重新編號。

Update selection：僅對選定的區域做元件的重新編號。

Action

Incremental reference update：僅對還沒有元件稱號的元件做重新編號，已有元件稱號的元件則不受影響。

Unconditional reference update：對所有元件（不論有無元件稱號）均做重新編號。

Reset part references to "?"：將所有元件都重設為沒有元件稱號。

Add intersheet References：針對「多頁」電路圖增加跨頁的頁次編號。

Delete Intersheet References：刪除跨頁的頁次編號。

Mode

Update Occurrences：針對元件屬性層級做更新。

Update Instances：針對元件層級做更新。

Physical Packaging

Combined property string：此空格主要是提供使用者一個自行定義「屬性字串」的功能，方便日後辨識類似的元件。例如：您可以在電阻元件符號中增加一「Watt」的屬性，同時在此空格中填入「{Value}{Watt}」。如此一來，對於兩個電阻值相同，但瓦特數不同的電阻元件，便可依此字串來加以分別。

Reset reference numbers to begin at 1 in each page

點選此項，系統會將每一頁電路圖的元件都從 1 開始重新編號。

Do not change the page number

點選此項，則不重編電路圖的頁次編號。

3. 依圖 A-1，2 點選各個選項後再點選＜確定＞鍵，在系統提醒您此項動作將無法 "UNDO/REDO" 後，即出現如下的對話盒。

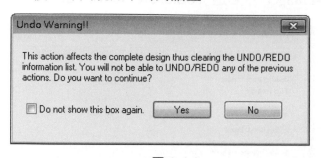

圖 A-1.3

4. 此對話盒只是提醒使用者系統即將進行重新編號的動作，除非您想取消，否則只須點選 **Yes** 鍵即可。

5. 接下來，您會發現原本在圖 A-1.1 的元件稱號由 U1A、U2A、U3B、U4A 及 U4B 變成 U1A、U1B、U2A、U2B 及 U3A，這是因為一般的 7408、7432 及 7486 IC 裡分別都有四個 AND、OR 及 XOR GATE，所以在轉換成佈局輸出時便會自動將同樣的邏輯閘劃歸同一顆 IC，最後可得圖 A-1.4。

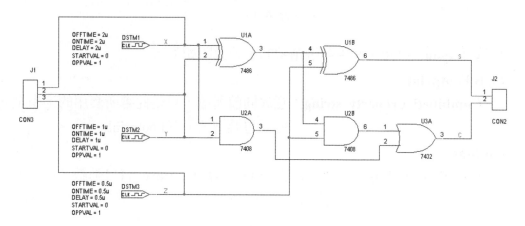

圖 A-1.4

■ 佈局格式的轉換

1. 在 **Project Manager** 中點選 **Tools/Create Netlist**，出現圖 A-1.5 的對話盒。

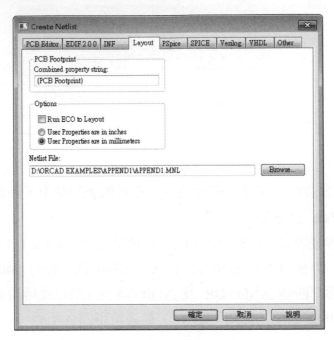

圖 A-1.5

2. 點選 **Layout** 頁籤，其中各個選項的意義說明如下：

PCB Footprint

    Combined property string：意義同前所述，只是此處所套用的字串是元件的「包裝型式」（Footprint）。

Options

    Run ECO to Layout：點選此項，**OrCAD Capture** 將自動載入新的佈局串接檔，除非 **OrCAD Layout** 中已載入對應的佈局檔，否則將會略過這個佈局串接檔。

    User Properties are in inches：以英吋作為度量單位。

    User Properties are in millimeters：以公釐作為度量單位。

Netlist File

    此為所要轉出之佈局串接檔的**完整**儲存路徑及其檔名。

3. 依圖 A-1.5 點選各個選項後再點選 **OK** 鍵後系統隨即進行佈局串接檔的轉換，最後我們可以在 **Project Manager** 中看到 Append1.mnl 這個檔案，表示已經

轉換成功【附註：此檔爲 Binary 格式，無法以一般文書編輯器瀏覽】
將此檔輸入 **OrCAD Layout**，再依其操作步驟即可得最後的電路佈局圖，此部份已超出本書的範圍，不再多作說明。

■ 其他佈局格式（以 PADS-PCB 為例）的轉換

　　OrCAD Capture 除了提供 *.MNL 檔給 **OrCAD Layout** 進行電路佈局圖的編繪以外，同時也可以提供許多常用的佈局軟體（如 **PADS-PCB**、**ALLEGRO**、**PADS-2000**、**PCAD** 及 **Tango**……等）所需的佈局串接檔格式，我們以 **PADS-2000** 爲例說明其轉換方式，其餘則類同。

1. 再次點選 **Project Manager** 中的 **Tools/Create Netlist** 並點選其中的 Other 頁籤，出現如圖 A-1.6 的對話盒。

2. 在 **Formatters** 檔案選表中點選 orpads2k.dll，其中包含了 **PADS-2000** 所需之佈局格式的定義。

3. **Netlist File** 空格則用以設定轉換出來的佈局串接檔所要儲存的路徑及其檔名。點選右邊的 **View Output** 表示轉換結束（此部份的轉換結果爲文字檔）後即可直接檢視轉換結果。

圖 A-1.6

4. **Combined property string** 意義同前所述，最後點選 **確定** 鍵後即可得如下的
佈局串接檔。

```
*PADS2000*
*PART*
J1                  CON3
J2                  CON2
U1                  DIP.100/14/W.300/L.800
U2                  DIP.100/14/W.300/L.800
U3                  DIP.100/14/W.300/L.800

*NET*
*SIGNAL* C
U3.3 J2.2
*SIGNAL* GND
U3.7 U2.7 U1.7
*SIGNAL* N05683
U2.4 U1.3 U1.4
*SIGNAL* N05751
U3.1 U2.6
*SIGNAL* N05757
U3.2 U2.3
*SIGNAL* S
U1.6 J2.1
*SIGNAL* VCC
U3.14 U2.14 U1.14
*SIGNAL* X
U2.1 U1.1 J1.1
*SIGNAL* Y
U2.2 U1.2 J1.2
*SIGNAL* Z
U2.5 U1.5 J1.3
*END*
```

PSpice A/D
中的數學函數

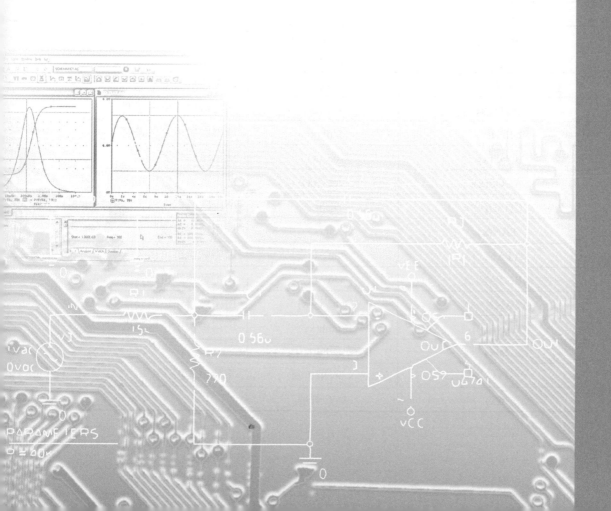

　　我們在 6-2 節介紹類比行為模型中的 EVALUE 時，曾以絕對值函數 ABS() 為例模擬一個理想的全波整流器。事實上，除了絕對值函數外，**PSpice A/D** 還提供了許多不同的函數（包含加、減、乘、除的基本運算、布林函數及邏輯判別式）供 **PSpice A/D** 模擬之用。另外，也同時提供一些函數讓 **Probe** 對所呼叫的波形做進一步計算之用，我們將其表列如下：

PSpice 中可用的函數

函數表示法	意義	備註
數學函數		
ABS(x)	$\|x\|$	
SQRT(x)	$x^{1/2}$	
EXP(x)	e^x	
LOG(x)	$\ln(x)$	
LOG10(x)	$\log(x)$	
PWR(x,y)	$\|x\|^y$	
PWRS(x,y)	$+\|x\|^y$ (if x>0) $-\|x\|^y$ (if x<0)	
SIN(x)	$\sin(x)$	x 單位為弧度
ASIN(x)	$\sin^{-1}(x)$	所得數值單位為弧度
SINH(x)	$\sinh(x)$	所得數值單位為弧度
COS(x)	$\cos(x)$	x 單位為弧度
ACOS(x)	$\cos^{-1}(x)$	所得數值單位為弧度
COSH(x)	$\cosh(x)$	所得數值單位為弧度
TAN(x)	$\tan(x)$	x 單位為弧度
ATAN(x)	$\tan^{-1}(x)$	所得數值單位為弧度
ARCTAN(x)	$\tan^{-1}(x)$	所得數值單位為弧度
ATAN2(y,x)	$\tan^{-1}(y/x)$	所得數值單位為弧度
TANH(x)	$\tanh(x)$	所得數值單位為弧度
M(x)	x 值的大小	
P(x)	x 的相角值	單位為角度
R(x)	x 的實部	

函數表示法	意義	備註
IMG(x)	x 的虛部	
DDT(x)	x 對時間的微分	僅限於暫態分析
SDT(x)	x 對時間的積分	僅限於暫態分析
TABLE(x,x_1,y_1,...x_n,y_n)	y 值為 x 的函數	所得 y 值為由 x_1,y_1 到 x_n,y_n 所描述的「片段線性」函數經內差法求得。
MIN(x,y)	x 和 y 之間的最小值	
MAX(x,y)	x 和 y 之間的最大值	
LIMIT(x,min,max)	min if x < min max if x > max x　其他	
SGN(x)	+1 if x > 0 0 if x = 0 −1 if x < 0	
STP(x)	1 if x > 0 0　其他	
IF(t,x,y)	x 若 t 為眞 y 其他	t 為邏輯判別式
布林函數（用於 IF 函數）		
~	NOT	
|	OR	
^	XOR	
&	AND	
邏輯判別式（用於 IF 函數）		
==	等於	
!=	不等於	
>	大於	
>=	大於等於	
<	小於	
<=	小於等於	

＊M(x)、P(x)、R(x) 和 IMG(x) 僅可用於 Laplace 表示式

Probe 中可用的函數

函數表示法	意義	備註
ABS(x)	$\|x\|$	
SGN(x)	+1 (if x>0) 0 (if x=0) −1 (if x<0)	
SQRT(x)	$x^{1/2}$	
EXP(x)	e^x	
LOG(x)	ln(x)	
LOG10(x)	log(x)	
M(x)	x 值的大小	
P(x)	x 的相角值	單位為角度
R(x)	x 的實部	
IMG(x)	x 的虛部	
G(x)	x 的群延遲(Group Delay)	單位為秒
PWR(x,y)	$\|x\|^y$	
SIN(x)	sin(x)	x 單位為弳度
COS(x)	cos(x)	x 單位為弳度
TAN(x)	tan(x)	x 單位為弳度
ATAN(x)	$\tan^{-1}(x)$	所得數值單位為弳度
ARCTAN(x)	$\tan^{-1}(x)$	所得數值單位為弳度
d(x)	x 對橫軸變數的微分	
s(x)	x 對橫軸變數的積分	
AVG(x)	x 的平均值	
AVGX(x,d)	x 在範圍 d 內的平均值	
RMS(x)	x 的均方根值	
DB(x)	x 的分貝值	
MIN(x)	x 實部的最小值	
MAX(x)	x 實部的最大值	

類比元件的描述格式

PSpice A/D 內建了許多的類比元件模型，以下我們針對這些元件的文字檔描述格式加以說明，這些元件描述格式與 7-2 節所提到「元件屬性」中的 PSpiceTemplate 項息息相關。也就是說，一旦使用者要編輯一個新元件符號的 PSpiceTemplate 屬性時，必須依照該元件的描述格式，再配合 7-2 節所述的特殊字元及設定步驟加以編輯，才得以使電路圖檔的文字編譯過程不至出錯。這些元件的英文簡寫及其對應名稱如下表所示：

英文簡寫	元件名稱	英文簡寫	元件名稱
B	砷化鎵場效電晶體	L	電感
C	電容	M	金氧半電晶體
D	二極體	Q	雙載子電晶體
E	電壓控制電壓源	R	電阻
F	電流控制電流源	S	電壓控制開關
G	電壓控制電流源	T	傳輸線
H	電流控制電壓源	V	獨立電壓源
I	獨立電流源	W	電流控制開關
J	接面場效電晶體	X	子電路
K	耦合電感 耦合傳輸線	Z	閘極絕緣雙載子電晶體（IGBT）

B 砷化鎵場效電晶體

📁 描述格式

B<名稱> <汲極(Drain)> <閘極(Gate)> <源極(Source)>
+<模型名稱> [面積]

📁 範例

B1   10   20   30   GAASFET
Bin 10   20   30   GMOD   2.0

📁 模型格式

.MODEL <模型名稱> GASFET(模型參數)

C 電容

📁 描述格式

C<名稱> <正節點> <負節點> [模型名稱] <電容值>
+[IC=<初始值>]

📁 範例

C1　　10　　0　　10pF

Cin　10　20　　0.2E-12　　IC=1.0V

Cf　　10　20　　CMOD　　10pF

📁 模型格式

.MODEL <模型名稱> CAP(模型參數)

D 二極體

📁 描述格式

D<名稱> <正節點> <負節點> [模型名稱] [面積值]

📁 範例

D1　　10　　0　　D1N4148

Dclamp　　10　　20　　DMOD　　2.0

📁 模型格式

.MODEL <模型名稱> D(模型參數)

E 電壓控制電壓源

📁 描述格式

E<名稱> <正節點> <負節點>
+<正控制節點> <負控制節點> <增益>

E<名稱> <正節點> <負節點> POLY(<變數個數>)
+<正控制節點> <負控制節點>* <多項式係數>*

E<名稱> <正節點> <負節點> VALUE = {<變數表示式>}

E<名稱> <正節點> <負節點> TABLE {<變數表示式>} =
+<<輸入值>,<輸出值>>*

E<名稱> <正節點> <負節點> LAPLACE{<變數表示式>}
+= {<拉普拉斯轉換式>}

E<名稱> <正節點> <負節點> FREQ {<變數表示式>} =
+<<頻率值>,<振幅值>,<相角值>>* [DELAY=<延遲時間>]

E<名稱> <正節點> <負節點>
+CHEBYSHEV {<變數表示式>} = <[LP] [HP] [BP] [BR]>,
+<截止頻率>*,<衰減值>*

📁 範例

EBUFF 1 2 10 11 1.0

EAMP 13 0 POLY(1) 26 0 0 500

ENONLIN 100 101 POLY(2) 3 0 4 0 0.0 13.6 0.2 0.005

ESQROOT 5 0 VALUE = {5V*SQRT(V(3,2))}

ET2 2 0 TABLE {V(ANODE,CATHODE)} = (0,0) (30,1)

ERC 5 0 LAPLACE {V(10)} = {1/(1+.001*s)}

ELOWPASS 5 0 FREQ {V(10)}=(0,0,0)(5kHz, 0,0)(6kHz -60, 0)
+ DELAY=3.2ms

ELOWPASS 5 0 CHEBYSHEV {V(10)} = LP 800 1.2K .1dB 50dB

特別說明：由於許多讀者問及 EPOLY 多項式係數的對應次序，而事實上這部份的描述格式也的確頗為複雜。在此我們特別以三個輸入變數為例，介紹 EPOLY 係數的寫法。至於輸入變數更多的情形，讀者可以從這個範例中推知其通用的對應次序。

常數項	k_0
一次式項	$k_1 \cdot V_1 + k_2 \cdot V_2 + k_3 \cdot V_3$
二次式項	$(k_4 \cdot V_1 + k_5 \cdot V_2 + k_6 \cdot V_3) \cdot V_1 + (k_7 \cdot V_2 + k_8 \cdot V_3) \cdot V_2 +$ $(k_9 \cdot V_3) \cdot V_3$
三次式項	$\{(k_{10} \cdot V_1 + k_{11} \cdot V_2 + k_{12} \cdot V_3) \cdot V_1 + (k_{13} \cdot V_2 + k_{14} \cdot V_3) \cdot V_2 +$ $(k_{15} \cdot V_3) \cdot V_3\} \cdot V_1 + \{(k_{16} \cdot V_2 + k_{17} \cdot V_3) \cdot V_2 +$ $(k_{18} \cdot V_3) \cdot V_3\} \cdot V_2 + \{(k_{19} \cdot V_3) \cdot V_3\} \cdot V_3$

舉例來說，如果我們需要一個電壓函數如下：

$$V_{out} = 2 + V_1 + 3V_3 - V_1V_2 + 4V_2V_3 - 2V_1^3$$

則其多項式係數的對應次序便寫成 2 1 0 3 0 -1 0 0 4 0 -2。

G 電壓控制電流源

📁 描述格式

G<名稱> <正節點> <負節點>
+<正控制節點> <負控制節點> <電導值>

G<名稱> <正節點> <負節點> POLY(<變數個數>)
+<正控制節點> <負控制節點>* <多項式係數>*

G<名稱> <正節點> <負節點> VALUE = {<變數表示式>}

G<名稱> <正節點> <負節點> TABLE {<變數表示式>} =
+<<輸入值>,<輸出值>>*

G<名稱> <正節點> <負節點> LAPLACE{<變數表示式>}
+= {<拉普拉斯轉換式>}

G<名稱> <正節點> <負節點> FREQ {<變數表示式>} =
+<<頻率值>,<振幅值>,<相角值>>* [DELAY=<延遲時間>]

G<名稱> <正節點> <負節點>
+CHEBYSHEV {<變數表示式>} = <[LP] [HP] [BP] [BR]>,
+<截止頻率>*,<衰減值>*

■ 範例

GBUFF 1 2 10 11 1.0

GAMP 13 0 POLY(1) 26 0 0 500

GNONLIN 100 101 POLY(2) 3 0 4 0 0.0 13.6 0.2 0.005

GPSK 11 6 VALUE = {5MA*SIN(6.28*10kHz*TIME+V(3))}

GT ANODE CATHODE VALUE = {200E-6*PWR(V(1)*V(2),1.5)}

GLOSSY 5 0 LAPLACE {V(10)} = {exp(-sqrt(C*s*(R+L*s)))}

F 電流控制電流源

■ 描述格式

F<名稱> <正節點> <負節點>
+<控制電壓源名稱> <增益>

F<名稱> <正節點> <負節點> POLY(<變數個數>)
+<控制電壓源名稱>* <多項式係數>*

■ 範例

FSENSE 1 2 VSENSE 10.0

FAMP 13 0 POLY(1) VIN 0 500

FNONLIN 100 101 POLY(2) VCNTRL1 VCINTRL2

+ 0.0 13.6 0.2 0.005

H 電流控制電壓源

■ 描述格式

H<名稱> <正節點> <負節點>
+<控制電壓源名稱> <增益>

H<名稱> <正節點> <負節點> POLY(<變數個數>)
+<控制電壓源名稱>* <多項式係數>*

C

■ 範例

Hfeedback 1 2 Vs 10.0

Hlin 10 0 POLY(1) V1 0 500

Hnonlin 100 101 POLY(2) VCNTRL1 VCINTRL2

+ 0.0 13.6 0.2 0.005

I 獨立電流源

■ 描述格式

I<名稱> <正節點> <負節點> [[DC] <直流值>]

+[AC <振幅值> [相角值]] [暫態波形參數]

■ 範例

IBIAS 13 0 2.3mA

IAC 2 3 AC .001

IACPHS 2 3 AC .001 90

IPULSE 1 0 PULSE(−1mA 1mA 2ns 2ns 2ns 50ns 100ns)

I3 26 77 DC .002 AC 1 SIN(.002 .002 1.5MEG)

J 接面場效電晶體

■ 描述格式

J<名稱> <汲極> <閘極> <源極>

+<模型名稱> [面積]

■ 範例

JIN 100 1 0 JFAST

J13 22 14 23 JNOM 2.0

■ 模型格式

.MODEL <模型名稱> NJF(模型參數)

.MODEL <模型名稱> PJF(模型參數)

K 耦合電感（變壓器磁心）

耦合傳輸線

📁 描述格式

K<名稱> L<電感名稱> L<電感名稱>* <耦合係數>

K<名稱> <L<電感名稱>>* <耦合係數> <模型名稱>
+[大小值]

K<名稱> T<傳輸線名稱> T<傳輸線名稱>
+ Cm=<耦合電容值> Lm=<耦合電感值>

📁 範例

KTUNED L3OUT L4IN .8
KTRNSFRM LPRIMARY LSECNDRY 1
KXFRM L1 L2 L3 L4 .98 KPOT_3C8
K2LINES T1 T2 Lm=1m Cm=.5p

📁 模型格式

.MODEL <模型名稱> CORE(模型參數)

L 電感

📁 描述格式

L<名稱> <正節點> <負節點> [模型名稱] <電感值>
+[IC=<初始值>]

📁 範例

LLOAD 15 0 20mH
L2 1 2 .2E-6
LCHOKE 3 42 LMOD .03
LSENSE 5 12 2UH IC=2mA

C

📁 模型格式

.MODEL <模型名稱> IND(模型參數)

M 金氧半電晶體

📁 描述格式

M<名稱> <汲極> <閘極> <源極> <基座> <模型名稱>

+[L=<數值>] [W=<數值>] [AD=<數值>] [AS=<數值>]

+[PD=<數值>] [PS=<數值>]

+[NRD=<數值>] [NRS=<數值>]

+[NRG=<數值>] [NRB=<數值>]

+[M=<數值>]

📁 範例

M1 14 2 13 0 PNOM L=25u W=12u

M13 15 3 0 0 PSTRONG

M16 17 3 0 0 PSTRONG M=2

M28 0 2 100 100 NWEAK L=33u W=12u

+ AD=288p AS=288p PD=60u PS=60u NRD=14 NRS=24 NRG=10

📁 模型格式

.MODEL <模型名稱> NMOS(模型參數)

.MODEL <模型名稱> PMOS(模型參數)

Q 雙載子電晶體

📁 描述格式

Q<名稱> <集極(Collector)> <基極(Base)> <射極(Emitter)> [基座(Bulk)] <模型名稱>

+[面積值]

■ **範例**

    Q1 14 2 13 PNPNOM

    Q13 15 3 0 1 NPNSTRONG 1.5

    Q7 VC 5 12 [SUB] LATPNP

■ **模型格式**

    .MODEL <模型名稱> NPN(模型參數)

    .MODEL <模型名稱> PNP(模型參數)

    .MODEL <模型名稱> LPNP(模型參數)

R 電阻

■ **描述格式**

    R<名稱> <正節點> <負節點> [模型名稱] <電阻值>

    +[TC=<TC1>] [,<TC2>]

■ **範例**

    RLOAD 15 0 2K

    R2 1 2 2.4E4 TC=.015,-.003

    RFDBCK 3 33 RMOD 10K

■ **模型格式**

    .MODEL <模型名稱> RES(模型參數)

S 電壓控制開關

■ **描述格式**

    S<名稱> <正節點> <負節點>

    +<正控制節點> <負控制節點> [模型名稱]

■ **範例**

    S12 13 17 2 0 SMOD

    SESET 5 0 15 3 RELAY

■ 模型格式

.MODEL <模型名稱> VSWITCH(模型參數)

T 傳輸線

■ Ideal Line 描述格式

T<名稱> <A 埠正節點> <A 埠負節點>

+<B 埠正節點> <B 埠負節點> [模型名稱]

+ZO=<數值> [TD=<數值>] [F=<數值> [NL=<數值>]]

+ IC= <near voltage> <near current> <far voltage> <far current>

■ Lossy Line 描述格式

T<名稱> <A 埠正節點> <A 埠負節點>

+ <B 埠正節點> <B 埠負節點>[<模型名稱>　[electrical length value]]

+ LEN=<value> R=<value> L=<value>

+ G=<value> C=<value>

■ 範例

T1 1 2 3 4 Z0=220 TD=115ns

T2 1 2 3 4 Z0=220 F=2.25MEG

T3 1 2 3 4 Z0=220 F=4.5MEG NL=0.5

T4 1 2 3 4 LEN=1 R=.311 L=.378u G=6.27u C=67.3p

T5 1 2 3 4 TMOD 1

■ 模型格式

.MODEL <模型名稱> TRN(模型參數)

V 獨立電壓源

■ 描述格式

V<名稱> <正節點> <負節點> [[DC] <直流值>]

+[AC <振幅值> [相角值]] [暫態波形參數]

W 電流控制開關

📁 描述格式

W<名稱> <正節點> <負節點>
+<控制電壓名稱> [模型名稱]

📁 範例

W12 13 17 VC WMOD
WRESET 5 0 VRESET RELAY

📁 模型格式

.MODEL <模型名稱> ISWITCH(模型參數)

X 子電路

📁 描述格式

X<名稱> [節點]* <子電路名稱>
+[PARAM: <<參數名稱> = <數值>>*]
+[TEXT: <<文字名稱> = <文字內容>>*]

📁 範例

X12 100 101 200 201 DIFFAMP
XBUFF 13 15 UNITAMP
XFOLLOW IN OUT VCC VEE OUT OPAMP
XFELT 1 2 FILTER PARAMS: CENTER=200kHz
X27 A1 A2 A3 Y PLD PARAMS: MNTYMXDLY=1
+ TEXT: JEDEC_FILE=MYJEDEC.JED
XNANDI 25 28 7 MYPWR MYGND PARAMS: IO_LEVEL=2

Z 閘極絕緣雙載子電晶體（IGBT）

📁 描述格式

Z<名稱> <集極> <閘極> <射極> <模型名稱()>
+ [AREA=<數值>] [WB=<數值>] [AGD=<數值>]
+ [KP=<數值>] [TAU=<數值>]

■ **範例**

ZDRIVE 1 4 2 IGBTA AREA=10.1u WB=91u AGD=5.1u KP=0.381

Z231 3 2 9 IGBT27

■ **模型格式**

.MODEL <模型名稱> NIGBT [模型參數]

數位元件的描述格式

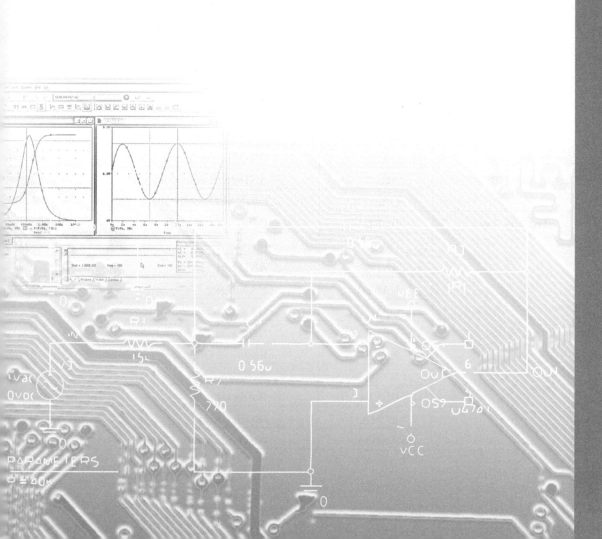

在本附錄中我們將針對 **PSpice A/D** 內建的數位元件的文字檔描述格式加以說明，這些元件的邏輯類別及其說明如下表所示：

分類	邏輯類別	說明
Standard Gates	BUF	Buffer
	INV	Inverter
	AND	AND gate
	NAND	NAND gate
	OR	OR gate
	NOR	NOR gate
	XOR	Exclusive OR gate
	NXOR	Exclusive NOR gate
	BUFA	Buffer array
	INVA	Inverter array
	ANDA	AND gate array
	NANDA	NAND gate array
	ORA	OR gate array
	NORA	NOR gate array
	XORA	Exclusive OR gate array
	NXORA	Exclusive NOR gate array
	AO	AND-OR compound gate
	OA	OR-AND compound gate
	AOI	AND-NOR compound gate
	OAI	OR-NAND compound gate
Tri-State Gates	BUF3	Buffer
	INV3	Inverter
	AND3	AND gate
	NAND3	NAND gate
	OR3	OR gate
	NOR3	NOR gate
	XOR3	Exclusive OR gate
	NXOR3	Exclusive NOR gate
	BUF3A	Buffer array
	INV3A	Inverter array
	AND3A	AND gate array

分類	邏輯類別	說明
Tri-State Gates	NAND3A	NAND gate array
	OR3A	OR gate array
	NOR3A	NOR gate array
	XOR3A	Exclusive OR gate array
	NXOR3A	Exclusive NOR gate array
Bidirectional	NBTG	N-channel transfer gate
Transfer Gates	PBTG	P-channel transfer gate
Flip-Flops and	JKFF	J-K, negative-edge triggered
Latches	DFF	D-type, positive-edge triggered
	SRFF	S-R gated latch
	DLTCH	D gated latch
Pullup and	PULLUP	Pullup resistor array
Pulldown Resistors	PULLDN	Pulldown resistor array
Delay Lines	DLYLINE	Delay line
Programmable	PLAND	AND array
Logic Arrays	PLOR	OR array
	PLXOR	Exclusive OR array
	PLNAND	NAND array
	PLNOR	NOR array
	PLNXOR	Exclusive NOR array
	PLANDC	AND array, true and complement
	PLORC	OR array, true and complement
	PLXORC	Exclusive OR array, true and complement
	PLNANDC	NAND array, true and complement
	PLNORC	NOR array, true and complement
	PLNXORC	Exclusive NOR array, true and complement
Memory	ROM	Read-only memory
	RAM	Random access read-write memory
Multi-Bit A/D and	ADC	Multi-bit A/D converter
D/A Converters	DAC	Multi-bit D/A converter
Behavioral	LOGICEXP	Logic expression
	PINDLY	Pin-to-pin delay

分類	邏輯類別	說明
	CONSTRAINT	Constraint checking

Standard Gates 標準邏輯閘

📁 描述格式

U<名稱> <邏輯分類> [(<參數值>*)]

+<數位電源節點><數位接地節點>

+<輸入節點>*<輸出節點>*

+<時序模型名稱><輸入／出模型名稱>

+[MNTYMXDLY=<時序參數類別設定>]

+[IO_LEVEL=<介面子電路類別設定>]

📁 範例

U5 AND(2) $G_DPWR $G_DGND IN0 IN1 OUT ; two-input AND gate

+ T_AND2 IO_STD

U2 INV $G_DPWR $G_DGND 3 5 ; simple INVerter

+ T_INV IO_STD

U13 NANDA(2,4) $G_DPWR $G_DGND ; four two-input NAND gates

+ INA0 INA1 INB0 INB1 INC0 INC1

+ IND0 IND1 OUTA OUTB OUTC OUTD

+ T_NANDA IO_STD

U9 AO(3,3) $G_DPWR $G_DGND ;three-input AND-OR gate

+ INA0 INA1 INA2 INB0 INB1 INB2 INC0 INC1 INC2

+ OUT T_AO IO_STD

+ MNTYMXDLY=1 IO_LEVEL=1

.MODEL T_AND2 UGATE ; AND2 Timing Model

+ TPLHMN=15ns TPLHTY=20ns TPLHMX=25ns

+ TPHLMN=10ns TPHLTY=15ns TPHLMX=20ns

◼ 時序模型格式

.MODEL <時序模型名稱> UGATE(模型參數)

Tri-State Gates 三態邏輯閘

◼ 描述格式

U<名稱> <三態邏輯分類> [(<參數值>*)]

+<數位電源節點><數位接地節點>

+<輸入節點>*<致能(enable)節點><輸出節點>*

+<時序模型名稱><輸入／出模型名稱>

+[MNTYMXDLY=<時序參數類別設定>]

+[IO_LEVEL=<介面子電路類別設定>]

◼ 範例

U5 AND3(2) $G_DPWR $G_DGND IN0 IN1 ENABLE OUT

+ T_TRIAND2 IO_STD

U2 INV3 $G_DPWR $G_DGND 3 100 5 ; Inverter

+ T_TRIINV IO_STD

U13 NAND3A(2,4) $G_DPWR $G_DGND ; four two-input NAND

+ INA0 INA1 INB0 INB1 INC0 INC1 IND0 IND1

+ ENABLE OUTA OUTB OUTC OUTD

+ T_TRINAND IO_STD

.MODEL T_TRIAND2 UTGATE(; TRI-AND2 Timing Model

+ TPLHMN=15ns TPLHTY=20ns TPLHMX=25ns …...

+ TPZHMN=10ns TPZHTY=15ns TPZHMX=20ns)

◼ 時序模型格式

.MODEL <時序模型名稱> UTGATE(模型參數)

Bidirectional Transfer Gates 雙向傳輸閘

📁 描述格式

U<名稱> NBTG(或 PBTG)

+<數位電源節點><數位接地節點>

+<閘極(gate)節點><通道節點 1><通道節點 2>

+<時序模型名稱><輸入／出模型名稱>

+[MNTYMXDLY=<時序參數類別設定>]

+[IO_LEVEL=<介面子電路類別設定>]

📁 範例

U4 NBTG $G_DPWR $G_DGND GATE SD1 SD2

+ BTG1 IO_BTG

📁 時序模型格式

.MODEL <時序模型名稱> UBTG

Edge-Triggered Flip-Flops 負（正）緣觸發正反器

📁 描述格式

U<名稱> JKFF(<正反器個數>)

+<數位電源節點><數位接地節點>

+<presetbar 節點><clearbar 節點><clockbar 節點>

+<j 節點 1>...<j 節點 n>

+<k 節點 1>...<k 節點 n>

+<q 輸出節點 1>...<q 輸出節點 n>

+<qbar 輸出節點 1>...<qbar 輸出節點 n>

+<時序模型名稱><輸入／出模型名稱>

+[MNTYMXDLY=<時序參數類別設定>]

+[IO_LEVEL=<介面子電路類別設定>]

U<名稱> DFF(<正反器個數>)

+<數位電源節點><數位接地節點>

+<presetbar 節點><clearbar 節點><clock 節點>

+<d 節點 1>...<d 節點 n>

+<q 輸出節點 1>...<q 輸出節點 n>

+<qbar 輸出節點 1>...<qbar 輸出節點 n>

+<時序模型名稱><輸入／出模型名稱>

+[MNTYMXDLY=<時序參數類別設定>]

+[IO_LEVEL=<介面子電路類別設定>]

U<名稱> JKFFDE(<正反器個數>)

+ <數位電源節點> <數位接地節點>

+ <presetbar 節點> <clrbar 節點> <clock 節點>

+ <positive-edge enable 節點> <negative-edge enable 節點>

+ <j 節點 1> ... <j 節點 n>

+ <k 節點 1> ... <k 節點 n>

+ <q 輸出 1> ... <q 輸出 n>

+ <qbar 輸出 1> ... <qbar 輸出 n>

+ <時序模型名稱> <輸出／入模型名稱>

+ [MNTYMXDLY = <時序參數類別設定>]

+ [IO_LEVEL = <介面子電路類別設定>]

U<名稱> DFFDE(<正反器個數>)

+ <數位電源節點> <數位接地節點>

+ <presetbar 節點> <clrbar 節點> <clock 節點>

+ <positive-edge enable 節點> <negative-edge enable 節點>

+ <d 節點 1> ... <d 節點 n>

+ <q 輸出節點 1> ... <q 輸出節點 n>

+ <qbar 輸出節點 1> ... <qbar 輸出節點 n>

+ <時序模型名稱> <輸出／入模型名稱>

+ [MNTYMXDLY = <時序參數類別設定>]

+ [IO_LEVEL = <介面子電路類別設定>]

範例

U5 JKFF(1) $G_DPWR $G_DGND PREBAR CLRBAR CLKBAR

* one JK flip-flop

+ J K Q QBAR

+ T_JKFF IO_STD

U2 DFF(2) $G_DPWR $G_DGND PREBAR CLRBAR CLK

* two DFF flip-flops

+ D0 D1 Q0 Q1 QBAR0 QBAR1

+ T_DFF IO_STD

.MODEL T_JKFF UEFF(...) ; JK Timing Model

時序模型格式

.MODEL <時序模型名稱> UEFF(模型參數)

Gated Latch 閘控閂

描述格式

U<名稱> SRFF(<正反器個數>)

+<數位電源節點><數位接地節點>

+<presetbar 節點><clearbar 節點><gate 節點>

+<s 節點 1>...<s 節點 n>

+<r 節點 1>...<r 節點 n>

+<q 輸出節點 1>...<q 輸出節點 n>

+<qbar 輸出節點 1>...<qbar 輸出節點 n>

+<時序模型名稱><輸入／出模型名稱>

+[MNTYMXDLY=<時序參數類別設定>]

+[IO_LEVEL=<介面子電路類別設定>]

U<名稱> DLTCH(<閂的個數>)

+<數位電源節點><數位接地節點>

+<presetbar 節點><clearbar 節點><gate 節點>

+<d 節點 1>...<d 節點 n>

+<q 輸出節點 1>...<q 輸出節點 n>

+<qbar 輸出節點 1>...<qbar 輸出節點 n>

+<時序模型名稱><輸入／出模型名稱>

+[MNTYMXDLY=<時序參數類別設定>]

+[IO_LEVEL=<介面子電路類別設定>]

📁 範例

U5 SRFF(4)$G_DPWR $G_DGND PRESET CLEAR GATE

* four S-R latches

+ S0 S1 S2 S3 R0 R1 R2 R3

+ Q0 Q1 Q2 Q3 QB0 QB1 QB2 QB3

+ T_SRFF IO_STD

U2 DLTCH(8) $G_DPWR $G_DGND PRESET CLEAR GATE

* eight D latches

+ D0 D1 D2 D3 D4 D5 D6 D7

+ Q0 Q1 Q2 Q3 Q4 Q5 Q6 Q7

+ QB0 QB1 QB2 QB3 QB4 QB5 QB6 QB7

+ T_DLTCH IO_STD

.MODEL T_SRFF UGFF(...) ; SRFF Timing Model

📁 時序模型格式

.MODEL <時序模型名稱> UGFF(模型參數)

Pullup and Pulldown

■ 描述格式

U<名稱> PULLUP(或 PULLDN)(<電阻個數>)

+<數位電源節點><數位接地節點>

+<輸出節點>*<輸入／出模型名稱>

+[IO_LEVEL=<介面子電路類別設定>]

PULLUP 和 PULLDN 沒有時序模型

■ 範例

U5 PULLUP(4) $G_DPWR $G_DGND ; four pullup resistors

+ BUS0 BUS1 BUS2 BUS3 R1K

U2 PULLDN(1) $G_DPWR $G_DGND ; one pulldown resistor

+ 15 R500

Delay Line 延遲線

■ 描述格式

U<名稱> DLYLINE

+<數位電源節點><數位接地節點>

+<輸入節點><輸出節點>

+<時序模型名稱><輸入／出模型名稱>

+[MNTYMXDLY=<時序參數類別設定>]

+[IO_LEVEL=<介面子電路類別設定>]

■ 範例

U5 DLYLINE $G_DPWR $G_DGND IN OUT; delay line

+ DLY20NS IO_STD

.MODEL DLY20NS UDLY(; delay line Timing Model

+ DLYMN=20ns DLYTY=20ns DLYMX=20ns

+)

■ 時序模型格式

.MODEL <時序模型名稱> UDLY(模型參數)

Programmable Logic Array 可程式邏輯陣列

■ 描述格式

U<名稱> <PLD 類別>(<輸入個數><輸出個數>)

+<數位電源節點><數位接地節點>

+<輸入節點>*<輸出節點>

+<時序模型名稱><輸入／出模型名稱>

+[FILE=<(檔案名稱) 文字資料>]

+[DATA=<radix flag>$<program data>$]

+[MNTYMXDLY=<時序參數類別設定>]

+[IO_LEVEL=<介面子電路類別設定>]

■ 範例

UDECODE PLANDC(3, 8) ; 3 inputs, 8 outputs

+ $G_DPWR $G_DGND ; digital power supply and ground

+ IN1 IN2 IN3 ; the inputs

+ OUT0 OUT1 OUT2 OUT3 OUT4 OUT5 OUT6 OUT7 ; the outputs

+ PLD_MDL ; the timing model name

+ IO_STD ; the I/O model name

+ DATA=B$; the programming data

* IN1 IN2 IN3

* TF TF TF

+ 01 01 01 ; OUT0

+ 01 01 10 ; OUT1

+ 01 10 01 ; OUT2

+ 01 10 10 ; OUT3

+ 10 01 01 ; OUT4

+ 10 01 10 ; OUT5

+ 10 10 01 ; OUT6

+ 10 10 10 $; OUT7

.MODEL PLD_MDL UPLD(...) ; PLD timing model definition

■ 時序模型格式

.MODEL <時序模型名稱> UPLD(模型參數)

Read Only Memory 唯讀記憶體

■ 描述格式

U<名稱> ROM(<位址接腳個數>,<輸出接腳個數>)

+<數位電源節點><數位接地節點>

+<致能(enable)節點><位址節點 msb>...<位址節點 lsb>

+<輸出節點 msb>...<輸出節點 lsb>

+<時序模型名稱><輸入／出模型名稱>

+[FILE=<(檔案名稱) 文字資料>]

+[DATA=<radix flag>$<program data>$]

+[MNTYMXDLY=<時序參數類別設定>]

+[IO_LEVEL=<介面子電路類別設定>]

■ 範例

UMULTIPLY ROM(8, 8) ; 8 address bits, 8 outputs

+ $G_DPWR $G_DGND;digital power supply and ground

+ ENABLE ; enable node

+ AIN3 AIN2 AIN1 AIN0 ; the first 4 bits of address

+ BIN3 BIN2 BIN1 BIN0 ; the second 4 bits of address

+ OUT7 OUT6 OUT5 OUT4 OUT3 OUT2 OUT1 OUT0 ; the outputs

\+ ROM_MDL ; the Timing Model name

\+ IO_STD ; the I/O MODEL name

\+ DATA=X$; the programming data

* B input value:

*0 1 2 3 4 5 6 7 8 9 A B C D E F

+00 00 00 00 00 00 00 00 00 00 00 00 00 00 00 00 ; A = 0

+00 01 02 03 04 05 06 07 08 09 0A 0B 0C 0D 0E 0F ; A = 1

+00 02 04 06 08 0A 0C 0E 10 12 14 16 18 1A 1C 1E ; A = 2

+00 03 06 09 0C 0F 12 15 18 1B 1E 21 24 27 2A 2D ; A = 3

+00 04 08 0C 10 14 18 1C 20 24 28 2C 30 34 38 3C ; A = 4

+00 05 0A 0F 14 19 1E 23 28 2D 32 37 3C 41 46 4B ; A = 5

+00 06 0C 12 18 1E 24 2A 30 36 3C 42 48 4E 54 5A ; A = 6

+00 07 0E 15 1C 23 2A 31 38 3F 46 4D 54 5B 62 69 ; A = 7

+00 08 10 18 20 28 30 38 40 48 50 58 60 68 70 78 ; A = 8

+00 08 12 1B 24 2D 36 3F 48 51 5A 63 6C 75 7E 87 ; A = 9

+00 0A 14 1E 28 32 3C 46 50 5A 64 6E 78 82 8C 96 ; A = A

+00 0B 16 21 2C 37 42 4D 58 63 6E 79 84 8F 9A A5 ; A = B

+00 0C 18 24 30 3C 48 54 60 6C 78 84 90 9C A8 B4 ; A = C

+00 0D 1A 27 34 41 4E 5B 68 75 82 8F 9C A9 B6 C3 ; A = D

+00 0E 1C 2A 38 46 54 62 70 7E 8C 9A A8 B6 C4 D2 ; A = E

+00 0F 1E 2D 3C 4B 5A 69 78 87 96 A5 B4 C3 D1 E1$; A = F

.MODEL ROM_MDL UROM(...); ROM Timing Model definition

時序模型格式

.MODEL <時序模型名稱> UROM(模型參數)

Random Access Read-Write Memory 隨機存取記憶體

📁 描述格式

U<名稱> RAM(<位址位元個數>,<輸出位元個數>)

+<數位電源節點><數位接地節點>

+<read enable 節點><write enable 節點>

+<位址節點 msb>...<位址節點 lsb>

+<write-data msb 節點>...<write-data lsb 節點>

+<read-data msb 節點>...<read-data lsb 節點>

+<時序模型名稱><輸入／出模型名稱>

+[MNTYMXDLY=<時序參數類別設定>]

+[IO_LEVEL=<介面子電路類別設定>]

+[FILE=<(檔案名稱) 文字資料>]

+[DATA=<radix flag>$<program data>$]

📁 時序模型格式

.MODEL <時序模型名稱> URAM(模型參數)

Multi-Bit Analog-to-Digital Converter 多位元類比／數位轉換器

📁 描述格式

U<名稱> ADC(<位元數>)

+<數位電源節點><數位接地節點>

+<輸入節點><參考 (ref) 節點>

+<接地節點><轉換 (convert)節點>

+<status 節點><over-range 節點>

+<輸出節點 msb>...<輸出節點 lsb>

+<時序模型名稱><輸入／出模型名稱>

+[MNTYMXDLY=<時序參數類別設定>]

+[IO_LEVEL=<介面子電路類別設定>]

■ 範例

U5 ADC(4) $G_DPWR $G_DGND ; 4-bit ADC

+ Sig Ref 0 Conv Stat OvrRng Out3 Out2 Out1 Out0

+ ADCModel IO_STD

.MODEL ADCModel UADC(...) ; Timing Model

■ 時序模型格式

.MODEL <時序模型名稱> UADC(模型參數)

Multi-Bit Digital-to-Analog Converter 多位元數位／類比轉換器

■ 描述格式

U<名稱> DAC(<位元數>)

+<數位電源節點><數位接地節點>

+<輸出節點><參考 (ref) 節點><接地節點>

+<輸入節點 msb>...<輸入節點 lsb>

+<時序模型名稱><輸入／出模型名稱>

+[MNTYMXDLY=<時序參數類別設定>]

+[IO_LEVEL=<介面子電路類別設定>]

■ 範例

U7 DAC(4) $G_DPWR $G_DGND ; 4-bit DAC

+ Sig Ref 0 In3 In2 In1 In0

+ DACModel IO_STD

.MODEL DACModel UDAC(...) ; Timing model

■ 時序模型格式

.MODEL <時序模型名稱> UADC(模型參數)

Schematic Page Editor 功能索引表

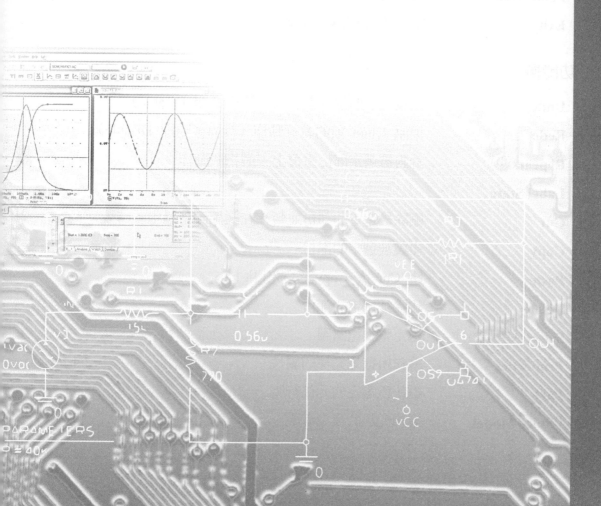

File 功能欄

New	編輯新檔案	2-1 節
Open	呼叫舊檔案	
Close	關閉目前的圖檔	
Save	將螢幕上的圖檔存起來	2-1 節
Import Selection	將先前以 Export 所轉出的內容	
	轉回至編輯中的電路圖	
Export Selection	將電路圖內所選定的部份轉出到其他專案	
Print Preview	預覽列印	
Print	列印電路圖	
Print Setup	列印設定	
Print Area	設定列印範圍	
Exit	結束 OrCAD Capture 視窗	

Edit 功能欄

Undo	回復上一個執行動作（存檔後隨即 Disable）	
Redo	復原 Undo 前的執行動作（存檔後隨即 Disable）	
Repeat	針對被選定部份重覆上一個指令動作	
Label State		
Cut	刪除被選定的部份並暫存在緩衝記憶體中	
Copy	複製被選定的部份	
Paste	將 Cut 或 Copy 的部份貼上來	
Delete	刪除被選定的部份	
Select All	選定整張電路圖	
Properties	編輯所選定元件的屬性	2-1 節
Part	編輯所選定的元件符號	8-11 節
PSpice Model	編輯元件的模型參數	7-1 節

PSpice Stimulus	呼叫 **Stimulus Editor** 編輯所選定的訊號源	5-2 節
Mirror	將所選定的部份圖形上下或左右顛倒	2-1 節
Rotate	將所選定的部份圖形逆時針旋轉 90 度	2-1 節
Find	尋找特定的元件	
Global Replace	替換元件	

View 功能欄

Ascend Hierarchy	在階層式電路圖中往上「跳」一層	6-1 節
Descend Hierarchy	在階層式電路圖中往下「推」一層	6-1 節
Go To	直接顯示電路圖中所指定座標的位置	
Zoom	切換顯示的比例	2-1 節
Toolbar	切換工具列的顯示與否	
Status Bar	切換狀態列的顯示與否	
Grid	切換格點的顯示與否	
Grid Reference	切換電路圖圖框座標的顯示與否	
Previous Page	切換電路圖至前一頁	
Next Page	切換電路圖至下一頁	

Place 功能欄

	Part	呼叫元件符號	2-1 節
	Wire	畫連線	2-1 節
	Bus	畫匯流排	5-2 節
	Junction	畫節點	
	Bus Entry	連接訊號線與匯流排	
	Net Alias	標示連線名稱	2-1 節
	Power	畫電源符號	3-2 節

Ground	畫接地符號	2-1 節
Off-Page Connector	畫跨頁連接埠	
Hierarchical Block	繪製階層式方塊供進一步編輯	6-1 節
Hierarchical Port	放置階層式方塊內子電路的接腳埠	
Hierarchical Pin	放置階層式方塊上的接腳	6-1 節
No Connect	畫浮接節點	
Title Block	畫電路圖標題方塊	
Bookmark	放置標示位置的書籤	
Text	放置文字	
Line	畫線段	7-2 節
Rectangle	畫方格	
Ellipse	畫（橢）圓形	
Arc	畫弧線	
Polyline	畫連續直線	
Picture	插入圖片	

PSpice 功能欄

New Simulation Profile	新增一個模擬設定檔	2-1 節
Edit Simulation Profile	編輯模擬設定檔	
Run	執行 **PSpice** 分析程式	2-1 節
View Simulation Results	執行 **Probe** 程式以檢視模擬結果的波形	
View Output File	檢視電路文字輸出檔	2-1 節
Create Netlist	將電路圖轉成電路串接檔	7-3 節
View Netlist	檢視電路串接檔	
Advanced Analysis	執行 **PSpice AA** 相關選購功能	
Markers	呼叫探針符號以顯示波形	2-1 節
Bias Points	切換是否在電路圖上顯示靜態偏壓點	9-1 節

Options 功能欄

Preferences　　　　　　　設定各元件及圖形元素的顯示格式

Design Template　　　　　設定 **Schematic Page Editor** 的編輯環境

Autobackup　　　　　　　設定自動備份功能

Schematic Page Properties 編輯 **Schematic Page Editor** 視窗的顯示屬性

Window 功能欄

New Window　　　　　　　開啟新的子視窗

Cascade　　　　　　　　　重疊排列所有的子視窗

Tile Horizontally　　　　　水平排列所有的子視窗

Tile Vertically　　　　　　垂直排列所有的子視窗

Arrange Icons　　　　　　排列所有的智慧圖示

Help 功能欄

OrCAD Capture Help

　　　　　　　　　　　　　　呼叫 **OrCAD Capture**「輔助說明」主視窗

What's New　　　　　　　呼叫 **OrCAD Capture**「新功能介紹」文件

Known Problems and Solutions 呼叫 "Known Problems and Solutions" 文件

Web Resources　　　　　　連接 **OrCAD** 網站首頁

Learning PSpice　　　　　呼叫 **PSpice** 教學文件

Learning OrCAD Capture CIS 呼叫 **OrCAD Capture CIS** 教學文件

Documentation　　　　　　呼叫 **OrCAD Capture**「使用說明」文件

About OrCAD Capture　　　顯示本軟體的相關訊息，如版本編號…等

Tools 功能欄（**Project Manager** 視窗）

Annotate　　　　　　　　執行元件重新編號（包含包裝編號）　　　　附錄 A

Back Annotate　　　　　　利用佈局軟體所產生的 ECO 檔將原電路圖重
　　　　　　　　　　　　　　新編號

Update Properties　　　　更新電路圖中的元件屬性

Design Rules Check	執行 Design Rule 的檢查	7-3 節與附錄 A
Create Netlist	將電路圖轉成佈局串接檔	7-3 節與附錄 A
Cross Reference	與佈局軟體交叉顯示所點選的元件	
Bill of Materials	產生材料清單檔案	
Export Properties	將電路圖中的各元件屬性轉成文字檔	
Import Properties	將 Export Properties 所轉出的屬性文字檔（已完成修改者）重新轉入	
Generate Part	利用元件模型文字檔直接產生元件符號	

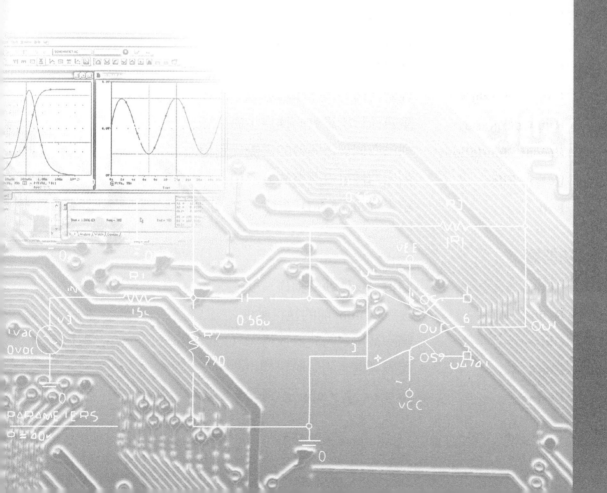

PSpice A/D
視窗功能索引表

File 功能欄

🗋	**New**	開啟新檔（模擬設定檔或文字檔）	
🗀	**Open**	呼叫舊檔案	
🗐	**Append Waveform**	合併不同的 DAT 檔同時顯示	2-1 節
	Close	關閉檔案	
	Open Simulation	開啟模擬設定檔進行模擬	
	Close Simulation	關閉模擬設定檔	
💾	**Save**	儲存檔案	
	Save As	另存新檔	
	Export	將 **PSpice A/D** 視窗顯示的波形匯出成 **Probe** *.DAT、**Stimulus** *.STL 或文字檔案	
	Import	匯入波形檔案 (*.TXT 或 *.CSV 格式)	
	Page Setup	列印前的紙張版面設定	
	Printer Setup	印表機設定	
	Print Preview	預覽列印	
🖨	**Print**	列印檔案	
	Log Commands	錄製目前的操作步驟並以 *.CMD 檔儲存之	
	Run Commands	重新執行所錄製的操作步驟	
	Recent Simulations	列出四個最近開啟的模擬設定檔	
	Recent Files	列出四個最近開啟的波形檔	
	Exit	結束 **PSpice A/D** 視窗	

Edit 功能欄

↶	**Undo**	回復上一個執行動作	
↷	**Redo**	復原 **Undo** 前的執行動作	
✂	**Cut**	刪除被選定的波形或標示（Label）	2-1 節
📋	**Copy**	複製被選定的波形或標示	
📋	**Paste**	將 **Cut** 或 **Copy** 選到的波形或標示貼上來	

Delete	刪除被選定的波形，但無法再使用 **Paste** 指令將該波形復原
Select All	選定所有內容
Find	搜尋字串
Find Next	繼續搜尋下一個指定的字串
Replace	取代字串
Goto Line	游標直接移到所指定的行數
Insert File	在游標處插入檔案
Toggle Line Number Display	切換是否在文字檔中顯示列編號
Toggle Bookmark	設定書籤
Next Bookmark	將游標移至下一個書籤
Previous Bookmark	將游標移至上一個書籤
Clear Bookmark	清除所有書籤的設定
Modify Object	修改被選定的波形或標示

View 功能欄

Zoom	切換顯示的比例
Measurement Results	切換顯示量測結果的子視窗
Circuit File	檢視 CIR 檔
Output File	檢視 OUT 檔
Simulation Results	檢視 DAT 檔
Simulation Messages	檢視模擬訊息
Simulation Queue	顯示 **Simulation Queue** 視窗
Output Window	顯示模擬過程相關訊息的子視窗
Simulation Status Window	顯示模擬設定及過程的子視窗
Toolbars	切換工具列的顯示與否

Status Bar	切換狀態列的顯示與否	
Workbook Mode	切換各子視窗是否以頁籤模式顯示	
Alternate Display	快速切換是否僅顯示 **Main Window**	

Simulation 功能欄

Run	執行 **PSpice A/D** 模擬	
Pause	暫停目前的模擬	
Stop	停止目前的模擬	
Edit Profile	編輯模擬設定檔	

Trace 功能欄

Add Trace	呼叫波形	2-1 節
Delete All Traces	刪除所有波形	
Undelete Traces	回復所刪除的波形	
Fourier	執行快速傅立葉轉換（FFT）	3-3 節
Performance Analysis	執行 **Performance Analysis**	4-2 節
Cursor	啟動游標功能	2-1 節
Macro	定義巨集函數	9-5 節
Measurements	新增、修改、刪除 Measurement Expressions	4-2 節
Evaluate Measurement	Measurement Expressions 的初步評估	4-2 節

Plot 功能欄

Axis Settings	X軸及Y軸的設定	3-2 節
Add Y Axis	增加一個 Y 軸	2-2 節
Delete Y Axis	刪除一個 Y 軸	
Add Plot to Window	增加一個圖框	
Delete Plot	刪除一個圖框	
Unsynchronize X Axis	設定不同的圖框可對應不同的 X 軸	

Digital Size	設定數位波形顯示圖框的大小
Label	對所選定的波形或圖框做標示
AC	設定目前的 **Probe** 視窗顯示交流分析的結果
DC	設定目前的 **Probe** 視窗顯示直流分析的結果
Transient	設定目前的 **Probe** 視窗顯示暫態分析的結果

Tools 功能欄

Customize	使用者自訂操作環境
Options	設定 **Probe** 視窗的顯示格式

Window 功能欄

New Window	開啟新的子視窗
Close	關閉目前正在使用的子視窗
Close All	關閉所有的子視窗
Cascade	重疊排列所有的子視窗
Tile Horizontally	水平排列所有的子視窗　　　　　　　　　　3-3 節
Tile Vertically	垂直排列所有的子視窗
Title	修改子視窗的標題
Display Control	儲存或還原 **Probe** 視窗的畫面
Copy to Clipboard	將選定的部份複製到簡貼簿中

Help 功能欄

PSpice A/D Help	呼叫 **PSpice A/D**「輔助說明」主視窗
What's New	呼叫 **PSpice A/D**「新功能介紹」文件
Known Problems and Solutions	呼叫 "Known Problems and Solutions" 文件
Web Resources	連接 **PSpice A/D** 網站首頁
Documentation	呼叫 **PSpice A/D**「使用說明」文件
About PSpice A/D	顯示本軟體的相關訊息,如版本編號……等

國家圖書館出版品預行編目資料

電腦輔助電路設計：活用 Pspice A/D：基礎與應
用 / 陳淳杰編著. -- 四版. -- 新北市：全華
圖書, 2018.08
　　面；　　公分
ISBN 978-986-463-880-2(平裝附光碟片)

1.CST: 電路　2.CST: 電腦輔助設計　3.CST:
PSPICE(電腦程式)

448.62029　　　　　　　　　107010316

電腦輔助電路設計－活用 PSpice A/D－基礎與應用

作者 / 陳淳杰

發行人 / 陳本源

執行編輯 / 張繼元

封面設計 / 楊昭琅

出版者 / 全華圖書股份有限公司

郵政帳號 / 0100836-1 號

印刷者 / 宏懋打字印刷股份有限公司

圖書編號 / 06052037

四版二刷 / 2022 年 03 月

定價 / 新台幣 420 元

ISBN / 978-986-463-880-2(平裝附光碟片)

全華圖書 / www.chwa.com.tw

全華網路書店 Open Tech / www.opentech.com.tw

若您對本書有任何問題，歡迎來信指導 book@chwa.com.tw

臺北總公司(北區營業處)
地址：23671 新北市土城區忠義路 21 號
電話：(02) 2262-5666
傳真：(02) 6637-3695、6637-3696

南區營業處
地址：80769 高雄市三民區應安街 12 號
電話：(07) 381-1377
傳真：(07) 862-5562

中區營業處
地址：40256 臺中市南區樹義一巷 26 號
電話：(04) 2261-8485
傳真：(04) 3600-9806(高中職)
　　　(04) 3601-8600(大專)

歡迎加入 全華會員

● 會員獨享

會員享購書折扣、紅利積點、生日禮金、不定期優惠活動…等。

● 如何加入會員

填妥讀者回函卡直接傳真 (02) 2262-0900 或寄回，將由專人協助登入會員資料，待收到 E-MAIL 通知後即可成為會員。

全華書籍

如何購買

1. 網路購書

全華網路書店「http://www.opentech.com.tw」，加入會員購書更便利，並享有紅利積點回饋等各式優惠。

2. 全華門市、全省書局

歡迎至全華門市（新北市土城區忠義路 21 號）或全省各大書局、連鎖書店選購。

3. 來電訂購

(1) 訂購專線：(02) 2262-5666 轉 321-324
(2) 傳真專線：(02) 6637-3696
(3) 郵局劃撥（帳號：0100836-1 戶名：全華圖書股份有限公司）

※ 購書未滿一千元者，酌收運費 70 元。

OpenTech.com.tw 全華網路書店

全華網路書店 www.opentech.com.tw
E-mail: service@chwa.com.tw

※ 本會員制如有變更則以最新修訂制度為準，造成不便請見諒。